村镇常用建筑材料与施工便携手册

# 村镇电气安装工程

栾海明 主编

中国铁道出版社

2012年·北京

## 内 容 提 要

本书主要内容包括：常用材料及设备、架空线路及杆上配件设备安装、电缆线路敷设及母线加工、变(配)电装置安装、室内布线和接地装置、电气照明装置安装等。

本书简明扼要、查阅方便，具有很强的实用性，可作为村镇施工现场技术人员的指导用书。

## 图书在版编目(CIP)数据

村镇电气安装工程/栾海明主编．—北京：中国铁道
出版社，2012.12
(村镇常用建筑材料与施工便携手册)
ISBN 978-7-113-15607-7

Ⅰ.①村…　Ⅱ.①栾…　Ⅲ.①乡镇—电气设备—
设备安装—技术手册　Ⅳ.①TM05-62

中国版本图书馆 CIP 数据核字(2012)第 258675 号

| | |
|---|---|
| 书　　名： | 村镇常用建筑材料与施工便携手册<br>**村镇电气安装工程** |
| 作　　者： | 栾海明 |
| 策划编辑： | 江新锡　曹艳芳 |
| 责任编辑： | 曹艳芳　张荣君　　**电话**：010-51873193 |
| 封面设计： | 郑春鹏 |
| 责任校对： | 胡明锋 |
| 责任印制： | 郭向伟 |

出版发行：中国铁道出版社(100054，北京市西城区右安门西街 8 号)
网　　址：http://www.tdpress.com
印　　刷：北京铭成印刷有限公司
版　　次：2012 年 12 月第 1 版　2012 年 12 月第 1 次印刷
开　　本：787mm×1092mm　1/16　印张：18.25　字数：459 千
书　　号：ISBN 978-7-113-15607-7
定　　价：44.00 元

# 前　言

国家"十二五"规划提出改善农村生活条件之后，党和政府相继出台了一系列相关政策，强调"加强对农村建设工作的指导"，并要求发展资源型、生态型、城镇型新农村，这为我国村镇的发展指明了方向。同时，这也对村镇建设工作者及其管理工作者提出了更高的要求。为了推进社会主义新农村建设，提高村镇建设的质量和效益，我们组织编写了《村镇常用建筑材料与施工便携手册》丛书。

本丛书依据"十二五"规划和《国务院关于推进社会主义新农村建设的若干意见》对建设社会主义新农村的部署与具体要求，结合我国村镇建设的现状，介绍了村镇建设的特点、基础知识，重点介绍了村镇住宅、村镇道路以及园林等方面的内容。编写本书的目的是为了向村镇建设的设计工作者、管理工作者等提供一些专业方面的技术指导，扩展他们的有关知识，提高其专业技能，以适应我国村镇建设的不断发展，更好地推进村镇建设。

《村镇常用建筑材料与施工便携手册》丛书包括七分册，分别为：

《村镇建筑工程》；

《村镇电气安装工程》；

《村镇装饰装修工程》；

《村镇给水排水与采暖工程》；

《村镇道路工程》；

《村镇建筑节能工程》；

《村镇园林工程》。

本系列丛书主要针对村镇建设的园林规划，道路、给水排水和房屋施工与监督管理环节，系统地介绍和讲解了相关理论知识、科学方法及实践，尤其注重基础设施建设、新能源、新材料、新技术的推广与使用，生态环境的保护，村镇改造与规划建设的管理。

参加本丛书的编写人员有魏文彪、王林海、孙培祥、栾海明、孙占红、宋迎迎、张正南、武旭日、白宏海、孙欢欢、王双敏、王文慧、彭美丽、张婧芳、李仲杰、李芳芳、乔芳芳、张凌、蔡丹丹、许兴云、张亚等。在此一并表示感谢！

由于我们编写水平有限，书中的缺点在所难免，希望专家和读者给予指正。

编　者
2012 年 11 月

# 目　　录

# 第一章　常用材料及设备

## 第一节　导电材料

### 一、概　　述

导电材料是用以导通和输送电流的介质,其内有大量的自由电子(或电子、离子)作为电流的载体,完成输送电流的使命,常用导体材料是金属材料,在一些特殊场合还使用电碳制品等作为导体材料。

导电材料分为一般导电材料(电线电缆)和特种导电材料。电线电缆专门用于传导电流,其品种很多。按照性能、结构、制造工艺及使用特点不同,一般分为裸导线和裸导体制品、电磁线、电气装备用电线电缆、电力电缆和通信电缆。注意产品型号中以"T"代表铜,以"L"代表铝,以"R"代表软,以"Y"代表硬。

### 二、导电材料的性能

导电材料包括固体、液体,在某些情况下也有气体。在常温时,金属材料(除汞外都是固体)是主要的导电材料。导电材料分为一般用途导电材料和特殊用途导电材料,其分类及用途见表 1-1。

表 1-1　导电金属主要特性和用途

| 名称 | 密度 $(10^3 \text{ kg/m}^3)$ | 熔点 $(℃)$ | 抗拉强度 $(\text{MPa})$ | 电阻率 $(10^{-8}\Omega \cdot \text{m})$ | 电温系数 $(10^{-3}/℃)$ | 主要特性 | 主要用途 |
|---|---|---|---|---|---|---|---|
| 银 Ag | 10.49 | 961.0 | 160~180 | 1.59 | 4.1 | 有最好的导电性和导热性,抗氧化,易加工,易焊 | 航空导线、耐高温导线、射频电缆等导体和镀层 |
| 铜 Cu | 8.96 | 1 084.9 | 200~220 | 1.72 | 3.93 | 有良好的导电性和导热性,耐腐蚀,易加工,易焊 | 各种导线电缆导体、母线和载流零件等 |
| 金 Au | 19.30 | 1 064.4 | 130~140 | 2.40 | 3.40 | 有良好的导电性和导热性,抗氧化,易加工,易焊 | 电子材料等特殊用途 |
| 铝 Al | 2.70 | 660.4 | 70~80 | 2.90 | 4.23 | 有良好的导电性和导热性,抗氧化,易加工,轻质 | 各种导线电缆导体、母线和载流零件等 |

| 名称 | 密度 ($10^3$ kg/m³) | 熔点 (℃) | 抗拉强度 (MPa) | 电阻率 ($10^{-8}$Ω·m) | 电温系数 ($10^{-3}$/℃) | 主要特性 | 主要用途 |
|------|------|------|------|------|------|------|------|
| 钠 Na | 0.97 | 92.8 | — | 4.6 | 5.40 | 比重特小,熔点低,活泼,易与水作用 | 应用在电光源上 |
| 钼 Mo | 10.20 | 2 620±10 | 70～1 000 | 5.7 | 3.30 | 强度硬度高,耐磨,熔点高,脆性大,高温易氧化,需要特殊加工 | 超高温导体、电焊机电极 |
| 钨 W | 19.30 | 2 410±10 | 1 000～1 200 | 5.3 | 4.50 | 强度硬度高,耐磨,熔点高,脆性大,高温易氧化,需要特殊加工 | 电光源灯丝,电焊机电极,电子管灯丝、电极等 |
| 锌 Zn | 7.14 | 419.6 | 110～150 | 6.10 | 3.79 | 抗氧化,耐腐蚀 | 导体保护层和干电池阴极等 |
| 镍 Ni | 8.90 | 1 453 | 400～500 | 6.84 | 6.0 | 抗氧化,高温强度高,耐辐射 | 高温导体保护层等特殊导体、电子管电极等 |
| 铁 Fe | 7.86 | 1 538 | 250～330 | 9.78 | 5.0 | 机械强度高,压力加工电阻率较高,交流损耗大,易腐蚀 | 功率不大的广播线、电话线、爆破导线等 |
| 铂 Pt | 21.45 | 1 770 | 140～160 | 9.85 | 3.9 | 抗氧化,抗化学耐腐蚀性好,易加工 | 精密电表和电子仪器的零件等 |
| 锡 Sn | 7.30 | 232.0 | 15～27 | 12.6 | 4.2 | 塑性好,耐腐蚀,强度低 | 导体保护层、焊料熔丝 |
| 铅 Pb | 11.34 | 327.5 | 10～30 | 21.9 | 3.90 | 塑性好,耐腐蚀,强度低,比重大,熔点低 | 熔丝、蓄电池极板、电缆保护层等 |
| 汞 Hg | 13.55 | −38.8 | — | 95.8 | 0.89 | 液体,沸点为357℃,加热易氧化,蒸汽对人有害 | 水银整流器、水银灯和水银开关等 |

村镇电气安装工程

### 三、电线与电缆

电线与电缆品种很多,按照性能、结构、制造工艺及使用特点,可分为电气装备用电线电缆、电磁线、裸导线和裸导体制品、电力电缆和通信电线电缆。

制造电线与电缆的主要导电材料是铜和铝。铜的导电性能、机械强度均优于铝;但铝的密度小、重量轻、价格便宜。所以在架空、照明线等领域,铝成为铜的最好代用品。由于铝焊接困难,质硬塑性差,因而在维修电工中广泛应用的仍是铜导线。

**1. 一般用途铜铝导体性能**

一般用途铜铝导体性能比较如下:

(1)电导率,铝约为铜的61%。

(2)密度,铝约为铜的30%。

(3)机械强度,铝约为铜的50%。

(4)比强度(抗拉强度/密度),铝约为铜的130%。

(5)在单位长度电阻相同情况下,其重量铝约为铜的50%。

(6)电阻随温度的变化,铝的电阻温度系数略大于铜,约为铜的107%。

(7)可焊接性,铝比铜差。

(8)价格,铝资源丰富,其价格比铜低。

**2. 不同温度下铜、铝导体的电阻率和电导率**

不同温度下铜、铝导体的电阻率和电导率见表1-2。

表 1-2　铜铝导体在不同温度下的电阻率和电导率

| 温度(℃) | 电阻率($\Omega \cdot mm^2/m$) | | 电导率(S/m) | |
|---|---|---|---|---|
| | 铜 | 铝 | 铜 | 铝 |
| 0 | 0.015 8 | 0.026 1 | 109 | 66 |
| 10 | 0.016 5 | 0.027 2 | 104 | 63 |
| 20 | 0.017 2 | 0.028 2 | 100 | 61 |
| 30 | 0.017 8 | 0.029 4 | 97 | 59 |
| 35 | 0.018 5 | 0.030 0 | 93 | 57 |
| 40 | 0.018 8 | 0.030 5 | 91 | 56 |
| 50 | 0.019 2 | 0.031 6 | 90 | 54 |
| 60 | 0.020 0 | 0.032 7 | 86 | 53 |
| 70 | 0.020 6 | 0.033 8 | 83 | 51 |
| 75 | 0.021 2 | 0.034 3 | 81 | 56 |
| 80 | 0.021 6 | 0.034 9 | 80 | 49 |
| 90 | 0.021 9 | 0.036 0 | 79 | 48 |
| 100 | 0.022 6 | 0.037 1 | 76 | 46 |

### 四、电磁线

电磁线的概念、用途及分类见表1-3。

表 1-3  电磁线的概念、用途及分类

| 项  目 | 内  容 |
|---|---|
| 概念 | 电磁线又称为绕组线，它是以绕组形式在磁场中切割磁力线而产生感应电动势或者通以电流产生磁场，是专门用于实现电能和磁能相互转换场合并有绝缘层的导线 |
| 用途 | 电磁线常用于制造电机、变压器、各种电器的线圈 |
| 分类 | 电磁线按照绝缘层特点和用途可分为漆包线、绕包线、无机绝缘线和特种电磁线。其中漆包线由导电线芯和绝缘层组成，漆包线的绝缘层是将绝缘漆均匀涂覆在导电线芯上，经过烘干而形成的漆膜。常用漆包线的类别、型号、主要用途及优缺点，见表1-4。绕包线是指导电线芯或漆包线上利用天然丝、玻璃丝、绝缘纸或合成树脂等进行紧密绕包，形成绝缘层，部分绕包线在绕包好后再经过浸渍(或胶)的处理，构成组合绝缘的电磁线。绕包线的主要品种、特点和主要用途见表1-5 |

表 1-4  常用漆包线的类别、型号、主要用途及优缺点

| 类别 | 型号 | 耐温等级(℃) | 优点 | 缺点 | 主要用途 |
|---|---|---|---|---|---|
| 油性漆包线 | Q | A(105) | 漆膜均匀；介质损耗角小 | 耐刮性差；耐溶剂性差 | 中、高频线圈及仪表电器的线圈 |
| 缩醛漆包线 | QQ—1<br>QQ—2<br>QQ—3<br>QQL—1<br>QQL—2<br>QQS—1<br>QQS—2<br>QQB—1<br>QQLB | E(120) | 耐冲击性好；耐刮性好；水解性能良好 | 卷绕时漆膜易产生裂纹 | 普通中小电机、微电机绕组和油浸变压器的线圈、电器仪表用线圈 |
| 聚氨酯漆包线 | QA—1<br>QA—2<br>QA—3 | E(120) | 在高频条件下介质损耗角小；可以直接焊接；着色性好，可制不同颜色线 | 过载性能差；热冲击及耐刮性能较差 | 要求 Q 值稳定的高频线圈，电视线圈和仪表的微细线圈 |
| 聚酯漆包线 | QZ—1<br>QZ(G)—1<br>QZ—2<br>QZ(G)—2<br>QZL—1<br>QZL—2<br>QZB<br>QZLB | B(130)<br>其中QZ(G)、QZB型为 F(155) | 在干燥和潮湿条件下，耐电压击穿性能好；软化击穿性能好；热冲击性较好 | 耐水解性差；与聚氯乙烯氯丁橡胶等念含氯高分子化合物不相溶 | 通用中小电机的绕组、干式变压器和电器仪表的线圈 |

| 类别 | 型号 | 耐温等级(℃) | 优点 | 缺点 | 主要用途 |
|------|------|-----------|------|------|---------|
| 聚酰亚胺漆包线 | QY—1 QY—2 QYB—1 QYB—2 | 220 | 漆膜耐热性最好;软化击穿和热击穿性好,能承受短期过载负荷,耐低温耐辐射,耐溶剂及化学药品腐蚀性好 | 耐刮性差,耐碱性差;在含水密封系统中容易水解;漆膜受卷绕时,应力容易产生裂纹 | 耐高温电机、干式变压器、密封式继电器及电子元件 |

表 1-5　常用绕包线的主要品种、特点和主要用途

| 类别 | 产品名称 | 型号 | 特点 | | | 主要用途 |
|------|---------|------|------|------|------|---------|
| | | | 耐热等级(℃) | 优点 | 局限性 | |
| 玻璃丝包线及玻璃丝包漆包线 | 双玻璃丝包圆铜线<br>双玻璃丝包圆铝线<br>双玻璃包扁铜线<br>双玻璃包扁铝线<br>单玻璃丝包聚酯漆包扁铜(铝)线<br>单玻璃丝包聚酯漆包圆铜线<br>双玻璃丝包聚酯漆包扁铜(铝)线 | SBEC<br>SBELC<br>SBECB<br>SBELCB<br>QZSBCB<br>QZSBLCB<br>QZSBC<br>QZSBECB<br>QZSBELCB | B(130) | 过负载性优;耐电晕性优;玻璃丝包漆包线的耐潮性好 | 弯曲性较差;耐潮性较差 | 作发电机,大、中型电动机,牵引电机,干式变压器中的绕组 |
| | 单玻璃丝包缩醛漆包圆铜线 | QQSBC | E(120) | 过负载性优;耐电晕耐潮 | 弯曲性较差 | |
| | 双玻璃丝包聚酯亚胺漆包扁铜线<br>单玻璃丝包聚酯亚胺漆包扁铜线 | QZYSBEFB<br>QZYSBFB | F(155) | 过负载性优;耐电晕性优;耐潮性优 | 弯曲性较差 | |
| | 硅有机漆双玻璃丝包圆铜线<br>硅有机漆双玻璃丝包扁铜线 | SBEG<br>SBEGB | H(180) | 过负载性优;耐电晕性优;硅有机漆浸渍改进了耐水耐潮性能 | 弯曲性较差;硅有机漆浸渍黏合能力较差;绝缘层的机械强度较差 | |
| | 双玻璃丝包聚酰亚胺漆包扁铜线<br>单玻璃丝包聚酰亚胺漆包扁铜线 | QYSBEGB<br>QYSBGB | H(180) | 过负载性优;耐电晕性优;耐潮性优 | 弯曲性较差 | |

| 类别 | 产品名称 | 型号 | 特点 | | | 主要用途 |
|------|----------|------|------|------|------|----------|
| | | | 耐热等级(℃) | 优点 | 局限性 | |
| 纸包线 | 纸包圆铜(铝)线<br>纸包扁铜(铝)线 | Z(ZL)<br>ZB(ZLB) | A(105)指在油中或浸渍处理后 | 耐电压击穿性优;价格便宜 | 绝缘容易破坏 | 作油浸电力变压器中的线圈 |
| 丝包线及丝包漆包线圆铜线 | 双丝包<br>单丝包油性漆包<br>单丝包聚酯漆包<br>双丝包油性漆包<br>双丝包聚酯漆包 | SE<br>SQ<br>SQZ<br>SEQ<br>SEQZ | A(105)指在油中或浸渍处理后 | 绝缘层的机械强度较好;油性漆包线的介质损耗角正切值小;丝包漆包线的电性能优 | 如果不浸渍,丝包线的耐潮性差 | 用于仪表、电信设备的线圈和探矿电缆线芯 |

## 五、熔体材料

### 1. 纯金属熔体材料

最常用的纯金属熔体材料为银、铜、铝、锡、铅和锌等,在特殊场合也可采用其他金属作熔体。

银具有优良的导热、导电性能,其导电性能在接近氧化的高温下亦不显著降低;耐腐蚀性好,与填料的相容性好;富于延性,能制成各种精确尺寸和复杂外形的熔体;焊接性好;在受热过程中,能与其他金属形成共晶而不致损害其稳定性等。

铜有良好的导电、导热性能,机械强度高;但在温度较高时易氧化,故其熔断特性不够稳定;铜质熔体熔化时间短,金属蒸气少,有利于灭弧。铜宜作精度要求较低的熔体。

### 2. 低熔点合金熔体材料

低熔点合金熔体材料通常由不同成分的铋、镉、锡、铅、锑、铟等组成,熔点一般为 20℃ ～ 200℃,具体内容见表 1-6。它们具有对温度反应敏感的特性,故可用来制成温度熔断器的熔体,广泛用于保护电炉、电热器等电热设备的过热。

表 1-6  低熔点合金的成分(质量分数)和熔点

| 化学成分(%) | | | | | 熔点(℃) |
|------|------|------|------|------|----------|
| Bi | Pb | Sn | Cd | 其他 | |
| 20 | 20 | — | — | Hg 60 | 20 |
| 45 | 23 | 8 | 5 | In 19 | 47 |
| 49 | 18 | 12 | — | In 21 | 57 |
| 50 | 27 | 13 | 10 | — | 70 |
| 52 | 40 | — | 8 | — | 92 |
| 53 | 32 | 15 | — | — | 96 |
| 54 | 26 | — | 20 | — | 103 |

| 化学成分（%） | | | | | 熔点（℃） |
|---|---|---|---|---|---|
| Bi | Pb | Sn | Cd | 其他 | |
| 55.5 | 44.5 | — | | — | 124 |
| 56 | — | 40 | | Zn 4 | 130 |
| 29 | 43 | 28 | | — | 132 |
| 57 | | 43 | | — | 138 |
| — | 32 | 50 | 18 | | 145 |
| 50 | 50 | — | | — | 160 |
| 15 | 41 | 44 | | | 164 |
| 33 | | 67 | | | 166 |
| — | — | 67 | 33 | | 177 |
| — | 38 | 62 | | | 183 |
| 20 | | 80 | | | 200 |

　　熔体的熔断特性除与选用材料直接有关外，还与熔体的外形、尺寸、安装方式及其他影响其散热的因素有密切关系。表 1-7 为熔体元件的各种外形、结构和使用寿命的关系。

**表 1-7　熔体元件的形状、结构和寿命的关系**

| 熔体元件的形状 | | 熔体元件结构 | 寿命 | 说明 |
|---|---|---|---|---|
| 线带 | 梯形线 <br> 均匀直线 | 卷线形 | 长 | 元件无缺口，无应力集中，是最理想的形状。卷线结构，只需要细小的变形，就可吸收很大的伸长。<br><br>直线形结构，需要很大的变形，才能吸收伸长 |
| | | 管内螺旋形 | 中 | |
| | | 直线形 | 短 | |
| | 缺口经 <br> 带缺口和开孔的带 | 波浪形 | 短 | 元件带缺口，产生应力集中 |
| | | 管内螺旋形 | 中 | 元件带缺口，有应力集中，但元件自身产生的变形，即可少量吸收伸长 |
| | | 直线形 | 短 | |

| 熔体元件的形状 | | 熔体元件结构 | 寿命 | 说明 |
|---|---|---|---|---|
| 线带 | 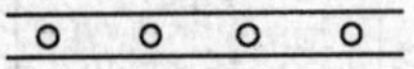 开孔带<br>⊙ ⊙ ⊙ ⊙ |  波浪形 | 中 | 元件带缺口,有应力集中。伸长的吸收集中于缺口部分。根据元件的结构,缺口部的变形有大有小。元件形状以直线形寿命最差 |
| | | 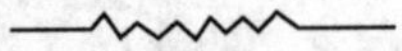 锯齿形 | 中 | |
| | 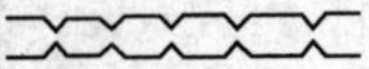 缺口带 | 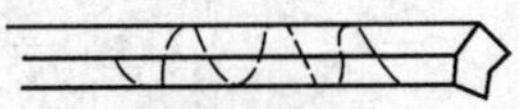 管内螺旋形 | 短 | |
| | |  直线形 | 极短 | |

### 六、热双金属元件

热双金属元件是由两种热膨胀系数相差悬殊的金属复合而成的。这两种金属分别称之为主动层和被动层。主动层的线膨胀系数为 $(17\sim27)\times10^{-6}/℃$,被动层金属的线膨胀系数为 $(2.6\sim9.7)\times10^{-6}/℃$。当电流流过热双金属元件或将热双金属元件放置在电器的某一部位,温度升高后,双金属元件因膨胀系数不同而弯曲变形,从而产生一个推力,使与之相连的触头改变通断状态。热双金属元件结构简单,动作可靠,广泛应用于电气控制和电动机的过载保护。

1. 分类及用途

热双金属元件的分类及用途见表1-8。

表1-8 常用热双金属的种类及用途

| 类 型 | 特点及用途 |
|---|---|
| 通用型 | 适用于多种用途和中等使用温度范围的品种,有较高的灵敏度和强度 |
| 高温型 | 适用于300℃以上的温度下工作。有较高的强度和良好的抗氧化性能,其灵敏度较低 |
| 低温型 | 适用于0℃以下温度工作。性能要求与通用型相近 |
| 高灵敏型 | 具有高灵敏、高电阻等特性,但其耐腐蚀性较差 |
| 电阻型 | 在其他性能基本不变的情况下,有高低不同的电阻率可供选用。适用于各种小型化、标准化的电器保护装置 |
| 耐腐蚀型 | 有良好的耐腐蚀性。适合于腐蚀性介质中使用。性能要求与通用型相近 |
| 特殊型 | 具体各种特殊性能 |

2. 技术数据

(1)通用型热双金属元件主要技术数据见表1-9。

表 1-9　通用型热双金属元件主要技术数据

| 型号 | 旧型号 | 电阻率<br>($\mu\Omega \cdot cm$)<br>($20℃\pm5℃$) | 比弯曲<br>($10^{-6}/℃$)<br>(室温~$+150℃$) | 线性温<br>度范围<br>(℃) | 允许使用<br>温度范围<br>(℃) |
|---|---|---|---|---|---|
| 5J1306A | Rs | 6%±10% | 13.8%±5% | -20~150 | -70~200 |
| 5J1306B | | 6%±10% | 13.5%±5% | -20~150 | -70~200 |
| 5J1411A | R8,R9 | 11%±10% | 14.9%±5% | -20~150 | -70~200 |
| 5J1411B | R10,R12 | 11%±10% | 14.2%±5% | -20~150 | -70~200 |
| 5J1417A | — | 17%±10% | 14.9%±5% | -20~150 | -70~200 |
| 5J1417B | | 17%±10% | 14.2%±5% | -20~150 | -70~200 |
| 5J1220A | R20 | 20%±8% | 12.3%±5% | -20~150 | -70~200 |
| 5J1220B | | 20%±8% | 12.0%±5% | -20~150 | -70~200 |
| 5J1325A | R25 | 25%±8% | 13.9%±5% | -20~150 | -70~200 |
| 5J1325B | | 25%±8% | 13.5%±5% | -20~150 | -70~200 |
| 5J1430A | R33 | 30%±7% | 14.8%±5% | -20~150 | -70~200 |
| 5J1430B | | 30%±7% | 14.0%±5% | -20~150 | -70~200 |
| 5J1435A | | 35%±7% | 14.8%±5% | -20~150 | -70~200 |
| 5J1435B | | 35%±7% | 14.0%±5% | -20~150 | -70~200 |
| 5J1440A | | 40%±7% | 14.8%±5% | -20~150 | -70~200 |
| 5J1440B | | 40%±7% | 14.0%±5% | -20~150 | -70~200 |
| 5J1455A | R52 | 55%±7% | 14.9%±5% | -20~150 | -70~200 |
| 5J1455B | | 55%±7% | 14.1%±5% | -20~150 | -70~200 |
| 5J14140 | R141 | 140%±7% | 14.5%±5% | -20~150 | -70~200 |

(2)高灵敏型热双金属元件主要技术数据见表 1-10。

表 1-10　高灵敏型热双金属元件主要技术数据

| 型号 | 旧型号 | 电阻率<br>($\mu\Omega \cdot cm$)<br>($20℃\pm5℃$) | 比弯曲<br>($10^{-6}/℃$)<br>(室温~$+150℃$) | 线性温<br>度范围<br>(℃) | 允许使用<br>温度范围<br>(℃) |
|---|---|---|---|---|---|
| 5J20110 | 5J11 | 110%±5% | 20.5%±5% | -20~150 | -70~200 |
| 5J1378 | 5J18 | 78%±5% | 13.8%±5% | -20~180 | -70~350 |
| 5J1480 | 5J18 | 80%±5% | 14.0%±5% | -20~180 | -70~350 |
| 5J1070 | 5J23 | 70%±5% | 10.6%±10% | 20~350 | -70~500 |
| 5J0756 | 5J25 | 56%±5% | 7.5%±10% | 0~400 | -70~500 |

# 第二节　绝缘材料

## 一、绝缘材料的分类及特点

绝缘材料的种类很多,有气体绝缘材料、液体绝缘材料和固体绝缘材料。常用绝缘材料的分类及特点见表 1-11。

表 1-11　绝缘材料的分类及特点

| 序　号 | 类　别 | 主要品种 | 特点及用途 |
|---|---|---|---|
| 1 | 气体绝缘材料 | 空气、氮、氢、二氧化碳、六氟化硫、氟利昂 | 常温、常压下的干燥空气,环绕导体周围,具有良好的绝缘性和散热性。<br>用于高压电器中的特种气体具有高的电离场强和击穿场强,击穿后能迅速恢复绝缘性能,不燃、不爆、不老化、无腐蚀性,导热性好 |
| 2 | 液体绝缘材料 | 矿物油、合成油、精制蓖麻油 | 电气性能好,闪点高,凝固点低,性能稳定,无腐蚀性。主要用作变压器、油开关、电容器、电缆的绝缘、冷却、浸渍和填充 |
| 3 | 绝缘纤维制品 | 绝缘纸、纸板、纸管、纤维织物 | 经浸渍处理后,吸湿性小,耐热、耐腐蚀,柔性强,抗拉强度高。主要用作电缆、电机绕组等的绝缘 |
| 4 | 绝缘漆、胶、熔敷粉末 | 绝缘漆、环氧树脂、沥青胶、熔敷粉末 | 以高分子聚合物为基础,能在一定条件下固化成绝缘膜或绝缘整体,起绝缘与保护作用 |
| 5 | 浸渍纤维制品 | 漆布、漆绸、漆管和绑扎带 | 以绝缘纤维制品为底料,浸以绝缘漆,具有一定的机械强度、良好的电气性能,耐潮性、柔软性好。主要用作电机、电器的绝缘衬垫,或线圈、导线的绝缘与固定 |
| 6 | 绝缘云母制品 | 天然云母、合成云母、粉云母 | 电气性能、耐热性、防潮性、耐腐蚀性良好。主要用于电机、电器主绝缘和电热电器绝缘 |
| 7 | 绝缘薄膜、粘带 | 塑料薄膜、复合制品、绝缘胶带 | 厚度薄(0.006～0.5 mm),柔软,电气性能好,用于绕组电线绝缘和包扎固定 |
| 8 | 绝缘层压制品 | 层压板、层压管 | 由纸或布作底料,浸或涂以不同的胶黏剂,经热压或卷制成层状结构,由气性能良好,耐热,耐油,便于加工成特殊形状,广泛用作电气绝缘构件 |
| 9 | 电工用塑料 | 酚醛塑料、聚乙烯塑料 | 由合成树脂、填料和各种添加剂配合后,在一定温度、压力下,加工成各种形状,具有良好的电气性能和耐腐蚀性,可用作绝缘构件和电缆护层 |

| 序 号 | 类 别 | 主要品种 | 特点及用途 |
|---|---|---|---|
| 10 | 电工用橡胶 | 天然橡胶、合成橡胶 | 电气绝缘性好,柔软,强度较高。主要用作电线、电缆绝缘和绝缘构件 |

### 二、绝缘材料的性能

1. 绝缘材料的基本电气性能

绝缘材料的基本电气性能就是其绝缘性。反映绝缘性的主要特性参数是泄漏电流、电阻率、绝缘电阻、介质损耗角、击穿强度等。具体内容见表 1-12。

表 1-12  绝缘材料的基本电气性能

| 项 目 | 内 容 |
|---|---|
| 泄漏电流 | 在绝缘材料两端加一直流电压后,会有一定的电流流过绝缘体。这一电流主要由瞬时充电电流、吸收电流和漏电电流组成。<br><br>漏电电流又称泄漏电流,其大小反映了材料的绝缘性,数值越小,绝缘性越好,一般为微安级 |
| 表面电阻率和体积电阻率 | 在绝缘材料两端所加直流电场强度与泄漏电流之间应符合欧姆定律所揭示的关系,即<br><br>$$\rho = E/j$$<br><br>式中　$E$——直流电场强度(V/mm);<br>　　　$j$——泄漏电流密度(A/mm$^2$);<br>　　　$\rho$——电阻率。<br><br>在固体绝缘材料中,漏电电流分为表面电流和体积电流两部分,其电阻率也相应分为两部分:<br><br>表征材料表面的绝缘特性,称为表面电阻率,符号为 $\rho_s$,单位为 Ω·cm;<br><br>表征材料内部的绝缘特性,称为体积电阻率,符号为 $\rho_v$,单位为 Ω·cm。绝缘材料的体积电阻率一般大于 $10^9$ Ω·cm |
| 绝缘电阻和吸收比 | 绝缘材料两端所加直流电压 $U$ 和泄漏电流 $I$ 之比,称为绝缘电阻($R$),单位为兆欧(MΩ)。<br><br>$$R = U/I$$<br><br>为了消除充电电流和吸收电流的影响,应读取加入直流电压一定时间以后的数值。绝缘电阻通常采用兆欧表测量。<br><br>由于充电电流和吸收电流的影响,其绝缘电阻是变化的(导体的直流电阻是不变的)。良好的绝缘,其绝缘电阻应越来越高。绝缘性能用吸收比来表示。<br><br>$$K_a = R_{60}/R_{15}$$<br><br>式中　$K_a$——吸收比,其值越大,绝缘越好,一般应大于 1.3;<br>　　　$R_{60}$——加上直流电压后 60 s 的电阻值(Ω);<br>　　　$R_{15}$——加上直流电压后 15 s 的电阻值(Ω)。<br><br>在通常情况下,绝缘电阻随温度升高而减小,吸收比亦有一定变化 |
| 介质损耗角正切值 tan | 当在绝缘材料两端加一交流电压 $U$ 后,充电电流和吸收电流的一部分为无功电容电流,而泄漏电流主要为有功电流(电阻电流),两者的比值为:<br><br>$$\tan\delta = I_R/I_c$$ |

| 项　目 | 内　容 |
|---|---|
| 介质损耗角<br>正切值 tan | 式中　$I_R$——电阻电流；<br>　　　　$I_c$——无功电流；<br>　　　　tanδ——介质损耗角正切值。<br>显然，tanδ(%)反映了材料的绝缘性，其值越小，绝缘性越好 |
| 击穿强度 | 当施加于绝缘材料两端的交流电场强度高于某一临界值后，其电流剧增，绝缘材料完全失去其绝缘性能，这种现象称为击穿。其临界电场强度称为击穿强度 $E_d$，单位为 kV/cm 或 kV/mm |
| 相对介电常数 | 绝缘材料两端面之间相当于一电容器，其电容量为 $C$，其值与假定其间为真空时电容量 $C_0$ 之比，称为相对介电系数 $\varepsilon_r$，$\varepsilon_r$ 按下式计算。<br>$$\varepsilon_r = C/C_0$$ |

**2. 常用电气绝缘材料的特性**

常用电气绝缘材料的特性见表 1-13。

表 1-13　常用电气绝缘材料的主要特性

| 绝缘材料 | 密度<br>（kg/dm³） | 电阻率<br>（Ω·cm） | 介电损耗角<br>正切值<br>tanδ×(10⁻³) | | 相对介<br>电常数 | | 击穿强度<br>（kV/mm） | 热稳<br>定性<br>（J/℃） |
|---|---|---|---|---|---|---|---|---|
| | | | 50 Hz | 1 MHz | 50 Hz | 1 MHz | | |
| 氨基塑料—<br>压制材料 | 1.5 | $10^{11}$ | 100 | — | 7 | 6 | 8～15 | 100～120 |
| 胶木 | 1.3 | $10^{11}$ | 5 | 20 | 4～6.5 | 5～10 | 10～12 | 150 |
| 琥珀 | 0.9～1.1 | $>10^{18}$ | 1 | 5 | 2.8 | — | 50～70 | 250 |
| 沥青—填料 | 1.1～1.6 | $10^{15}$ | — | — | — | — | 20～40 | 110 |
| 克罗分 | 1.3～1.7 | | 1～2 | | 5 | | 16 | — |
| 环氧树脂 | 1.25 | $10^{16}$ | 6 | 15 | 3.6 | 3.6 | 15～40 | 80 |
| 玻璃 | 2.5 | $10^{14}$ | 5 | 8 | 8 | 16 | 20～50 | 150 |
| 云母 | 2.6～3.2 | $10^{16}$ | 0.5 | 0.2 | 6 | 8 | 60～180 | 800 |
| 橡胶 | 0.95 | $10^{15}$ | 5 | 65 | 2.65 | — | 16～50 | 60 |
| 胶木板 | 1.8 | $10^{11}$ | 40 | 25 | 5 | 5 | 40～50 | 125 |
| 硬橡板 | 1.15 | $10^{16}$ | 14 | 7 | 3 | — | 15～40 | 60 |
| 胶纸板 | 1.4 | $10^{10}$ | 80 | 80 | 5 | — | 20～30 | 120 |
| 硬瓷 | 2.4 | $10^{12}$ | 20 | 10 | 6 | 6 | 35 | 800 |
| 玻璃漆布 | 1.4 | $10^{12}$ | — | — | — | — | — | 150 |
| 空气（干燥） | $1.3×10^{-3}$ | — | <0.1 | <0.1 | 1 | 1 | 2.4 | — |
| 硅酸镁 | 2.7 | $10^{12}$ | 1 | 2 | 6 | 6 | 38 | 500 |

| 绝缘材料 | 密度 (kg/dm³) | 电阻率 (Ω·cm) | 介电损耗角正切值 tanδ×($10^{-3}$) | | 相对介电常数 | | 击穿强度 (kV/mm) | 热稳定性 (J/℃) |
|---|---|---|---|---|---|---|---|---|
| | | | 50 Hz | 1 MHz | 50 Hz | 1 MHz | | |
| 三聚氰胺树脂 | 1.5 | — | — | — | 6 | 8 | 10～15 | 150 |
| 云母板(模塑) | 3.0 | $10^{15}$ | 1 | 0.3 | 5 | 5 | 30～38 | 750 |
| 云母玻璃板 | 2.8～3.2 | $10^{10}$ | 10 | 18 | 8 | — | 15 | 400 |
| 上克罗分纸张 | 0.9 | $10^{15}$ | 4 | — | 5 | 2.9 | 60 | 100 |
| 上石蜡纸张 | 0.8 | $10^{15}$ | | 38 | 3 | — | 60 | 100 |
| 石蜡、固体 | 0.9 | $10^{17}$ | 4 | 9 | 2 | 2 | 15～35 | 35 |
| 石蜡油 | 0.85 | — | 0.08 | 0.3 | 3 | 3 | 16 | — |
| 胶纸板 | 1.2 | $10^{10}$ | 60 | 90 | 5 | 5 | 10～20 | 125 |
| 酚醛树脂 | 1.25 | $10^{12}$ | 50 | 30 | 5 | 5 | 20 | 155 |
| 酚醛压制材料 | 1.8 | $10^{11}$ | 30 | 20 | 4～6 | 4～6 | 10～20 | 150 |
| 介电性有机玻璃 | 1.18 | $10^{15}$ | 60 | 20 | 3.6 | 2.8 | 30～45 | 80 |
| 聚酰胺 | 1.1～1.2 | $10^{11}$ | — | 20 | 30 | 6 | — | 60 |
| 聚乙烯 | 0.95 | $10^{16}$ | 0.2 | 0.2 | 2.2 | 2.2 | 50 | 40 |
| 聚异丁烯 | 0.93 | $10^{15}$ | 0.4 | 0.4 | 2.2 | 2.2 | 23 | — |
| 聚氨酯 | 1.2 | $10^{10}$ | 12 | 45 | 3.4 | 3.2 | 20 | 50 |
| 聚苯乙烯 | 1.05 | $10^{14}$ | 0.2 | 0.2 | 2.5 | 2.5 | 50 | 70 |
| 聚四氟乙烯 | 2.1 | $10^{18}$ | 0.5 | 0.5 | 2 | 2 | 20～40 | 100 |
| 聚氯乙烯(PVC) | 1.4 | $10^{13}$ | 13 | 18 | 3.2 | 2.9 | 40～90 | 75 |
| 硬瓷 | 2.2 | $10^{15}$ | 15 | 10 | 5 | 6 | 30～35 | 600 |
| 压制厚纸板 | 1.2 | $10^9$ | 30 | 50 | 4 | 4 | 6～11 | 80 |
| 石英 | 2.7 | $10^{16}$ | 0.1 | 0.1 | 2 | 3 | — | 1 000 |
| 石英玻璃 | 2.2 | $10^{16}$ | 0.5 | 0.5 | 4.2 | 4 | 25～40 | 1 000 |
| 金红石陶瓷 | 3.9 | $10^{13}$ | 1 | 0.8 | 50～100 | 50～100 | 10～20 | 500 |
| 虫胶漆 | 1.1 | $10^{15}$ | 3.8 | 10 | 3.3 | — | 10～15 | 80 |
| 硅(有机)橡胶 | 2.0 | $10^{13}$ | 1.0 | 3 | 6 | — | 20～30 | 220 |
| 硅(有机绝缘油) | 0.95 | $10^{14}$ | 0.1 | 0.1 | 2.8 | 2.8 | 50 | 80 |
| 皂石 | 2.5 | $10^{12}$ | 3 | 2 | 6.5 | 6 | 20～30 | 500 |
| 钛陶瓷 | 3～4.5 | $10^{13}$ | 0.3～2 | 0.3 | 12～40 | 12～40 | 10～25 | 500 |
| 变压器油 | 0.84 | $10^{18}$ | 0.1 | 0.2 | 2.5 | 2.5 | 12～20 | 80 |
| 聚苯乙烯塑料 | 1.05 | $10^{16}$ | 0.1 | 0.2 | 2.3 | 2.3 | 50 | 70 |

| 绝缘材料 | 密度<br>(kg/dm³) | 电阻率<br>(Ω·cm) | 介电损耗角<br>正切值<br>$tan\delta \times (10^{-3})$ | | 相对介<br>电常数 | | 击穿强度<br>(kV/mm) | 热稳<br>定性<br>(J/℃) |
|---|---|---|---|---|---|---|---|---|
| | | | 50 Hz | 1 MHz | 50 Hz | 1 MHz | | |
| 硫化纤维 | 1.3 | $10^8$ | 50 | — | 4 | — | 5 | 80 |
| 水(蒸馏) | 1.0 | $10^{10}$ | — | — | 80 | — | — | — |
| 软橡胶 | 1.0 | $10^{15}$ | 15 | — | 2.5 | — | 20 | 50 |
| 赛璐珞 | 1.35 | $10^{10}$ | 40 | 50 | 3 | — | 40 | 40 |
| 醋酸纤维素 | 1.3 | $10^{13}$ | 10 | 60 | 5.5 | 4.5 | 32 | 40 |

3. 绝缘材料的耐热等级

绝缘材料的耐热等级见表 1-14。

表 1-14 绝缘材料的耐热等级

| 耐热分级 | 极限温度(℃) | 耐热等级定义 | 相当于该耐热等级的绝缘材料 |
|---|---|---|---|
| Y | 90 | 经过试验证明,在 90℃极限温度下,能长期使用的绝缘材料或其组合物所组成的绝缘结构 | 未浸渍过的棉纱、丝及纸等材料或其组合物 |
| A | 105 | 经过试验证明,在 105℃极限温度下,能长期使用的绝缘材料或其组合物所组成的绝缘结构 | 浸渍过的或者浸在液体电介质中的棉纱、丝及纸等材料或其组合物 |
| E | 120 | 经过试验证明,在 102℃极限温度下,能长期使用的绝缘材料或其组合物所组成的绝缘结构 | 合成有机薄膜、合成有机瓷漆等材料或其组合物 |
| B | 130 | 经过试验证明,在 130℃极限温度下,能长期使用的绝缘材料或其组合物所组成的绝缘结构 | 合适的树脂粘合或浸渍,涂覆后的云母、玻璃纤维、石棉等,以及其他无机材料、合适的有机材料或其组合物 |
| F | 155 | 经过试验证明,在 155℃极限温度下,能长期使用的绝缘材料或其组合物所组成的绝缘结构 | 合适的树脂粘合或浸渍,涂覆后的云母、玻璃纤维以及其他无机材料、合适的有机材料或其组合物 |
| H | 180 | 经过试验证明,在 180℃极限温度下,能长期使用的绝缘材料或其组合物所组成的绝缘结构 | 合适的树脂(如有机硅树脂)粘合或浸渍,涂覆后的云母、玻璃纤维、石棉等材料或其组合物 |
| C | >180 | 经过试验证明,在超过 180℃极限温度下,能长期使用的绝缘材料或其组合物所组成的绝缘结构 | 合适的树脂粘合或浸渍,涂覆后的云母、玻璃纤维,以及未经浸渍处理的云母、陶瓷、石英等材料或其组合物。C 级绝缘的极限温度,应根据不同的物理、力学、化学和电气性能来确定 |

### 三、绝 缘 漆

#### 1. 有溶剂浸渍漆

有溶剂浸渍绝缘漆具有渗透性好、储存期长、使用方便、价格较便宜等特点,但它应与溶剂稀释、混合。常用有溶剂漆见表 1-15,其中的溶剂见表 1-16。

表 1-15 常用有溶剂漆的品种、组成、特性和用途

| 序号 | 名 称 | 型号 | 主要组成 | 耐热等级 | 特性和用途 |
|---|---|---|---|---|---|
| 1 | 沥青漆 | 1010 | 石油沥青、干性植物油、松脂酸盐,溶剂为二甲苯和 200 号溶剂汽油 | A | 耐潮性好。供浸渍不要求耐油的电机线圈 |
| 2 | 油改性醇酸漆 | 1030 | 亚麻油、桐油、松香改性醇酸树脂,溶剂为 200 号汽油 | B | 耐油性和弹性好。供浸渍在油中工作的线圈和绝缘零部件 |
| 3 | 丁基酚醛醇酸漆 | 1031 | 蓖麻油改性醇酸树脂、丁醇改性酚醛树脂,溶剂为二甲苯和 200 号溶剂汽油 | B | 耐潮性、内干性较好,机械强度较高。供浸渍线圈,可用于湿热地区 |
| 4 | 三聚氰胺醇酸漆 | 1032 | 油改性醇酸树脂、丁醇改性三聚氰胺树脂,溶剂为二甲苯和 200 号溶剂汽油 | B | 耐潮性、耐油性、内干性较好,机械强度较高,且耐电弧。供浸渍在湿热地区使用的线圈 |
| 5 | 醇酸玻璃丝包线漆 | 1230 | 干性植物油改性醇酸树脂 | B | 耐油性和弹性好,黏结力较强。供浸涂玻璃丝包线 |
| 6 | 环氧酯漆 | 1033 | 干性植物油酸、环氧树脂、丁醇改性三聚氰胺树脂,溶剂为二甲苯和丁醇 | B | 耐潮性、内干性好,机械强度高,黏结力强。可供浸渍用于湿热地区的线圈 |
| 7 | 环氧醇酸漆 | H30－6 | 酸性醇酸树脂与环氧树脂共聚物、三聚氰胺树脂 | B | 耐热性、耐潮性较好,机械强度高,黏结力强。可供浸渍用于湿热地区的线圈 |
| 8 | 聚酯浸渍漆 | 155 | 干性植物油改性对苯二酸聚酯树脂,溶剂为二甲苯和丁醇 | F | 耐热性、电气性能较好,黏结力强。供浸渍 F 级电机电器绕组 |
| 9 | 有机硅浸渍漆 | 1053 | 有机硅树脂,溶剂为二甲苯 | H | 耐热性和电气性能好,但烘干温度较高。供浸渍 H 级电机电器绕组和绝缘零部件 |
| 10 | 低温干燥有机硅漆 | 9111 | 有机硅树脂,固化剂,溶剂为甲苯 | H | 耐热性较 1053 稍差,但烘干温度低,干燥快。用途同 1053 |

| 序号 | 名称 | 型号 | 主要组成 | 耐热等级 | 特性和用途 |
|---|---|---|---|---|---|
| 11 | 聚酯改性有机硅漆 | 931 | 聚酯改性有机硅树脂,溶剂为二甲苯 | H | 黏结力较强,耐潮性和电气性能好,烘干温度较 1053 低,若加入固化剂可以 105℃ 固化,用途同 1053 |

表 1-16　常用溶剂的性能及用途

| 序号 | 名称 | 沸点(℃) | 闪点(闭口法)(℃) | 适用范围 |
|---|---|---|---|---|
| 1 | 溶剂汽油 | 120～200 | 33 | 油性漆、沥青漆、醇酸漆等 |
| 2 | 煤油 | 165～285 | 71～73 | |
| 3 | 松节油 | 150～170 | 30 | |
| 4 | 苯 | 80.1 | −11 | 沥青漆、聚酯漆、聚氨酯漆、醇酸漆、环氧树脂漆和有机硅漆等 |
| 5 | 甲苯 | 110.6 | 4 | |
| 6 | 二甲苯 | 135～145 | 29.5 | |
| 7 | 丙酮 | 56.2 | 9 | 环氧树脂漆、醇酸漆等 |
| 8 | 环己酮 | 156.7 | 47 | |
| 9 | 乙醇 | 78.3 | 14 | 酚醛漆、环氧树脂漆等 |
| 10 | 丁醇 | 117.8 | 35 | 聚酯漆、聚氨酯漆、环氧树脂漆、有机硅漆等 |
| 11 | 甲酚 | 190～210 | — | 聚酯漆、聚氨酯漆等 |
| 12 | 糠醛 | 161.8 | 60(开口法) | 聚乙烯醇缩醛漆 |
| 13 | 乙二醇乙醚 | 135.1 | 40 | 聚酰亚胺漆 |
| 14 | 二甲基甲酰胺 | 154～156 | — | |
| 15 | 二甲基乙酰胺 | 164～167 | — | |

**2. 无溶剂浸渍漆**

无溶剂浸渍漆由合成树脂、固化剂和活性稀释剂组成。其特点是固化快、流动性和浸透性好,绝缘整体性好。常用无溶剂漆的品种、组成、特性和用途见表 1-17。

表 1-17　常用无溶剂漆的品种、组成、特性和用途

| 序号 | 名称 | 主要组成 | 耐热等级 | 特性和用途 |
|---|---|---|---|---|
| 1 | 110 环氧无溶剂漆 | 6101 环氧树脂、桐油酸酐、松节油酸酐、苯乙烯 | B | 黏度低,击穿强度高,贮存稳定性好。可用于沉浸小型低压电机、电器线圈 |
| 2 | 672−1 环氧无溶剂漆 | 672 环氧树脂、桐油酸酐、苄基二甲胺 | B | 挥发物少,固化快,体积电阻高。适于滴浸小型电机、电器线圈 |

| 序　号 | 名　称 | 主要组成 | 耐热等级 | 特性和用途 |
|---|---|---|---|---|
| 3 | 9102 环氧<br>无溶剂漆 | 618 或 6101 环氧树脂、桐油酸酐、70 酸酐、903 或 901 固化剂、环氧丙烷丁基醚 | B | 挥发物少,固化较快。可用于滴浸小型低压电机、电器线圈 |
| 4 | 111 环氧<br>无溶剂漆 | 6101 环氧树脂、桐油酸酐、松节油酸酐、苯乙烯、二甲基咪唑乙酸盐 | B | 黏度低,固化快,击穿强度高。可用于滴浸小型低压电机、电器线圈 |
| 5 | H30—5 环氧<br>无溶剂漆 | 苯基苯酚环氧树脂、桐油酸酐、二甲基咪唑 | B | |
| 6 | 594 型环氧<br>无溶剂漆 | 618 环氧树脂、594 固化剂、环氧丙烷丁基醚 | B | 黏度低,体积电阻率高,贮存稳定性好。可用于整浸中型高压电机、电器线圈 |
| 7 | 9101 环氧<br>无溶剂漆 | 618 环氧树脂、901 固化剂、环氧丙烷丁基醚 | B | 黏度低,固化较快,体积电阻率高,贮存稳定性好。可用于整浸中型高压电机、电器线圈 |
| 8 | 剂漆 1034 环氧<br>聚酯无溶 | 618 环氧树脂、甲基丙烯酸聚酯、不饱和聚酯、正钛酸丁酯、过氧化二苯甲酰、萘酸钴、苯乙烯 | B | 挥发物较少,固化快,耐霉性较差。用于滴浸小型低压电机,电器线圈 |
| 9 | 聚丁二烯环氧<br>聚酯无溶剂漆 | 聚丁二烯环氧树脂、甲基丙烯酸聚酯、不饱和聚酯、邻苯二甲酸二丙烯酯、过氧化二苯甲酰、萘酸钴、对苯二酚 | B | 黏度较低,挥发物较少,固化较快,贮存稳定性好,耐热性较 1034 高。用于沉浸小型低压电机、电器线圈 |
| 10 | 5152—2<br>环氧聚酯酚醛<br>无溶剂漆 | 6101 环氧树脂、丁醇改性甲酚甲醛树脂、不饱和聚酯、桐油酸酐、过氧化二苯甲酰、苯乙烯、对苯二酚 | B | 黏度低,击穿强度高,贮存稳定性好。用于沉浸小型低压电机、电器线圈 |
| 11 | FIU 环氧聚酯<br>无溶剂漆 | 不饱和聚酯亚胺树脂、618 和 6101 环氧酯、桐油酸酐、过氧化二苯甲酰、苯乙烯、对苯二酚 | F | 黏度低,挥发物较少,击穿强度高,贮存稳定性好。用于沉浸小型 F 级电机、电器线圈 |
| 12 | 319—2 不饱和<br>聚酯无溶剂漆 | 二甲苯树脂、改性间苯二甲酸不饱和聚酯、苯乙烯、过氧化二异丙苯 | F | 黏度较低,电气性能较好,贮存稳定性好。可用于沉浸小型 F 级电机、电器线圈 |

## 四、绝缘胶

### 1. 电缆浇注胶

电缆浇注胶的组成、性能和用途见表 1-18。

表 1-18　电缆浇注胶的组成、性能和用途

| 序 号 | 名 称 | 型 号 | 主要成分 | 软化点（℃）（环球法） | 收缩率（%）150℃→20℃ | 击穿电压（kV/mm） | 特性和用途 |
|---|---|---|---|---|---|---|---|
| 1 | 黄电缆胶 | 1810 | 松香或甘油酯、机油 | 40～50 | ≤8 | ＞45 | 电气性能较好，抗冻裂性较好。适于浇注 10 kV 以上电缆接线盒和终端盒 |
| 2 | 沥青电缆胶 | 1811 1812 | 石油沥青或机油 | 65～75 或 85～95 | ≤9 | ＞35 | 耐潮性较好。适于浇注 10 kV 以下电缆接线盒和终端盒 |
| 3 | 环氧电缆胶 | — | 环氧树脂、石英粉、聚酰胺树脂 | — | — | ＞82 | 密封性好，电气、力学性能高。适于浇注户内 10 kV 以上电缆终端盒。用它浇注的终端盒结构简单，体积较小 |

### 2. 沥青电缆胶

沥青电缆胶主要技术数据见表 1-19。

表 1-19　常用沥青电缆胶主要技术数据

| 序 号 | 型 号 | 软化点（℃）≥ | 冻裂点（℃）≤ | 电流击穿强度（kV/mm）≥ | 主要用途 |
|---|---|---|---|---|---|
| 1 | 1811—1 1812—1 | 45～55 | −45 | 40 | 用作浇灌室外高低压电缆的终端连接线总匣门及铁路通讯器材等 |
| 2 | 1811—2 1812—2 | 55～65 | −35 | 40 | 用作浇灌室外高低压电缆的终端匣、接线匣总门等，又为冷库的优良绝缘材料 |

| 序 号 | 型 号 | 软化点（℃）≥ | 冻裂点（℃）≤ | 电流击穿强度（kV/mm）≥ | 主要用途 |
|---|---|---|---|---|---|
| 3 | 1811—3<br>1812—3 | 65～75 | −30 | 45 | 用作浇灌室外高低压电缆的终端匣、接线匣、棉纱带铝筒、铁路信号电缆等 |
| 4 | 1811—4<br>1812—4 | 75～85 | −25 | 50 | 用在温度较高的室内，作浇灌高低压电缆的终端盒、接线匣等 |
| 5 | 1811—5<br>1812—5 | 85～95 | −25 | 60 | 用于浇灌变压器内、外绝缘体 |

3. 环氧树脂胶

环氧树脂胶主要由环氧树脂（主体）、固化剂、增塑剂、填充剂等组成。

（1）环氧树脂。常用环氧树脂的种类及特性见表1-20。

表1-20 常用环氧树脂的种类及特性

| 序号 | 环氧树脂型号 | 环氧值（mol/100 g）（盐酸吡啶法） | 挥发物（%），≤（110℃，3 h） | 熔点（℃） | 软化点（℃）（水银法） | 有机氯值（mol/100 g） | 无机氯值（mol/100 g） | 特性 |
|---|---|---|---|---|---|---|---|---|
| 1 | E—51（618） | 0.48～0.54 | 2 | — | — | 0.02 | 0.005 | 为双酚A型环氧树脂，黏度低，黏合力强，使用方便 |
| 2 | E—14（6101） | 0.41～0.47 | 1 | 12～20 | | 0.02 | 0.005 | 为双酚A型环氧树脂，黏度比618稍高，其他性能相仿 |
| 3 | E—42（634） | 0.38～0.45 | 1 | 21～27 | | 0.02 | 0.005 | 为双酚A型环氧树脂，黏度比6101稍高，收缩率较小，为常用浇注树脂 |
| 4 | E—35（637） | 0.3～0.4 | 1 | 20～35 | | 0.02 | 0.005 | 为双酚A型环氧树脂，黏度比634稍高 |
| 5 | E—37（638） | 0.23～0.38 | 1 | 40～55 | | 0.02 | 0.005 | 为双酚A型环氧树脂，黏度比637稍高，但收缩率小 |

| 序号 | 环氧树脂型号 | 环氧值 (mol/100 g) (盐酸吡啶法) | 挥发物 (%)，≤ (110℃,3 h) | 熔点 (℃) | 软化点 (℃) (水银法) | 有机氯值 (mol/ 100 g) | 无机氯值 (mol/ 100 g) | 特性 |
|---|---|---|---|---|---|---|---|---|
| 6 | R—122 (6207) | — | | 185 | | — | — | 为脂环族环氧树脂,耐热性高,固化物热变形温度300℃。用适当固化剂配合时黏度低 |
| 7 | H—75 (6201) | 0.61~0.64 | — | — | — | — | — | 为脂环族环氧树脂,黏度低,工艺性好,可室温固化,热膨胀系数小,耐沸水 |
| 8 | W—95 (300,400) | 1~1.03 | | 55 | | — | — | 为脂环族环氧树脂,固化物机械强度比双酚A型环氧树脂高50%,延伸性好,耐热性高 |
| 9 | V—17 (2000) | 0.16~0.19 | — | — | | — | — | 为环氧化聚丁二烯树脂,耐热性好 |
| 10 | A—95 (695) | 0.9~0.95 | — | 95~115 | | — | — | 为脂环族环氧树脂,固化物交联密度高,马丁耐热达200℃,耐电弧性优异 |

注:括号中的型号为旧型号。

（2）固化剂。环氧树脂必须加入固化剂后才能固化,常用固化剂有酸酐类固化剂和胺类固化剂。胺类固化剂由于毒性大,已不常用了。常用酸酐类固化剂的种类及特性见表1-21。

表1-21　常用酸酐类固化剂的种类及特性

| 序号 | 名称 | 型号或代号 | 外观 | 分子量 | 熔点 (℃) | 用量 (%) | 固化条件 | | 特性 |
|---|---|---|---|---|---|---|---|---|---|
| | | | | | | | 温度 (℃) | 时间 (h) | |
| 1 | 邻苯二甲酸酐 | PA | 白色或红色粉末 | 148 | 128~131 | 30~45 | 120 | 20~30 | 固化物电气性能好,固化时放出热量小,但易升华,固化时间长。可用于大型浇注 |
| | | | | | | | 130 | 2 | |
| | | | | | | | 150 | 10 | |

| 序号 | 名称 | 型号或代号 | 外观 | 分子量 | 熔点（℃） | 用量（%） | 固化条件 温度（℃） | 固化条件 时间（h） | 特性 |
|---|---|---|---|---|---|---|---|---|---|
| 2 | 顺丁烯二酸酐 | MA | 白色结晶 | 98.06 | 52.8 | 30～40 | 100 | 2 | 易升华，刺激性大，固化物电气性能好，但机械性能差 |
| | | | | | | | 150 | 24 | |
| 3 | 均苯四甲酸二酐 | PMDA | 白色粉末 | 218 | 286 | 13～21 | 120 | 3 | 固化物热变形温度高，但固化工艺较复杂，成本高 |
| | | | | | | | 220 | 2 | |
| 4 | 内次甲基四氢邻苯二甲酸酐 | NA | 白色结晶 | 164.6 | 164～167 | 60～80 | 100 | 1 | 固化物耐热性好，但需高温固化，使用困难 |
| | | | | | | | 260 | 20 | |
| 5 | 四氢化苯二甲酸酐异构体混合物 | 70 | 低黏度液体 | 152 | −3～−5 | 150～180 | 180 | 2 | 使用方便，固化物耐热性好 |
| 6 | 桐油酸酐 | TOA | 低黏度液体 | — | — | 100～200 | 100 | 5 | 使用方便，成本低，固化物弹性好，但不耐冷冻 |
| | | | | | | | 80 | 20 | |
| 7 | 环戊二烯顺酐加成物 | 647 | 白色或浅黄色固体 | 137～147 | 34 | 60～80 | 100 | 8 | 使用时需进行预聚合，否则气味大，固化物弹性好 |
| | | | | | | | 150 | 3 | |

（3）增塑剂。在环氧树脂中加入适量增塑剂，可提高固化物的抗冲击性。常用的增塑剂是聚酯树脂，一般用量为 15%～20%。

（4）填充剂。为了减少固化物的收缩率，提高导热性、形状稳定性、耐腐蚀性和机械强度，以及降低成本，通常应加入适量的填充剂。常用填充剂有石英粉、石棉粉等。

**五、电工用塑料**

电工用塑料一般是由合成树脂、填料和各种少量的添加剂等配制而成的粉状，粒状或纤维状高分子材料，在一定的温度和压力下加工成各种规格、形状的电工设备绝缘零部件以及作为电线电缆绝缘和护层材料。电工塑料质轻，电气性能优良，有足够的硬度和机械强度，易于用模具加工成型，因此在电气设备中得到广泛的应用。常用电绝缘高分子聚合物材料的主要性能见表1-22。

表1-22 常用电绝缘高分子聚合物材料的主要性能

| 性能 | 软聚氯乙烯 | 硬聚氯乙烯 | 聚四氟乙烯 | 聚酰亚胺 |
|---|---|---|---|---|
| 密度（$\times 10^3$ kg·m$^{-3}$） | 1.16～1.35 | 1.30～1.58 | 2.1～2.2 | 1.4～1.6 |

| 性能 | 软聚氯乙烯 | 硬聚氯乙烯 | 聚四氟乙烯 | 聚酰亚胺 |
|---|---|---|---|---|
| 连续工作最高温度(℃) | 65 | 55 | 260 | 260 |
| 低温脆化温度(℃) | −30 | −10 | −180 | −196 |
| 线膨胀系数($\times 10^{-6}$ $\times$℃$^{-1}$) | 7～25 | 5～10 | 9～10 | 1～6 |
| 电阻率(Ω·m) | $10^9$～$10^{13}$ | $10^{14}$ | $10^{13}$～$10^{16}$ | $10^{14}$～$10^{15}$ |
| 击穿强度(MV/m) | 0.3～0.4 | 0.4～0.5 | 20～60 | 40 |
| 相对介电常数(1 MHz) | 3.3～4.5 | 2.8～3.1 | 1.8～2.2 | 2～3 |
| tanδ[1 MHz($\times 10^{-4}$)] | 400～1 400 | 60～190 | 2.5 | 20～50 |

电线电缆用热塑性塑料,多由聚乙烯和聚氯乙烯制成。

聚乙烯(PE):具有优异的电气性能,其相对介电系数和介质损耗几乎与频率无关,且结构稳定,耐潮耐寒,但长期工作温度应低于70℃。

聚氯乙烯(PVC):分绝缘级与护层级两种,其中绝缘级按耐温条件分别为65℃、80℃、90℃和105℃四种,护层级耐温65℃。聚氯乙烯机械性能优异,电气性能良好,结构稳定,具有耐潮、耐电晕、不延燃、成本低、加工方便等优点,且其绝缘耐击穿强度为10 kV/mm。

### 六、绝缘管

绝缘管主要用于电器引线、电气安装导线穿管,起绝缘和保护作用。常用绝缘管的种类及规格系列见表1-23。

表1-23 常用绝缘管的种类及规格

| 序号 | 名 称 | 规格系数(mm) | 备 注 |
|---|---|---|---|
| 1 | 硬聚氯乙烯管 | 外径:10,12,16,20,25,32,40,50,63,75,90,110,125,140,160,180,200,225,250,280<br>壁厚:1.5,2.0,2.5,3.0,4.0,4.5,5.0,5.5,6.0,7.0,7.5,8.0,8.5,9.0,10.0<br>长度:4 000 | 分轻型、重型两类 |
| 2 | 软聚氯乙烯管 | 内径:1,2,3,4,5,6,8,10,12,14,16,18,20,22,25,30,32,36,40,50<br>壁厚:0.4,0.6,0.7,0.9,1.0,1.2,1.4,1.8 | — |
| 3 | 有机玻璃管 | 外径:20,25,30,35,40,45,50,55,60,70,75,80,85,90,95,100,110<br>壁厚:2～10<br>长度:300～1 300 | — |

| 序号 | 名　称 | 规格系数(mm) | 备　注 |
|---|---|---|---|
| 4 | 酚醛层压纸管、布管、玻璃布管 | 内径:6,8,10,12,14,16,18,20,22,25,28,30,35,38, 40,45,50,55,60,65,70,75,80,85,90,95,100, 105,110,120,130,140,150,160,180,200, 220,250<br>壁厚:1.5,2,2.5,3,4,5,6,8,9,10,12,14,16,18,20<br>长度:450,600,950,1 200,1 450,1 950,2 450 | — |
| 5 | 聚四乙烯管 | 内径:2.0,2.5,3.0,4.0,5,6,8,10,12,14,16,18, 20,25<br>壁厚:0.2,0.3,0.4,0.5,1.0,1.5,2.0 | — |

# 第三节　变压器

## 一、变压器的分类

电力变压器可以将高电压变换成低电压,或将低电压变换成高电压。其分类和表示符号列于表 1-24 中。电力变压器的产品型号在新的标准中有所改动,但新与旧的变动不大。

表 1-24　电力变压器的分类和表示符号

| 序　号 | 分　类 | 类　别 | 代表符号 | |
|---|---|---|---|---|
| | | | 新型号 | 旧型号 |
| 1 | 相数 | 单相<br>三相 | D<br>S | D<br>S |
| 2 | 绕组外绝缘介质 | 变压器油<br>空气<br>成型固体 | G<br>C | K<br>C |
| 3 | 冷却方式 | 油浸自冷式<br>空气自冷式<br>风冷式<br>水冷式 | 不表示<br>不表示<br>F<br>W | J<br>不表示<br>F<br>S |
| 4 | 油循环方式 | 自然循环<br>强迫导向油循环<br>强迫油循环 | 不表示<br>D<br>P | 不表示<br>不表示<br>P |
| 5 | 绕组数 | 双绕组<br>三绕组 | 不表示<br>S | 不表示<br>S |
| 6 | 调压方式 | 无励磁调压<br>有载调压 | 不表示<br>Z | 不表示<br>Z |

| 序 号 | 分 类 | 类 别 | 代表符号 | |
|---|---|---|---|---|
| | | | 新型号 | 旧型号 |
| 7 | 绕组导线材料 | 铜<br>铝 | 不表示<br>不表示 | 不表示<br>L |
| 8 | 绕组耦合方式 | 自耦<br>分裂 | O | O |

注:1. 型号后还可加注防护类型代号,例如:湿热带 TH、干热带 TA 等。

　　2. 自耦变压器,升压时"O"列型号之后;降压时"O"列型号之前。

型号下脚数字为设计序号,型号后面分子数为额定容量(kV·A),分母数为高压线圈电压等级(kV)。例:S1－500/10,表示为三相油浸自冷式铝线绕组电力变压器,额定容量为 500 kV·A,高压线圈电压为 10 kV,第一次系列设计。

## 二、变压器铭牌

### 1. 变压器的铭牌

为了合理地使用和选择变压器,每台变压器上都有一块写着变压器额定参数的铭牌,用来标明变压器的性能和使用条件等,如图 1-1 所示。

| 电力变压器 | | | | | |
|---|---|---|---|---|---|
| 产品标准 | | | 型号:S－560/10 | | |
| 额定容量:560 kV·A | | | 相数:3 | 额定频率:50 Hz | |
| 额定电压 | 高压:10 000V | | 额定电流 | 高压:32.3 A | |
| | 低压:400～230 V | | | 低压:808 A | |
| 使用条件:户外 | 绕组温升:65℃ | | 油面温升:55℃ | | |
| 阻抗电压:4.94% | | | 冷却方式:油浸自冷式 | | |
| 接线连接图 | | 相量图 | 联结组标号 | 分接开关位置 | 分接头电压 |
| 高压 | 低压 | 高压 | 低压 | | |
| 见图(a) | 见图(b) | 见图(c) | 见图(d) | Y,yn0 | I　103 000 V<br>Ⅱ　10 000 V<br>Ⅲ　9 500 V |

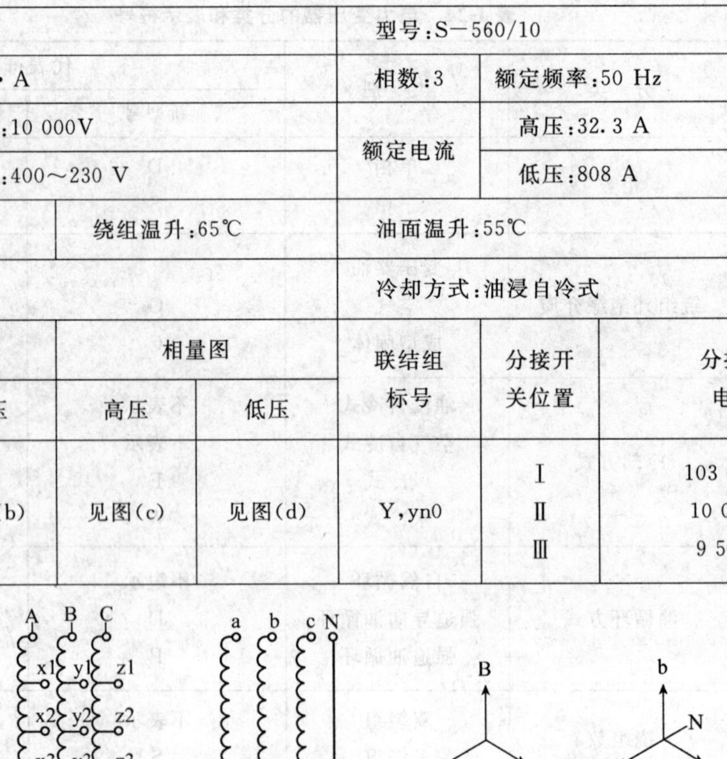

(a)高压接线连接图　(b)低压接线连接图　(c)高压相量图　(d)低压相量图

图 1-1　变压器的铭牌

2. 变压器铭牌的主要内容

变压器铭牌的主要内容见表1-25。

| 项　目 | 内　容 |
|---|---|
| 型号 | 变压器的型号由两部分构成,前一部分由汉语拼音字母组成,用以表示变压器的类别、结构特征和用途;后一部分由数字组成,表示变压器的容量和高压侧的电压等。电力变压器型号中的符号含义见表1-23 |
| 额定容量 $S_N$ | 在变压器铭牌所规定的额定条件下,变压器二次侧输出的额定视在功率即为额定容量,单位为 kV·A |
| 额定电压 $U_{1N}$ 和 $U_{2N}$ | 一次绕组的额定电压 $U_{1N}$ 是指在绝缘强度和允许温度所规定条件下,一次绕组上加的电压值;二次绕组的额定电压 $U_{2N}$ 是指变压器空载时,一次绕组加以额定电压 $U_{1N}$ 时二次绕组两端的电压值。在三相变压器中均指线电压 |
| 额定电流 $I_{1N}$ 和 $I_{2N}$ | 额定电流指变压器在正常运行时,一、二次侧允许长期通过的最大电流。在三相变压器中均指线电流 |
| 额定频率 $f_N$ | 变压器在运行时,电源频率要与变压器的额定频率 $f_N$ 相一致。额定频率不同的变压器是不能换用的。我国生产的变压器的额定频率都是 50 Hz |
| 阻抗压降 $U_k$ | 阻抗压降 $U_k$ 是指变压器二次侧短路,一次侧施加电压使二次侧短路电流慢慢升高到额定值时,一次侧所加电压的数值。一般以额定电压的百分数表示。阻抗电压是考虑短路电流和继电保护特性的依据,又是变压器并联运行时必须满足的条件 |
| 温升 | 油面温升是指变压器在额定状态下工作时,油箱中油面温度允许超出周围环境温度的数值 |
| 连接组 | 三相变压器的连接组决定了高低压线圈之间的电压相位关系。变压器并联运行时必须连接组别相同 |

### 三、电力变压器产品技术参数

1. 油浸变压器

(1)S7、SL7 系列产品主要技术参数。S7、SL7 系列产品为三相油浸式双线圈和三线圈风冷式,电压为 6 kV、10 kV、35 kV,频率 50 Hz,容量 20～1 600 kV·A 的标准型电力变压器。其结构特点:铁心采用晶粒取向冷轧硅钢片 45°全斜接缝,粘带绑扎,线圈形式为圆筒式或饼式结构。主要技术参数见表1-26。

表 1-26　S7、SL7 系列低损耗电力变压器主要技术参数

| 序号 | 额定容量 (kV·A) | 电压组合 (kV) 高压/低压 | 联结组标号 | 损耗(W) | | 阻抗电压率 (%) | 空载电流率 (%) | 外形及安装尺寸(mm) | | | 轨距 (mm) | 重量(kg) | | |
|---|---|---|---|---|---|---|---|---|---|---|---|---|---|---|
| | | | | 空载 | 负载 | | | 长 | 宽 | 高 | | 器身吊重 | 油重 | 总重 |
| 1 | 20 | 6,10/0.4 | Y,yn0 | 120 | 600 | 4 | 2.8 | 846 | 566 | 969 | 400 | 99 | 56 | 216 |

| 序号 | 额定容量(kV·A) | 电压组合(kV)高压/低压 | 联结组标号 | 损耗(W) | | 阻抗电压率(%) | 空载电流率(%) | 外形及安装尺寸(mm) | | | 轨距(mm) | 重量(kg) | | |
|---|---|---|---|---|---|---|---|---|---|---|---|---|---|---|
| | | | | 空载 | 负载 | | | 长 | 宽 | 高 | | 器身吊重 | 油重 | 总重 |
| 2 | 30 | 6,10/0.4 | Y,yn0 | 150 | 800 | 4 | 2.8 | 971 | 790 | 1 023 | 400 | 143 | 74 | 293 |
| 3 | 50 | 6,10/0.4 | Y,yn0 | 190 | 1 150 | 4 | 2.6 | 987 | 789 | 1 098 | 400 | 221 | 92 | 408 |
| 4 | 63 | 6,10/0.4 | Y,yn0 | 220 | 1 400 | 4 | 2.5 | 1 070 | 790 | 1 119 | 400 | 241 | 102 | 475 |
| 5 | 80 | 6,10/0.4 | Y,yn0 | 270 | 1 650 | 4 | 2.4 | 1 026 | 828 | 1 158 | 550 | 305 | 88 | 544 |
| 6 | 100 | 6,10/0.4 | Y,yn0 | 320 | 2 000 | 4 | 2.3 | 1 046 | 835 | 1 218 | 550 | 334 | 128 | 614 |
| 7 | 125 | 6,10/0.4 | Y,yn0 | 370 | 2 450 | 4 | 2.2 | 1 170 | 1 067 | 1 364 | 550 | 393 | 151 | 723 |
| 8 | 160 | 6,10/0.4 | Y,yn0 | 460 | 2 850 | 4 | 2.1 | 1 416 | 854 | 1 372 | 550 | 460 | 177 | 830 |
| 9 | 200 | 6,10/0.4 | Y,yn0 | 540 | 3 400 | 4 | 2.1 | 1 370 | 825 | 1 421 | 550 | 528 | 197 | 955 |
| 10 | 250 | 6,10/0.4 | Y,yn0 | 640 | 4 000 | 4 | 2.0 | 1 580 | 970 | 1 448 | 550 | 647 | 218 | 1 100 |
| 11 | 315 | 6,10/0.4 | Y,yn0 | 760 | 4 800 | 4 | 2.0 | 1 643 | 975 | 1 493 | 550 | 740 | 245 | 1 283 |
| 12 | 400 | 6,10/0.4 | Y,yn0 | 920 | 5 800 | 4 | 1.9 | 1 728 | 1 055 | 1 578 | 660 | 897 | 279 | 1 535 |
| 13 | 500 | 6,10/0.4 | Y,yn0 | 1 080 | 6 900 | 4 | 1.9 | 1 767 | 1070 | 1 547 | 660 | 1 070 | 337 | 1 857 |
| 14 | 630 | 6,10/0.4 | Y,yn0 | 1 300 | 8 100 | 4.5 | 1.8 | 1 919 | 1 100 | 1 930 | 660 | 1 382 | 442 | 2 400 |
| 15 | 800 | 6,10/0.4 | Y,yn0 | 1 540 | 9 900 | 4.5 | 1.5 | 2 110 | 1 170 | 2 387 | 820 | 1 771 | 623 | 3 991 |
| 16 | 1 000 | 6,10/0.4 | Y,yn0 | 1 800 | 11 600 | 4.5 | 1.2 | 2 335 | 1 277 | 2 426 | 820 | 2 036 | 692 | 3 513 |
| 17 | 1 250 | 6,10/0.4 | Y,yn0 | 2 200 | 13 800 | 4.5 | 1.2 | 2 270 | 1 345 | 2 425 | 820 | 2 253 | 775 | 3 969 |
| 18 | 1 600 | 6,10/0.4 | Y,yn0 | 2 650 | 16 500 | 4.5 | 1.1 | 2 570 | 1 485 | 2 650 | 820 | 2 840 | 1 006 | 5 120 |

(2)S9 系列产品主要技术参数。S9 系列产品为三相油浸式双线圈,电压为 6 kV、10 kV级,频率为 50 Hz,容量为 30～1 600 kV·A 的电力变压器。结构特点为铁心采用晶粒取向冷轧硅钢片 45°全斜接缝,不冲孔半干性玻璃粘带绑扎。圆筒式线圈采用瓦楞纸板代替撑条油隙。S9－300－1600/6－10 铜线系列低损耗电力变压器技术参数见表1-27。

表 1-27　S9－300－1600/6－10 铜线系列低损耗电力变压器技术参数

| 序号 | 额定容量(kV·A) | 电压组合(kV)高压/低压 | 联结组标号 | 损耗(W) | | 阻抗电压率(%) | 空载电流率(%) | 外形及安装尺寸(mm) | | | 轨距(mm) | 重量(kg) | | |
|---|---|---|---|---|---|---|---|---|---|---|---|---|---|---|
| | | | | 空载 | 负载 | | | 长 | 宽 | 高 | | 器身吊重 | 油重 | 总重 |
| 1 | 30 | 6,10/0.4 | Y,yn0 | 130 | 600 | 4 | 2.1 | 990 | 650 | 1 140 | 400 | 210 | 90 | 340 |
| 2 | 50 | 6,10/0.4 | Y,yn0 | 170 | 870 | 4 | 2.0 | 1 070 | 690 | 1 190 | 400 | 300 | 100 | 455 |
| 3 | 63 | 6,10/0.4 | Y,yn0 | 200 | 1 040 | 4 | 1.9 | 1 090 | 710 | 1 210 | 550 | 320 | 115 | 505 |
| 4 | 80 | 6,10/0.4 | Y,yn0 | 240 | 1 250 | 4 | 1.8 | 1 210 | 700 | 1 370 | 550 | 390 | 130 | 590 |

·村镇电气安装工程·

| 序号 | 额定容量 (kV·A) | 电压组合 (kV) 高压/低压 | 联结组标号 | 损耗(W) 空载 | 负载 | 阻抗电压率 (%) | 空载电流率 (%) | 外形及安装尺寸(mm) 长 | 宽 | 高 | 轨距 (mm) | 重量(kg) 器身吊重 | 油重 | 总重 |
|---|---|---|---|---|---|---|---|---|---|---|---|---|---|---|
| 5 | 100 | 6,10/0.4 | Y,yn0 | 290 | 1 500 | 4 | 1.6 | 1 200 | 800 | 1 300 | 550 | 430 | 140 | 650 |
| 6 | 125 | 6,10/0.4 | Y,yn0 | 340 | 1 800 | 4 | 1.5 | 1 297 | 856 | 1 430 | 660 | 790 | 255 | 1 245 |
| 7 | 160 | 6,10/0.4 | Y,yn0 | 400 | 2 200 | 4 | 1.4 | 1 340 | 870 | 1 460 | 550 | 580 | 195 | 930 |
| 8 | 200 | 6,10/0.4 | Y,yn0 | 480 | 2 600 | 4 | 1.3 | 1 380 | 838 | 1 490 | 550 | 660 | 215 | 1 045 |
| 9 | 250 | 6,10/0.4 | Y,yn0 | 560 | 3 050 | 4 | 1.2 | 1 297 | 856 | 1 430 | 660 | 790 | 255 | 1 245 |
| 10 | 315 | 6,10/0.4 | Y,yn0 | 670 | 3 650 | 4 | 1.1 | 1 460 | 1 010 | 1 580 | 660 | 910 | 280 | 1 430 |
| 11 | 400 | 6,10/0.4 | Y,yn0 | 800 | 4 300 | 4 | 1.0 | 1 500 | 1 230 | 1 630 | 660 | 1 070 | 320 | 1 645 |
| 12 | 500 | 6,10/0.4 | Y,yn0 | 960 | 5 100 | 4 | 1.0 | 1 570 | 1 250 | 1 670 | 660 | 1 230 | 360 | 1 900 |
| 13 | 630 | 6,10/0.4 | Y,yn0 | 1 200 | 6 200 | 4.5 | 0.9 | 1 880 | 1 530 | 1 980 | 820 | 1 820 | 605 | 2 825 |
| 14 | 800 | 6,10/0.4 | Y,yn0 | 1 400 | 7 500 | 4.5 | 0.8 | 2 230 | 1 350 | 2 360 | 820 | 2 215 | 715 | 3 425 |
| 15 | 1 000 | 6,10/0.4 | Y,yn0 | 1 700 | 1 030 | 4.5 | 0.7 | 2 280 | 1 290 | 2 480 | 820 | 2 350 | 870 | 3 945 |
| 16 | 1 250 | 6,10/0.4 | Y,yn0 | 1 950 | 12 000 | 4.5 | 0.6 | 2 310 | 1 910 | 2 630 | 1 070 | 1 785 | 980 | 4 650 |
| 17 | 1 600 | 6,10/0.4 | Y,yn0 | 2 400 | 14 500 | 4.5 | 0.6 | 2 350 | 1 950 | 2 700 | 1 070 | 3 165 | 1 150 | 5 205 |

2. $SF_6$ 气体绝缘变压器

(1) $SF_6$ 气体绝缘变压器结构。$SF_6$ 气体绝缘变压器的铁心均采用 DQ151 冷轧双向硅钢片剪切,迭装而成,绕组采用 E 级绝缘的薄膜电磁线绕制而成,采用片式散热器进行自然循环冷却,属于干式变压器的一种。配备无激磁调压开关或有载调压开关进行工作电压调节,还配备密度继电器和信号温度计进行泄漏,温度的报警或分闸,对变压器进行保护。压力测量采用常规的真空压力表,这些备件均装在母管上,然后与变压器箱体连接,通过 $SF_6$ 气体专用阀门进行控制,并装有充放气阀门。

(2) $SF_6$ 气体绝缘变压器主要技术参数。

1) 额定频率为 50 Hz。

2) 绕组联结组标号为 Y,yn0。

3) 高压绕组无激磁调压范围 ±5%。

4) 高压绕组有载调压范围 ±8×2.5%。

5) 气体工作压力 0.12 MPa(20℃)。

6) 年漏气率小于 1%。

7) 高压绕组、最高工作电压 11.5 kV。

8) 额定雷电冲击耐受电压 75 kV(峰值)。

9) 额定短时工频耐受电压为 35 kV(有效值,1 min)。

10) 零表压高压绕组工频耐受电压为 5 kV(有效值,1 min)。

有关技术参数,见表1-28。

表 1-28 200～1 600 kV·A SF₆ 电力变压器主要技术参数

| 容量<br>(kV·A) | 电压<br>(kV) | 空载损耗<br>(kW) | 负载损耗<br>(kW) | 总损耗<br>(kW) | 阻抗电压<br>(%) | 噪音水平<br>(dB) |
|---|---|---|---|---|---|---|
| 200 | 10/0.4 | 0.8 | 2.60 | 3.40 | 4 | <55 |
| 250 | 10/0.4 | 0.95 | 3.00 | 3.95 | 4 | <55 |
| 315 | 10/0.4 | 1.10 | 3.40 | 4.50 | 4 | <55 |
| 400 | 10/0.4 | 1.35 | 4.20 | 5.55 | 4 | <55 |
| 500 | 10/0.4 | 1.50 | 4.50 | 6.00 | 4 | <55 |
| 630 | 10/0.4 | 1.50 | 6.60 | 8.10 | 5 | <55 |
| 800 | 10/0.4 | 2.00 | 7.00 | 9.00 | 5.5 | <55 |
| 1 000 | 10/0.4 | 2.20 | 3.50 | 10.70 | 6 | <58 |
| 1 250 | 10/0.4 | 2.60 | 10.00 | 12.60 | 6 | <58 |
| 1 600 | 10/0.4 | 3.00 | 13.00 | 16.00 | 6 | <58 |

3. 环氧树脂干式电力变压器

(1)环氧树脂干式电力变压器结构。环氧树脂干式电力变压器局部放电量 5PC 以下,适合热潮湿环境,接线简单,相间连线及出线端子固定在树脂浇注的封板中,容量范围 100～5 000 kV·A(目前最高可生产 10 000 kV·A),阻抗电压为 4%～6%,冲击电压为 145 kV,额定一次电压为 10～35 kV,绝缘等级为 B 级。环氧树脂干式电力变压器结构特点:

1)铁心材料采用优质冷轧硅钢片,45°全斜接缝结构,以保证较低的空载损耗。铁轭采用穿心螺杆结构,心柱采用绝缘带绑扎,以改善结构强度、降低噪音。

2)高压绕组用环氧树脂浇注,低压绕组为端部封装,并同轴套在铁心柱上,高压和低压绕组之间有冷却空道,使绕组散热。高压和低压绕组都采用带状导体,具有更好的空间因数,又因模型浇注变压器用的环氧树脂,介电强度是空气的 10 倍,所以绝缘尺寸大大减小,产品的尺寸和重量也相应减少。而其高低绕组是由上下夹件间的弹性垫块压紧,从而防止电致伸缩引起的震动和绕组的移位,也由此降低噪音。

3)因绕组被环氧树脂包住,连接各相绕组的连线也是由环氧树脂用模子浇注成的。因此,带电部分不暴露在外面。

(2)环氧树脂干式电力变压器主要技术参数。

1)环氧树脂干式电力变压器规格:额定电压,高压绕组最高为 35 kV;低压绕组为 0.4 kV(可生产 0.1～10.5 kV)。

高压绕组无载分接范围,额定电压为 ±2×(2.5% 或 ±5%)。

2)冲击电压、工频试验电压及标准试验电压值,见表 1-29。

表 1-29 标准试验电压值 (单位:kV)

| 最高运行电压 | 基本冲击电压 | 工频耐压 |
|---|---|---|
| 6.9 | 60 | 20 |
| 11.5 | 75 | 35 |
| 40.5 | 145 | 70 |

3)相关参数。

①容量：三相为 100～5 000 kV·A（最高可生产 10 000 kV·A）。

②频率为 50 Hz。

③阻抗电压为 4%～6%。

④联结组标号为 D,yn11；Y,yn0；Y,d11。

⑤绝缘等级高压绕组、低压绕组均为 B 级。

⑥噪音容量 100～2 500 kV·A，噪音为 55～72 dB。

⑦出线端子使用镀锡的铜板。

⑧防护等级为 IP00（户内式）级。

⑨安装环境温度不超过 40℃，温升限值 80℃，最高容许温度 130℃。

⑩最大安装高度为海拔 1 000 m。

**四、变压器的保护**

村镇配电变压器的保护除防外力破坏（如人为、机动车撞击等）外，主要有防雷保护、短路保护和过载保护。

配电变压器的防雷保护，可采用装设无间隙金属氧化物避雷器作为过电压保护，防止由高低线路侵入的高压雷电波所引起的变压器内部绝缘击穿而造成短路。采用避雷器保护配电变压器时，一要选用合格产品，经电力部和机械部认证；二要定期进行预防性试验，及时更换不合格产品；三要定期进行防雷接地电阻检测；四要安装的位置适当。避雷器防雷接地电阻按雷雨季节综合考虑，接地电阻不宜大于 10 Ω；村镇配电变压器一般采用跌落式熔断器作为保护和操作设备，高压避雷器一定要安装在最靠近配电变压器高压套管前方的引线处，低压避雷器一定要装在最靠近配电变压器低压套管处。

配电变压器的短路保护和过载保护由装设于配电变压器高低压两侧的熔断器来实现。为了有效地保护配电变压器，必须正确选择熔断器的熔体（熔丝、熔片等）。高压侧熔丝的选择，应能保证在变压器内部或外部套管处发生短路时被熔断；低压侧熔体的选择，应能保证在各出线回路发生短路或输出负载过大，引起配电变压器过负荷时被熔断，切除负载和故障线路，实现保护配电变压器的目的。低压侧短路时，低压侧熔体先熔断，高压侧熔体不应熔断；变压器内部或造成短路时，高压侧熔体熔断，变电站高压线的保护装置不应动作掉闸，这是村镇电工必须重视的问题，配电变压器两侧及低压用户的熔体保护材料一定要按标准配备，杜绝以铜、铝等金属导体替代熔体的违章行为。

# 第四节　水　　泵

**一、离 心 泵**

**1. 离心泵的分类及用途**

离心泵按其结构形式分为立式泵和卧式泵。立式泵的优点为：占地面积小，建筑投入小，安装方便；缺点为重心高。卧式泵优点：使用场合广泛，重心低，稳定性好。缺点为：占地面积大、建筑投入大、体积大、重量重。按扬程流量的要求并根据叶轮结构和组成级数分为以下几类。

(1)单级单吸泵。泵为一只叶轮,叶轮上一个吸入口。一般流量范围:5.5~2 000 m³/h,扬程:8~150 m,流量小、扬程低。

(2)单级双吸泵。泵为一只叶轮,叶轮上两个吸入口。一般流量范围:120~20 000 m³/h,扬程:10~110 m,流量大、扬程低。

(3)单级多吸泵。泵为多个叶轮,第一个叶轮上一个吸入口,第一个叶轮排出室为第二叶轮吸入口,以此类推。一般流量范围为:5~200 m³/h,扬程为 20~240 m,流量小,扬程高。

2. 工作原理

离心泵依靠旋转叶轮对液体的作用把原动机的机械能传递给液体,由于离心泵的作用液体从叶轮进口流向出口的过程中,其速度能和压力能都增加,被叶轮排出的液体大部分的速度能转换成压力能,然后沿排出管路送出去。这时,叶轮进口处因液体的排出而形成真空或低压,在液面压力(大气压)的作用下,液体被压入叶轮进口,旋转着的叶轮就连续不断地吸入和排出液体。离心泵结构如图 1-2 所示。

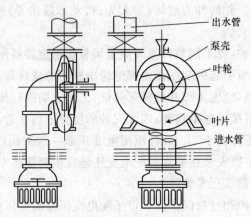

图 1-2　离心泵结构示意图

出水管
泵壳
叶轮
叶片
进水管

3. 离心泵的特点

(1)离心泵的优点。离心泵转速高、体积小、重量轻、效率高、流量大、结构简单、性能平稳、容易操作和维修等。

(2)离心泵的缺点。离心泵启动前泵内要灌满液体,黏度大的液体对泵性能影响大,只能用于近似水的黏度液体。流量适用范围:5~20 000 m³/h。

## 二、管 道 泵

1. 管道泵的结构

管道泵是单级单吸离心泵的一种,属立式结构,因其进出口在同一直线上,且进出口的口径相同,仿似一段管道,可安装在管道的任何位置,故取名为管道泵(又名增压泵)。其结构特点:为单吸单级离心泵,进出口相同并在同一直线上,和轴中心线成直交,为立式泵。管道泵结构示意如图 1-3 所示。

2. 管道泵的组成

(1)电机。将电能转化为机械能的主要部件。

(2)泵座。泵座是泵的主体,起到支撑固定作用。

(3)叶轮。离心泵的核心部分,它转速高、出力大,叶轮上的叶片又起到主要作用,叶轮在装配前要通过静平衡实验。叶轮上的内外表面要求光滑,以减少水流的摩擦损失。叶轮分为开式叶轮、半闭式叶轮和闭式叶轮。

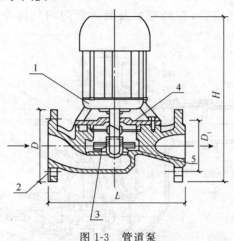

图 1-3 管道泵
1—电机;2—泵体;3—叶轮;4—机械密封;5—螺母

1)开式叶轮。适用于输送含有较大量悬浮物的物料,效率较低,输送的液体压力不高。

2)半闭式叶轮。适用于输送易沉淀或含有含有固体颗粒、纤维等悬浮物颗粒的物料,效率也较低。

3)闭式叶轮。适用于输送不含杂质的清洁液体,效率高。

(4)泵轴。管道泵与电动机相连接,泵轴是传递机械能的主要部件。

(5)机械密封。保持贴合并相对滑动而构成的防止流体泄漏的装置。

3. 管道泵的工作原理

管道泵能把水送出去是由于离心力的作用。水泵在工作前,泵体和进水管必须罐满水形成真空状态,当叶轮快速转动时,叶片促使水很快旋转,旋转着的水在离心力的作用下从叶轮中飞去,泵内的水被抛出后,叶轮的中心部分形成真空区域。水原的水在大气压力(或水压)的作用下通过管网压到了进水管内。这样循环不已,就可以实现连续抽水。

### 三、自 吸 泵

1. 工作原理

泵体由吸入室、储液室、涡卷室、回液孔、气液分离室等组成,泵正常启动后,叶轮将吸入室所存的液体及吸入管路中的空气一起吸入,并在叶轮内得以完全混合,在离心力的作用,液体夹带着气体向涡卷室外缘流动,在叶轮的外缘上形成有一定厚度的白色泡沫带及高速旋转液环。气液混合体通过扩散管进入气液分离室。此时,由于流速突然降低,较轻的气体从混合液中被分离出来,气体通过泵体吐口继续上升排出。脱气后的液体回到储液室,并由回流孔再次进入叶轮,与叶轮内部从吸入管路中吸入的气体再次混合,在高速旋转的叶轮作用下,又流向叶轮外缘。随着这个过程周而复始的进行下去,吸入管路中的空气不断减少,直到吸尽气体,完成自吸过程,泵便投入正常作业。自吸泵结构如图 1-4 所示。

2. 自吸泵的分类

(1)自吸泵按作用原理分类。

1)气液混合式(包括内混式和外混式)。气液混合式自吸泵的工作过程:由于自吸泵泵体的特殊结构,水泵停转后,泵体内存有一定量的水,泵再次启动后由于叶轮旋转作用,吸入管路的空气和水充分混合,并被排到气水分离室,气水分离室上部的气体溢出,下部的水返回叶轮,重新和吸入管路的剩余空气混合,直到把泵及吸入管内的气体全部排出,完成自吸,并正常抽水。

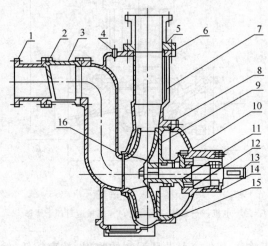

图 1-4　自吸泵

1—进口接管;2—进口单向阀;3—进口阀座;4—加水阀门;5—出口接管;6—泵体;
7—气液分离管;8—密封罐;9—叶轮;10—机械密封;11—挡水圈;12—轴承座;
13—泵轴;14—轴承盖板;15—底盖板;16—螺栓

2)水环轮式自吸泵。水环轮式自吸泵是将水环轮和水泵叶轮组合在一个壳体内,借助水环轮将气体排出,实现自吸。当泵正常工作后,可通过阀截断水环轮和水泵叶轮的通道,并且放掉水环轮内的液体。

3)射流式自吸泵(包括液体射流和气体射流)。射流式自吸泵由离心泵和射流泵(或喷射器)组合而成,依靠喷射装置,在喷嘴处造成真空实现抽吸。

(2)按泵的配套动力机类型。按自吸泵的配套动力机类型分为电动机配套自吸泵和柴油机配套自吸泵。

(3)按实现自吸功能的结构与工作特点可分为内滑式、外滑式、水环轮式和其他型式。传动方式有直联传动(包括内轴)和皮带传动。进口直径 25～200 mm。内混式的自吸泵,工作原理与外混式自吸泵相同,其区别只是回水不流向叶轮外缘,而流向叶轮入口。内混式自吸泵在启动时,须打开叶轮前下方的回流阀,使泵内液体流回到叶轮入口。水在叶轮高速转动的作用下与吸入管来的空气相混合,形成气水混合物排至分离室。在这里空气排出而水又从回流阀返回到叶轮入口。如此反复进行,直至空气排尽,吸上水来。

3. 应用范围

(1)自吸泵适用于城市环保、建筑、消防、化工、制药、染料、印染、酿造、电力、电镀、造纸、工矿冲洗、设备冷却等。

(2)自吸泵装上摇臂式喷头、又可将水冲到空中后、散成细小雨滴进行喷雾,是农场、苗圃、果园、菜园的良好机具。

(3)自吸泵适用于清水、海水及带有酸、碱度的化工介质液体和带有一般糊状的浆料。

(4)自吸泵何可以和任何型号、规格的压滤机配套使用,将浆料送给压滤机时进行压滤的最理想配套泵种。

## 四、水泵的常见故障及处理方法

水泵的常见故障及处理方法见表1-30。

表 1-30　水泵的常见故障及处理方法

| 常见故障 | 处理方法 |
|---|---|
| 无法启动 | 检查电源供电情况:接头连接是否牢靠;开关接触是否紧密;熔丝是否熔断;三相供电的是否缺相等。应查明原因并及时进行修复。其次检查水泵自身的机械故障:填料太紧或叶轮与泵体之间被杂物卡住而堵塞;泵轴、轴承、减漏环锈住;泵轴严重弯曲等。排除方法:放松填料,疏通引水槽;拆开泵体清除杂物、除锈;拆下泵轴校正或更换新的泵轴 |
| 配套动力电动机过热 | (1)电源方面的原因。电压偏高或偏低,在特定负载下,若电压变动范围在额定值的−5%~10%之外会造成电动机过热;电源三相电压不对称,电源三相电压相间不平衡度超过5%,会引起绕组过热;缺相运行,经验表明农用电动机被烧毁85%以上是由于缺相运行造成的,应对电动机安装缺相保护装置。<br><br>(2)水泵方面的原因。选用动力不配套,电动机长时间过载运行,使电动机温度过高;启动过于频繁,定额为短时或断续工作制的电动机连续工作。应限制启动次数,正确选用热保护,按电动机上标定的定额使用。<br><br>(3)电动机本身的原因。接法错误,将△形误接成Y形;定子绕组有相间短路、匝间短路或局部接地,轻时电动机局部过热,严重时绝缘烧坏;鼠笼转子断条或存在缺陷,电动机运行1~2h,铁心温度迅速上升;通风系统发生故障,应检查风扇是否损坏,旋转方向是否正确,通风孔道是否堵塞;轴承磨损、转子偏心扫膛使定子、转子铁心相摩擦发出金属撞击声,铁心温度迅速上升,严重时电动机冒烟,甚至烧毁线圈。<br><br>(4)工作环境方面的原因。电动机绕组受潮或灰尘、油污等附着在绕组上,导致绝缘能力降低。应测量电动机的绝缘电阻并进行清扫、干燥处理;环境温度过高。当环境温度超过35℃时,进风温度高,会使电动机的温度过高,设法改善其工作环境,如搭棚遮阳等。 |
| 配套动力电动机过热 | 需要注意的是,因电方面的原因发生故障,应请获得专业资格证书的电工维修,一知半解的人不可盲目维修,防止人身伤害事故的发生 |
| 水泵发热 | 原因是轴承损坏;滚动轴承或托架盖间隙过小;泵轴弯曲或两轴不同轴;胶带太紧;缺油或油质不好;叶轮上的平衡孔堵塞,叶轮失去平衡,增大了向一边的推力。排除方法:更换轴承;拆除后盖,在托架与轴承座之间加装垫片;调整泵轴或调整两轴的同轴度;适当调整胶带紧度;加注干净的黄油,黄油占轴承的空隙的60%左右;清除平衡孔内的堵塞物 |
| 流量不足 | 原因是动力转速不配套或皮带打滑,使转速偏低;轴流泵叶片安装角太小;扬程不足,管路太长或管路有直角弯;吸程偏高;底阀、管路及叶轮局部堵塞或叶轮缺损;出水管漏水严重。排除方法:恢复额定转速,清除皮带油垢,调整好皮带紧度;调好叶片角,降低水泵安装位置,缩短管路或改变管路的弯曲度;密封水泵漏气处,压紧填料;清除堵塞物,更换叶轮;更换减漏环,堵塞漏水处 |

| 常见故障 | 处理方法 |
|---|---|
| 吸不上水 | 原因是泵体内有空气或进水管有积气，或是底阀关闭不严灌引水不满、真空泵填料严重漏气或闸阀关闭不严。排除方法：先把水压上来，再将泵体注满水，然后开机。同时检查逆止阀是否严密，管路、接头有无漏气现象，如发现漏气，拆卸后在接头处涂上润滑油或调和漆，并拧紧螺钉。检查水泵轴的油封环，如磨损严重应更换新件。管路漏水或漏气，若渗漏不严重，可在漏气或漏水的地方涂抹水泥，或涂用沥青油拌和的水泥浆。临时性的修理可涂些湿泥或软肥皂。若在接头处漏水，则可用扳手拧紧螺母，如漏水严重则必须重新拆装，更换有裂纹的管子；降低扬程，将水泵的管口压入水下 0.5 m |
| 剧烈振动 | 原因是电动转子不平衡；联轴器结合不良；轴承磨损弯曲；转动部分的零件松动、破裂；管路支架不牢等。可分别采取调整、修理、加固、校直、更换等办法处理 |

# 第五节  低压电器

凡是能自动或手动接通和断开电路，以及对电路或非电路现象能进行切换、控制、保护、检测、变换和调节的元件统称为电器。按工作电压高低，电器可分为高压电器和低压电器两大类。高压电器是指额定电压为 3 kV 及以上的电器。低压电器是指交流电压 1 000 V 或直流电压 1 200 V 以下的电器，它是电力拖动自动控制系统的基本组成元件，目前国家对电器产品实行强制认证制度，上市的产品均须获得"中国国家强制性产品认证证书"（即 3C 认证）。

## 一、断路器

### 1. 分类

断路器是低压配电网络和电力拖动系统中一种非常重要的电器。断路器能在电路发生短路、欠电压、过载等非正常现象时，自动切断电路，也可以在正常情况下用作不太频繁的切换电路。断路器的优点是：操作安全，安装简便，工作可靠，分断能力较强，具有多种保护功能，动作值可调，动作后不需要更换元件。

（1）按极数分类。可分为单极、两极、三极和四极。

（2）按控制容量分类。可分为小型断路器、塑料外壳式断路器、万能式断路器。

1）小型断路器。小型断路器的主要保护功能有过载保护和短路保护。适用于交流 50 Hz，额定电压 400 V 及以下，额定电流 100 A 及以下的场所。

2）塑料外壳式。塑料外壳式的主要保护功能有过载保护、短路保护和欠电压保护。适用于适用于交流 50 Hz，额定电压 400 V 及以下，额定电流 800 A 及以下的电路中做不频繁转换及电动机不频繁启动之用。按其分断能力分为四种类型：C 型（经济型）、L 型（标准型）、M 型（较高分断型）、H 型（高分断型）。

3）万能式。万能式的主要保护功能有过载保护、短路保护、接地故障保护、报警及指示功能和故障记忆功能。适用于控制和保护低压配电网络，一般安装在低压配电柜中作主开关起总保护作用。按其控制方式分为三种类型：L 型（电子型）、M 型（标准型）、H 型（通信型）。

### 2. 工作原理

断路器的工作原理如图 1-5 所示。断路器的三对主触头串联在被保护的三相主电路中。当按下绿色按钮时,主电路中三对主触头由锁键钩住搭钩,克服弹簧的拉力,使触头保持在闭合状态。搭钩可以绕轴转动。

当线路正常工作时,电磁脱扣器的线圈所产生的吸力不能将它的衔铁吸合。如果线路发生短路或产生很大过电流时,电磁脱扣器的吸力增大,将衔铁吸合,并撞击杠杆,把搭钩顶上去,切断主触头。如果线路上电压降低或失去电压时,欠电压脱扣器的吸力减小或失去吸力,则衔铁被弹簧拉开,撞击杠杆,把搭钩顶开,切断触头。线路发生过载时,过载电流流过热元件使双金属片受热弯曲,同样将杠杆顶开,切断主触头。

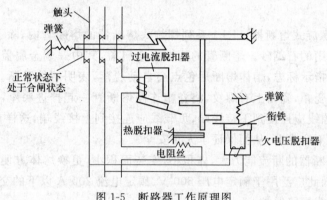

图 1-5　断路器工作原理图

### 3. 选用原则

(1)断路器的额定工作电压应大于或等于线路的额定电压。

(2)断路器的额定电流应大于或等于线路设计负载电流。

(3)热脱扣器的整定电流应等于所控制负载的额定电流。

(4)电磁脱扣器的瞬时整定电流应大于负载电路正常工作时的峰值电流。

(5)断路器欠电压脱扣器的额定电压等于线路额定电压。

## 二、熔断器

熔断器是配电电路和电力拖动系统中应用较广的一种电器。使用时,熔断器应串接在所保护的电路中,当该电路发生过载或短路故障时,通过熔断器的电流达到或超过某一数值,其自身产生的热量可熔断熔体,从而自动切断电路。因其具有经济耐用、结构简单、使用维护方便、重量轻、体积小等优点,得到了广泛应用。

### 1. 熔断器的组成

熔断器主要由熔体和安装熔体的熔管或熔座组成。熔体常制成片状或丝状,是熔断器的主要部分;熔管或熔座是熔体的保护外壳,在熔体熔断时兼有灭弧作用。

熔体材料有三种:低熔点材料,如锡铅等合金材料制成的各种直径的圆丝,多用于小电流电路中;高熔点材料,如银、铜等,多用在大电流电路中;锌,多制成片状,其熔点介于以上两种材料之间,多用在 RM10 系列的熔断器上。

每种规格的熔体都有两个参数,即额定电流和熔断电流。熔体的额定电流是指长时间通过熔体而不熔断熔体的最大电流值。熔断电流值一般是额定电流值的 1.5~2 倍。

熔管有三个参数,即额定工作电压、额定工作电流和断流能力。根据切断电网故障电流的要求:常用熔管的交流额定电压是 500～600 V,额定电流为 500～600 A,断流能力可达 200 kA。

2. 常用的低压熔断器

(1)RC1A 系列插入式熔断器。插入式熔断器是由瓷盖、瓷座、熔丝、动触头和静触头五部分组成。瓷盖和瓷座均由电工瓷制成;电源线和负载线可分别连接在瓷座两端的静触头上,熔丝连接在瓷盖的动触头上。瓷座中间有一空腔与瓷盖的突出部构成灭弧室。容量较大的熔断器在灭弧室内垫有石棉垫,以加强熄弧效果。

RC1A 系列熔断器结构简单,价格便宜,更换方便,广泛用于照明和小容量电动机的短路保护。

(2)RL1 系列螺旋式熔断器。RL1 系列螺旋式熔断器的熔断管内,除了装有熔体外,还在熔体周围填满灭弧用的石英砂。熔断管的两端有金属盖,其中一端金属盖中央凹处有一个标有不同颜色的熔断指示标志,熔体熔断后色点会自动脱落,表明熔体已断。使用时,使熔断管有色点的一端插入瓷帽,瓷帽上有螺纹,将瓷帽连同熔断管一起拧进底座,熔体便连接在电路中。在装接时,电源线应连接到下接线端,负载线应连接到上接线端,这样在更换熔断管时,旋出瓷帽后螺纹壳上不会带电,从而保证了人身安全。

RL1 螺旋式熔断器的断流能力大,体积小,安装面积小,更换熔体方便,安全可靠,熔体熔断后有明显指示,因此广泛用于额定电压 500 V、额定电流 200 A 以下的交流电路或电动机控制电路中作为过载或短路保护。

(3)无填料密闭管式熔断器。无填料密闭管式熔断器主要由熔断管、熔体、夹座等部分组成。

1)无填料密闭管式熔断器的优点。

①由于采用了截面宽窄不同的锌片,当电路发生过载或短路时,锌片几处狭窄部位同时熔断,形成很大间隙,故灭弧容易。

②熔片熔断时没有熔化的金属颗粒及高温气体喷出,同时也看不到电弧的闪光,操作人员较安全。

③更换熔片较方便。

2)无填料密闭管式熔断器的缺点。

①材料消耗多。其中制作黄铜套管和黄铜帽需要大量黄铜,为了节约铜材,目前正推广采用三聚氰胺绝缘材料压制成熔管并采用塑料套管和帽子做成新型塑料熔断器。

②价格较贵。无填料密闭管式熔断器常用于电气设备的短路保护及电缆的过载保护。

(4)有填料封闭管式熔断器。随着低压电网容量的增大,当线路发生短路故障时,短路电流常高达 25～50 kA。上面三种系列的熔断器都不能分断这么大的短路电流,必须采用 RT0 系列有填料封闭管式熔断器。RT0 系列熔断器的熔断管采用高频陶瓷制成,它具有耐热性强、机械强度高、外表面光洁美观等优点。熔体是两片网状的纯铜片,中间用锡把它们焊接起来,这部分被称为"锡桥"。熔断管内填满石英砂,在切断电流时起迅速灭弧的作用。熔断指示器为一机械信号装置,指示器有与熔体并联的康铜熔丝,它能在熔体烧断后立即烧断,并弹放出红色醒目的指示熔断信号。熔断器的插刀插在底座的插座内。其优点是极限断流能力大,可达 50 kA,用于有较大短路电流的电力输配电系统中;缺点是当熔体熔断后,不易拆换,制造工艺较复杂。

3. 常用低压熔断器的规格

常用低压熔断器的规格见表 1-31。

表 1-31 常用低压熔断器的规格

| 类 别 | 型号 | 额定电压(V) | 额定电流(A) | 熔体额定电流等级(A) |
|---|---|---|---|---|
| 插入式熔断器 | RC1A | 380 | 5 | 1、2、3、5 |
| | | | 10 | 2、4、6、10 |
| | | | 15 | 6、10、15 |
| | | | 30 | 15、20、25、30 |
| | | | 60 | 30、40、50、60 |
| | | | 100 | 60、80、100 |
| | | | 200 | 100、120、150、200 |
| 有填料封闭管式熔断器 | RT0 | 380 | 100 | 30、40、50、60、100 |
| | | | 200 | 80、100、120、150、200 |
| | | | 400 | 150、200、250、300、350、400 |
| | | | 600 | 350、400、450、500、550、600 |
| | | | 1 000 | 700、800、900、1 000 |
| 螺旋式熔断器 | RL1 | 500 | 15 | 2、4、5、6、10、15 |
| | | | 60 | 20、25、30、35、40、50、60 |
| | | | 100 | 60、100 |
| | | | 200 | 100、125、150、200 |
| | RL2 | 500 | 25 | 2、4、6、10、15、20、25 |
| | | | 60 | 25、35、50、60 |
| | | | 100 | 80、100 |
| 无填料密闭管式熔断器 | RM10 | 交流:200、380、500 直流:220、440 | 15 | 6、10、15 |
| | | | 60 | 15、20、25、35、45、60 |
| | | | 100 | 60、80、100 |
| | | | 200 | 100、125、160、200 |
| | | | 350 | 200、225、260、300、350 |
| | | | 600 | 350、450、500、600 |

## 三、继 电 器

继电器是一种根据电量(电流、电压)或非电量(时间、速度、温度、压力等)的变化自动接通和断开控制电路,以完成控制或保护任务的电器。

接触器只有在一定的电压信号下动作;接触器用来控制大电流电路。因此,继电器触头容量较小(不大于 5 A)，且无灭弧装置。继电器用途广泛，种类繁多。按反映的参数可分为：电压继电器、电流继电器；中间继电器、热继电器、时间继电器和速度继电器等。按动作原理可分为：电磁式、电动式、电子式和机械式等。其中电压继电器、电流继电器、中间继电器均为电磁式。

### 四、交流接触器

接触器是一种用来频繁接通和断开交流、直流主电路及大容量控制电路的自动切换电器。它具有低压释放保护功能，可进行频繁操作，能实现远距离控制，是电力拖动自动控制线路中使用最广泛的电器元件。因它不具备短路保护作用，常和熔断器、热继电器等保护电器配合使用。接触器按电流种类通常分为交流接触器和直流接触器两类。

交流接触器的主要部分是电磁机构、触点系统和灭弧装置，其结构如图 1-6 所示。

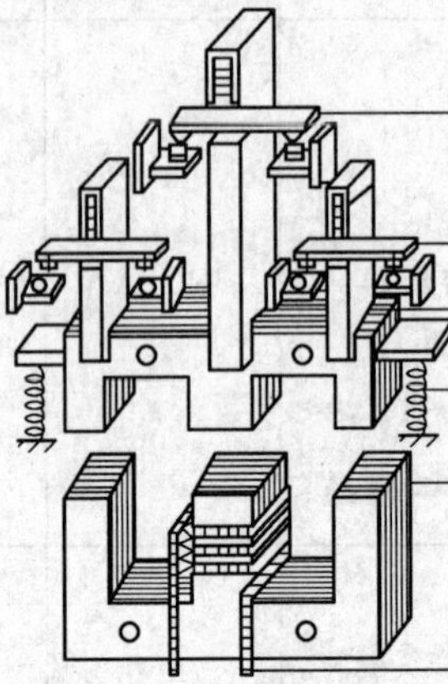

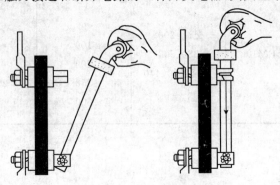

图 1-6　交流接触器结构示意图

主触点
辅助触点
动铁芯
还原弹簧
静铁芯
线圈

交流接触器有两种工作状态：得电状态(动作状态)和失电状态(释放状态)。接触器主触头的动触头装在与衔铁相连的绝缘连杆上，其静触头则固定在壳体上。当线圈得电后，线圈产生磁场，使静铁心产生电磁吸力，将衔铁吸合。衔铁带动动触头动作，使常闭触头断开，常开触头闭合，分断或接通相关电路。当线圈失电时，电磁吸力消失，衔铁在反作用弹簧的作用下释放，各触头随之复位。

交流接触器有三对常开的主触头，它的额定电流较大，用来控制大电流主电路的通断；还有两对常开辅助触头和两对常闭辅助触头，它们的额定电流较小，一般为 5 A，用来接通或分断小电流的控制电路。此外，为了满足控制电路的需要，有的接触器还可以加装辅助触头。

### 五、低压开关

低压开关主要用来接通和分断电路，起控制、转换、保护和隔离作用，一般用作接通断开动力电源。刀开关是依靠触刀接通和断开电路的一种开关电器，其典型结构如图 1-7 所示。

图 1-7　刀开关的典型结构

瓷底胶盖刀开关是一种应用最为广泛的开关电器，分双极和三极两种。按手柄投向方式，可分为单投和双投。瓷底胶盖刀开关的结构如图 1-8 所示。

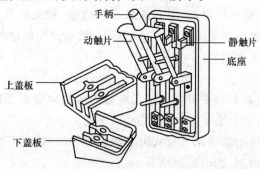

图 1-8　瓷底胶盖刀式开关结构图

## 六、继 电 器

继电器是一种根据电量(电流、电压)或非电量(时间、速度、温度、压力等)的变化自动接通和断开控制电路,以完成控制或保护任务的电器。继电器用途广泛,种类繁多。按反映的参数可分为:电压继电器、电流继电器;中间继电器、热继电器、时间继电器和速度继电器等;按动作原理可分为:电磁式、电动式、电子式和机械式等。其中电压继电器、电流继电器、中间继电器均为电磁式。

1. 电流继电器

电流继电器的线圈与被测电路串联,用来反应电路中电流的变化。为了不影响电路工作情况,其线圈匝数少,导线粗,线圈阻抗小。

电流继电器又有欠电流和过电流之分。其中,欠电流继电器的吸引电流为额定电流的 $30\%\sim65\%$,释放电流为额定电流的 $10\%\sim20\%$。过电流继电器在电路正常工作时不动作,当电流超过某一整定值时才动作,整定范围通常为 $1.1\sim4$ 倍额定电流。JT4 系列过电流继电器如图 1-9 所示。

2. 电压继电器

电压继电器的结构与电流继电器相似,不同的是电压继电器的线圈为并联的电压线圈,匝数多,导线细,阻抗大。

根据动作电压值的不同,电压继电器有过电压、欠电压和零电压之分。过电压继电器在电压为额定值的 $110\%\sim115\%$ 以上时动作;欠电压继电器在电压为额定值的 $40\%\sim70\%$ 时动作;零电压继电器当电压降至额定值的 $5\%\sim25\%$ 时动作。

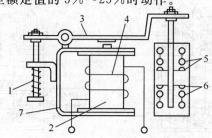

图 1-9　JT4 系列过电流继电器

1—反力弹簧;2—静铁心;3—衔铁;4—电流线圈;

5—常闭触头;6—常开触头;7—磁轭

### 3. 中间继电器

中间继电器实质上为电压继电器，但它的触点对数多，触头容量较大，动作灵敏。其主要用途为：当其他继电器的触头对数或触头容量不够时，可借助中间继电器来扩大它们的触头数和触头容量，起到中间转换作用。

### 4. 时间继电器

时间继电器是利用电磁原理或机械原理实现触点延时闭合或延时断开的自动控制电器。常用的时间继电器种类有空气阻尼式、电子式和数字式。

（1）空气阻尼式时间继电器采用气囊式阻尼器延时，延时精度不高；结构简单价格便宜，使用和维修方便；有通电延时型、断电延时型等。

（2）电子式时间继电器采用大规模集成电路，保证了高精度及长延时；规格品种齐全，有通电延时型、断电延时型、间隔延时型等；使用单刻度面板及大型设定旋钮，刻度清晰，设定方便。

（3）数字式时间继电器采用专用集成电路，具有较高的延时精度，延时范围宽；使用轻触按键设定时间，整定方便直观；具备数字显示功能，能直观地反映延时过程，便于监视。

## 七、主令电器

主令电器是指在电气自动控制系统中用来发出信号指令的电器。它的信号指令将通过继电器、接触器和其他电器的动作，接通和分断被控制电路，以实现对电动机和其他生产机械的远距离控制。常用的主令电器有按钮、行程开关、接近开关、万能转换开关、主令控制器等。

### 1. 按钮

按钮又称控制按钮或按钮开关，是一种手动控制电器。它只能短时接通或分断 5 A 以下的小电流电路，向其他电器发出指令性的电信号，控制其他电器动作。按钮主要由按钮帽、复位弹簧、常闭触点、常开触点、接线柱及外壳等组成。

按钮的工作原理：未按动按钮时，按钮保持复位状态，不发出信号；当按下按钮时，可动触点向下移动，使常开触点接通，向其他电器发出指令性的电信号，控制其他电器动作，如图 1-10 所示。

由于按钮的触点结构、数量和用途不同，又分为停止按钮（动断按钮）、起动按钮（动合按钮）和复合按钮（既有动断触点，又有动合触点）。常用的按钮种类有 LA2、LA18、LA19 和 LA20 等系列。

控制按钮的主要技术参数有：规格、结构形式、触点对数和按钮颜色等。一般红色表示停止，绿色表示起动，黄色表示干预。

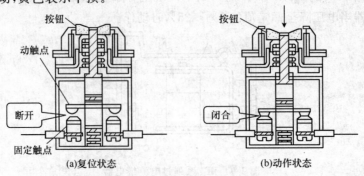

图 1-10　按钮的工作原理

## 2. 行程开关

行程开关(也称为限位开关)的工作原理与按钮相同,只是其触头的动作不是依靠手动操作而是利用生产机械中某些运动部件的碰撞来实现接通或分断某些电路,使之达到一定的控制要求。当运动机械的挡铁撞到行程开关的滚轮上时,传动杠杆连同转轴一起转动使凸轮推动撞块,当撞块被挤压到一定位置时,推动微动开关快速动作,使其动断触头分断、动合触头闭合;当滚轮上的挡铁移开后,复位弹簧就使行程开关各部分回复到原始位置。这种单轮自动恢复的行程开关在生产机械的自动控制中应用较为广泛。常用的行程开关有滚轮式(即旋转式)和按钮式(即直动式)。

# 第二章　架空线路及杆上配件设备安装

## 第一节　架空电杆安装

### 一、电杆的类型

在架空电力线路中,电杆埋在地上,主要是用来架设导线、绝缘子、横担和各种金具的重量,有时还要承受导线的拉力。根据材质的不同,电杆可分为木电杆、钢筋混凝土电杆和铁塔三种,具体内容见表 2-1。

表 2-1　电杆的类型

| 项　目 | 内　容 |
|---|---|
| 木电杆 | 木电杆运输和施工方便,价格便宜,绝缘性能较好,但是机械强度较低,使用年限较短,日常的维修工作量偏大。目前除在村镇建筑施工现场作为临时用电架空线路外,其他施工场所中用得不多 |
| 钢筋混凝土电杆 | 钢筋混凝土电杆常用的多为圆形空心杆,其规格见表 2-2 |
| 铁塔 | 铁塔一般用于 35 kV 以上架空线路的重要位置上 |

表 2-2　钢筋混凝土电杆规格

| 杆长(m) | 7 | 8 | | 9 | | 10 | | 11 | 12 | 13 | 15 |
|---|---|---|---|---|---|---|---|---|---|---|---|
| 稍径(mm) | 150 | 150 | 170 | 150 | 190 | 150 | 190 | 190 | 190 | 190 | 190 |
| 底径(mm) | 240 | 256 | 277 | 270 | 310 | 283 | 323 | 337 | 350 | 363 | 390 |

### 二、电杆进场验收

在工程规模较大时,钢筋混凝土电杆和其他混凝土制品常常是分批进场的,其表面应平整,无缺角露筋,每个制品表面应有合格印记,同时,还应按批查验合格证。

在线路架设之前,要选择电杆,电杆的型号、长度、梢径应符合设计要求。对圆形空心电杆,安装前应进行外观检查,且符合下列规定:

(1)钢筋混凝土电杆表面应光滑,内外壁厚均匀,不应有露筋、跑浆等现象。

(2)不应出现纵向裂纹,横向裂纹的宽度不应超过 0.1 mm。

(3)钢圈连接的混凝土电杆,焊缝不得有裂纹、气孔、结瘤和凹坑。

(4)混凝土杆顶应封口,防止雨水浸入。

(5)混凝土杆杆身弯曲不应超过杆长的 1/1 000。

### 三、电杆基坑的形式和深度

#### 1. 电杆基坑的形式

架空电杆的基坑主要有两种形式,即圆杆坑(图 2-1)和梯形坑(图 2-2)。其中,梯形坑又可分为三阶杆坑和二阶杆坑。

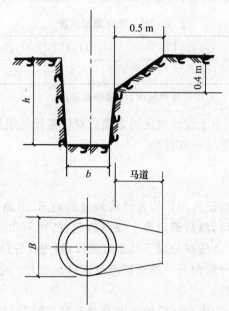

图 2-1　圆杆坑

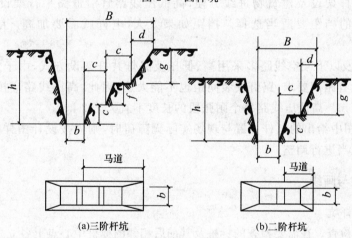

(a)三阶杆坑　　　　　　(b)二阶杆坑

图 2-2　梯形坑

(1)三阶杆坑的截面形式,如图 2-2(a)所示,其具体尺寸应符合下列规定:

$B \approx 1.2h$　　　　　　　　$b \approx$ 基础底面$+(0.2 \sim 0.4)$m

$c \approx 0.35h$　　　　　　　　$d \approx 0.2h$

$e \approx 0.3h$　　　　　　　　$f \approx 0.3h$

$g \approx 0.4h$

(2)二阶杆坑的截面形式,如图 2-2(b)所示,其具体尺寸应满足下列规定:

$B \approx 1.2h$　　　　　　　　$b \approx$ 基础底面$+(0.2 \sim 0.4)$m

$$c\approx0.07h \qquad\qquad d\approx0.2h$$
$$e\approx0.3h \qquad\qquad g\approx0.7h$$

2. 电杆基坑的深度

架空电杆基础坑深度应符合设计规定；如设计无规定时，可参见表2-3。其允许偏差应在
+100～-50 mm之间；同基基础坑在允许偏差范围内应按最深一坑找平。

表2-3 电杆埋设深度 （单位：m）

| 杆长 | 8.0 | 9.0 | 10.0 | 11.0 | 12.0 | 13.0 | 15.0 |
|------|-----|-----|------|------|------|------|------|
| 埋深 | 1.5 | 1.6 | 1.7 | 1.8 | 1.9 | 2.0 | 2.3 |

注：遇有土质松软、流砂、地下水较高等情况时，应做特殊处理。

岩石基础坑的深度不应小于设计规定的数值。双杆基础坑须保证电杆根开的中心偏差不
应超过±30 mm，两杆坑深度应一致。

### 四、确定电杆杆位

电杆定位时，首先应根据设计图样检查线裤经过的地形、道路、河流、树木、管道和各种建
筑物等，确定线路大致的方位，然后确定架空线路的起点、转角和终点的电杆杆位。线路的首
端、终端、转角杆相当于把一条线路分成了几个直线段，要先找好位置，确定下来。无论一个直
线段内有几根电杆，都要从一端向另一端逐杆进行定杆位工作。电杆的定位一般有交点定位
法、目测定位法和测量定位法。

电杆的位置可按路边的距离和线路的走向及总长度，确定电杆挡距和杆位。为便于高低
压线路和路灯共杆架设及建筑物进线方便，高低压线路宜沿道路平行架设，电杆距路边为
0.5～1 m。电杆的挡距要适当选择。挡距如果太大，电杆就需要加高。线路的挡距不能
太大。

村镇10 kV及以下架空线路多采用高、低压及路灯共杆架设方式，由于低压线路间距较
小，接户线挡距又有距离要求，路灯安装间距也不能太远，因此，高压线路应按低压线路确定，
一般不应大于50 m。高低压线路每个耐张段的长度不宜大于2 km。

当电气施工图中给出的电杆位置与现场实际无障碍时，则应按设计图样的要求确定电杆
的位置，否则应适当进行调整。

### 五、杆坑定位与画线

1. 直线单杆杆坑

(1)杆位标桩检查。在需要检查的标桩及其前后相邻的标桩中心点上各立一根测杆，从一侧
看过去，要求三根测杆都在线路中心线上。此时，在标桩前后沿线路中心线各钉一辅助标桩，以
确定其他杆坑位置。

(2)用大直角尺找出线路中心线的垂直线，将直角尺放在标桩上，使直角尺中心 A 与标桩
中心点重合，并使其垂边中心线 AB 与线路中心线重合，此时直角尺底边 CD 即为路线中心线
垂直线(图2-3)，在此垂直线上于标桩的左右侧各钉一辅助标桩。

(3)根据表2-4中的公式，计算出坑口宽度和周长(坑口四个边的总长度)。用皮尺在标桩
左右两侧沿线路中心线的垂直线各量出坑口宽度的一半(即为坑口宽度)，钉上两个小木桩。
再用皮尺量取坑口周长的一半，折成半个坑口形状，将皮尺的两个端头放在坑宽的小木桩上，

拉紧两个折点,使两折点与小木桩的连线平行于线路中心线,此时两折点与小木桩和两折点间的连接即为半个坑口尺寸。依此画线后,将尺翻过来按上述方法画出另半个坑口尺寸,这样即完成了坑口画线工作,如图 2-3 所示。

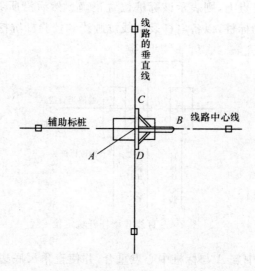

图 2-3　直线单杆杆坑定位

表 2-4　坑口尺寸加大的计算公式　　　　　　　　(单位:m)

| 土质情况 | 坑壁坡度(%) | 坑口尺寸 |
| --- | --- | --- |
| 一般黏土、砂质黏土 | 10 | $B=b+0.4+0.1\,h\times2$ |
| 砂砾、松土 | 30 | $B=b+0.4+0.3\,h\times2$ |
| 需用挡土板的松土 | — | $B=b+0.4+0.6$ |
| 松石 | 15 | $B=b+0.4+0.15\,h\times2$ |
| 坚石 | — | $B=b+0.4$ |

注:$h$—坑的深度(m);

　　$b$—杆根宽度(不带地中横木、卡盘或底盘者)(m);或地中横木或卡盘长度者(带地中横木或卡盘者)(m);或底盘宽度(带底盘者)(m)。

**2. 直线Ⅱ型杆杆坑**

(1)检查杆位标桩,其方法同前所述。

(2)找出线路中心线的垂直线,其方法同前所述。

(3)用皮尺在标桩的左右侧沿线路中心线的垂直线各量出根开距离(两根杆中心线间的距离)的一半,各钉一杆中心桩。

(4)根据表 2-4 中的公式计算出坑口宽度和周长后,将皮尺放在两杆坑中心桩上,量出每个坑口的宽度,然后按前述方法划出两坑口尺寸,如图 2-4 所示。

(5)如为接腿杆时,根开距离应加上主杆与腿杆中心线间的距离,以使主杆中心对正杆坑中心。

### 3. 转角单杆杆坑

(1)检查转角杆的标桩时,在被检查的标桩前、后邻近的 4 个标桩中心点上各立直一根测杆,从两侧各看三根测杆(被检查标桩上的测杆从两侧看都包括它),若转角杆标桩上的测杆正好位于所看二直线的交叉点上,则表示该标桩位置正确。然后沿所看二直线上的标桩前后侧的相等距离处各钉一辅助标桩,以备电杆及拉线坑画线和校验杆坑挖掘位置是否正确之用。

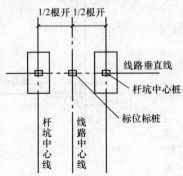

图 2-4　直线Ⅱ型杆杆坑定位

(2)将大直角尺底边中点 A 与标桩中心点重合,并使直角尺底边与二辅助标桩连线平行,划出转角二等分线 CD 和转角二等分线的垂直线(即直角尺垂边中心线 AB,此线与横担方向一致),然后在标桩前后左右于转角等分线的垂直线和转角等分角线各钉一辅助标桩,以备校验杆坑挖掘位置是否正确和电杆是否立直之用。

(3)根据表 2-4 中的公式计算出坑口宽度和周长,用皮尺在转角等分角线的垂直线上量出坑宽并画出坑口尺寸,其方法与直线单杆相同,如图 2-5 所示。

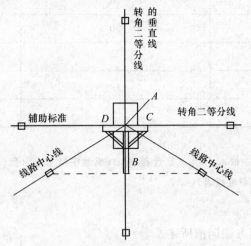

图 2-5　转角杆杆坑的定位与画线

(4)如为接腿杆时,则使杆坑中心线向转角内侧移出主杆与腿杆中心线间的距离。

### 4. 转角Ⅱ型杆杆坑

(1)检查杆位标桩,其方法与转角单杆相同。

(2)找出转角等分角线和转角等分角线的垂直线,其方法与转角单杆相同。

(3)画出坑口尺寸,其方法与直线Ⅱ型杆相同,如图 2-6 所示。

(4)如为接腿杆时,根开距离应加上主杆与腿杆中心线间的距离。

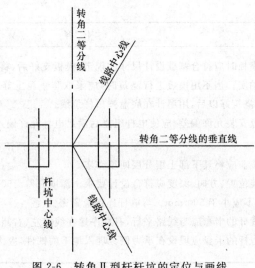

图 2-6 转角Ⅱ型杆杆坑的定位与画线

### 六、杆坑的开挖

杆坑开挖的具体内容见表 2-5。

表 2-5 杆坑的开挖

| 项 目 | 内 容 |
|---|---|
| 圆形坑开挖 | 对于不带卡盘或底盘的电杆,可用螺旋钻洞器、夹铲等工具,挖成圆形坑。挖掘时,将螺旋钻洞器的钻头对准杆位标桩,由两人推动横柄旋转,每钻进 150~200 mm,拔出钻洞器,用夹铲清土,直到钻成所要求的深度为止。圆坑直径比电杆根径大 100 mm 为宜 |
| 梯形坑开挖 | 用于杆身较高较重及带卡盘和底盘的杆坑或拉线坑。梯形坑可分为二阶坑和三阶坑两种,当坑深在 1.8 m 及以下时,宜采用两阶坑;坑深在 1.8 m 以上时宜用三阶坑。<br>无底盘的用汽车起重机立杆的水泥杆坑,通常挖圆形坑,圆形坑的土方量小,对电杆的稳定性也好,施工较方便。用人力和抱杆等工具立杆的,应开挖成带有马道的梯形坑,主杆中心线应在设计杆位的中心,马道应开挖在立杆的一侧。<br>马道尺寸应根据坑深和立杆施工的需要而定。直线杆的马道应开在顺线路方向上,转角杆的马道应垂直于内侧角的二等分线。一般马道长 1~1.5 m,深 0.6~1.2 m,宽 0.4~0.6 m。通常,用固定抱杆立杆的圆坑可不开马道,只有采用倒落式抱杆立杆时才开马道 |

### 七、底盘与卡盘的埋设

底盘与卡盘埋设应符合的要求见表 2-6。

表 2-6 底盘与卡盘埋设应符合的要求

| 项 目 | 内 容 |
|---|---|
| 底盘的埋设 | (1)底盘就位时,应用大绳拴好底盘,立好滑板,将底盘滑入坑内;如圆形坑应用汽车吊等起重工具吊起底盘就位。电杆底盘就位后,用线坠找好杆位中心,将底盘放平、找平。底盘的圆槽面应与电杆中心线垂直,找正后应填土夯实至底盘表面。 |

| 项　目 | 内　容 |
|---|---|
| 底盘的埋设 | （2）支模板时应符合基础设计尺寸的规定，模板支好后，将搅拌好的混凝土倒入坑内，再找平、拍实。当不用模板进行浇筑时，应采取防止泥土等杂物混入混凝土中的措施。电杆底盘浇筑好以后，用墨汁在底盘弹出杆位线。<br>（3）底盘安装允许偏差，应使电杆组立后满足电杆允许偏差规定 |
| 卡盘的埋设 | （1）安装前应将其下部土壤分层回填夯实。<br>（2）安装位置、方向、深度应符合设计要求。深度允差±50 mm，当设计无要求时，上平面距地面不应小于500 mm。与电杆连接应紧密。<br>（3）直线杆的卡盘应与线路平行，有顺序地在线路左、右侧交替地埋设。<br>（4）承力杆的卡盘应埋设在承力侧。埋入地下的铁件，应涂以沥青，以防腐蚀 |

### 八、电杆组合

电杆组合主要包括两部分，即电杆的焊接和封堵。

1. 电焊焊接

电杆在焊接前应核对桩号、杆号、杆型与水泥杆杆段编号、数量、尺寸是否相符，并检查电杆的弯曲和有无裂缝情况。

对于采用钢圈连接的钢筋混凝土电杆，钢圈平面应与杆身平面垂直。在进行焊接连接时，电杆杆身下面两端应最少各垫道木一块。同时，还应符合下列规定。

（1）应由经过焊接专业培训的并经考试合格的焊工操作，焊完后的电杆经自检合格后，在规定部位打上焊工的代号钢印。

（2）电杆钢圈的焊口对接处，应仔细调整对口距离，达到钢圈上下平直一致，同时又保持整个杆身平直。钢圈对齐找正时，中间应留有2～5 mm的焊口缝隙。当钢圈有偏心时，其错口不应大于2 mm缝隙。

杆身调直后，从两端的上、下，左、右向前方目测均应成一直线，才能进行施焊。

（3）钢圈焊口上的油脂、铁锈、泥垢等物应清除干净。焊口符合要求后，先点焊3～4处，然后对称交叉施焊。点焊所用焊条应与正式焊接用的焊条相同。

（4）钢圈厚度大于6 mm时，应采用V形坡口多层焊接，焊接中应特别注意焊缝接头和收口质量。多层焊缝的接头应错开，收口时应将熔池填满。焊缝中严禁堵塞焊条或其他金属。

（5）焊缝应有一定的加强面，其高度和遮盖宽度应符合表2-7和图2-7的规定。

表2-7　焊缝加强面尺寸　　（单位：mm）

| 项　目 | 钢圈厚度 $s$ | |
|---|---|---|
| | <10 | 10～20 |
| 高度 $c$ | 1.5～2.5 | 2～3 |
| 宽度 $e$ | 1～2 | 2～3 |

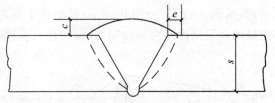

图 2-7　焊缝加强面尺寸

（6）焊缝表面应美观呈平滑的细鳞状熔融金属与基本金属平缓连接，无起皱、间断、漏焊及未焊满的陷槽，并不应有裂纹。基本金属的咬边深度不应大于 0.5 mm；且不应超过圆周长的 10%，当钢材厚度超过 10 mm 时，不应大于 1.0 mm，仅允许有个别表面气孔。

（7）雨、雪、大风时应采取妥善防护措施。施焊中杆内不应有穿堂风。当气温低于 -20℃ 时，应采取预热措施，预热温度为 100℃ ～120℃。焊后应使温度缓慢下降。严禁用水降温。

（8）焊接时转动杆身可用绳索，也可用木棒及铁钎在下面垫以道木撬拨，不准用铁钎穿入杆身内撬动。

（9）焊完后的电杆其分段弯曲度及整杆弯曲度均不得超过对应长度的 2/1 000，超过时，应割断重新焊接。

（10）电杆的钢圈焊接头应按设计要求进行防腐处理。设计无规定时，可将钢圈表面铁锈和焊缝的焊渣与氧化层除净，先涂刷一层红樟丹，干燥后再涂刷一层防锈漆处理。

2. 电杆封堵

钢筋混凝土电杆顶端要封堵良好。电杆上端的封堵，主要是为防止电杆投入运行后，杆内积水，侵蚀钢筋，导致电杆损伤。

关于钢筋混凝土电杆下端封堵问题，由于一些地区或某一地段，地下水位较高，且气候寒冷，电杆底部不封堵，进水后，在寒冷的季节中，有造成电杆冻裂、损坏现象，应考虑地区情况，按设计要求进行。当设计无要求时，电杆下端可不封堵。

## 九、电杆立杆方法

1. 汽车起重机立杆

（1）立杆时，先将汽车起重机开到距坑道适当位置加以稳固，然后在电杆（从根部量起）1/3～1/2 处系一根起吊钢丝绳，再在杆顶向下 500 mm 处临时系三根调整绳。

（2）起吊时，坑边站两人负责电杆根部进坑，另由三人各拉一根调整绳，以坑为中心，站位呈三角形，由一人负责指挥。

（3）当杆顶吊离地面 500 mm 时，对各处绑扎的绳扣进行一次安全检查，确认无问题后再继续起吊。

（4）电杆竖立后，调整电杆位于线路中心线上，偏差不超过 50 mm，然后逐层（300 mm 厚）填土夯实。填土应高于地面 300 mm，以备沉降。

2. 人字抱杆立杆

这是一种简易的立杆方式，它主要依靠装在人字抱杆顶部的滑轮组，通过钢丝绳穿绕杆脚上的转向滑轮，引向绞磨或手摇卷扬机来吊立电杆，如图 2-8 所示。

以立 10 kV 线路电杆为例，所用的起吊工具主要有人字抱杆 1 副（杆高约为电杆高度的

1/2);承载 3 t 的滑轮组一副,承载 3 t 的转向滑轮一个;绞磨或手摇卷扬机一台;起吊用钢丝绳($\phi$10)45 m;固定人字抱杆用牵引钢丝绳两条($\phi$6),长度为电杆高度的 1.5~2 倍;锚固用的钢钎 3~4 根。

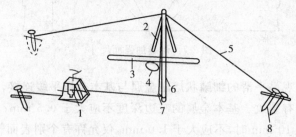

图 2-8　人字抱杆立杆示意图

1—绞磨(或手摇卷扬机);2—滑轮组;3—电杆;4—杆坑;
5—钢丝牵引绳;6—固定式抱杆;7—转向滑轮;8—锚固用钢钎

### 3. 三脚架立杆

三脚架立杆也是一种较简易的立杆方式,它主要依靠装在三脚架上的小型卷扬机、上下两只滑轮、牵引钢丝绳等吊立电杆。

立杆时,首先将电杆移到电杆坑边,立好三脚架,做好防止三脚架根部活动和下陷的措施,然后在电杆梢部系三根拉绳,以控制杆身。在电杆杆身 1/2 处,系一根短的起吊钢丝绳,套在滑轮吊钩上。用手摇卷扬机起吊时,当杆梢离地 500 mm 时,对绳扣作一次安全检查,认为确无问题后,方可继续起吊。将电杆竖起落于杆坑中,即可调正杆身,填土夯实。

### 4. 倒落式人字抱杆立杆

采用倒落式人字抱杆立杆的工具主要有人字抱杆、滑轮、卷扬机(或绞磨)、钢丝绳等,如图 2-9 所示。但是,对于 7~9 m 长的轻型钢筋混凝土电杆,可以不用卷扬机,而采用人工牵引。

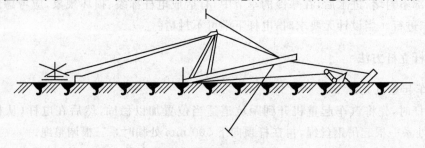

图 2-9　倒落式立杆法

(1)立杆前,先将制动用钢丝绳一端系在电杆根部,另一端在制动桩上绕 3~4 圈,再将起吊钢丝绳一端系在抱杆顶部的铁帽上,另一端绑在电杆长度的 2/3 处。

在电杆顶部接上临时调整绳三根,按三个角分开控制。总牵引绳的方向要与制动桩、坑中心、抱杆铁帽处于同一直线上。

(2)起吊时,抱杆和电杆同时竖起,负责制动绳和调整绳的人要配合好,加强控制。

(3)当电杆起立至适当位置时,缓慢松动制动绳,使电杆根部逐渐进入坑内,但杆根应在抱杆失效前接触坑底。当杆根快要触及坑底时,应控制其正好处于立杆的正确位置上。

(4)在整个立杆过程中,左右侧拉线要均衡施力,以保证杆身稳定。

(5)当杆身立至与地面成70°位置时,反侧临时拉线要适当拉紧,以防电杆倾倒。当杆身立至80°时,立杆速度应放慢,并用反侧拉线与卷扬机配合,使杆身调整到正直。

（6）最后用填土将基础填妥、夯实,拆卸立杆工具。

5. 架腿立杆

架腿立杆也称撑式立杆,它是利用撑杆来竖立电杆的。这种方法使用工具比较简单,但劳动强度大。当立杆少,又缺乏立杆机具的情况下,可以采用,但只能竖立木杆和9 m以下的混凝土电杆。

采用这种方法立杆时,应先将杆根移至坑边,对正马道,坑壁竖一块木滑板,电杆梢部系三根拉绳,以控制杆身,防止在起立过程中倾倒,然后将电杆梢抬起,到适当高度时用撑杆交替进行,向坑心移动,电杆即逐渐抬起,如图2-10所示。

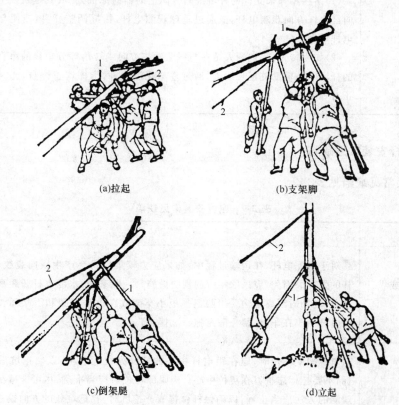

(a)拉起　　　　　　　(b)支架脚

(c)倒架腿　　　　　　　(d)立起

图2-10　架腿立杆法
1—架腿;2—临时拉线

## 十、电杆杆身的调整

电杆杆身调整的相关内容见表2-8。

表2-8　电杆杆身的调整

| 项　目 | 内　容 |
|---|---|
| 调整要求 | （1）直线杆的横向位移不应小于50 mm;电杆的倾斜不应使杆梢的位移大于半个杆梢。 |

| 项　目 | 内　容 |
|---|---|
| 调整要求 | （2）转角杆应向外角预偏，紧线后不应向内角倾斜，向外角的倾斜不应使杆梢位移大于一个杆梢。转角杆的横向位移不应大于 50 mm。<br>（3）终端杆立好后应向拉线侧预偏，紧线后不应向拉线反方向倾斜，向拉线侧倾斜不应使杆梢位移大于一个杆梢。<br>（4）双杆立好后应正直，双杆中心与中心桩之间的横向位移偏差不得超过 50 mm；两杆高低偏差不得超过 20 mm；迈步不得超过 30 mm；根开不应超过±30 mm |
| 调整方法 | （1）站在相邻未立杆的杆坑线路方向上的辅助标桩处（或其延长线上），面对线路向已立杆方向观测电杆，或通过垂球观测电杆，指挥调整杆身，或使与已立正直的电杆重合。<br>（2）如为转角杆，观测人站在与线路垂直方向或转角等分角线的垂直线（转角杆）的杆坑中心辅助桩延长线上，通过垂球观测电杆，指挥调正杆身，此时横担轴向应正对观测方向 |

## 十一、电杆安装常见缺陷

电杆安装常见缺陷见表 2-9。

表 2-9　电杆安装常见缺陷

| 项　目 | 内　容 |
|---|---|
| 电杆有横向或纵向裂纹 | 对于水泥电杆，在运输过程中，如果应力较集中将会产生横向裂纹，从而影响电杆的强度。因此，应采取相应的预防措施。一般来说，水泥电杆长距离运输要用拖挂车，现场短距离运输要用两辆平板小车架放在电杆上腰和下腰间。运输时必须将电杆捆牢在车上，禁止随意拖、拉、摔、滚 |
| 杆位组立不排直 | 电杆架立测位时，应在距电杆中心的某一处设标志桩，以便挖坑后仍可测量目标，不要把标志桩钉在坑位中心。肉眼测杆位时应当准确，尽可能减少误差；同时，观测的方法应当正确，以确保杆位排直。挖坑时，要把坑长的方向挖在线路的左侧或右侧，同时留有一定的余量。立杆程序不对，也会造成杆位不成直线，因此必须注意 |
| 水泥电杆未做底盘 | 安装的水泥电杆没有做底盘，主要是由于对水泥电杆要加底盘的重要性认识不足。安装水泥电杆时，应按设计要求在坑底放好底盘并找正。如果设计无要求，则可按当地土质情况具体确定。如果当地土壤耐压力大于 0.2 MPa，直线杆可不装底盘。终端杆、转角杆对一般土壤要考虑装底盘。当土壤含有流砂，地下水位高时，直线杆也要装底盘。底盘可用预制块或现浇混凝土制作 |
| 卡盘（或横木）位置摆放错误 | 卡盘一般情况都可不用，仅在土壤很不好或在较陡斜坡上立杆时，为了减少电杆埋设才考虑使用。但是，施工中常出现的缺陷是做卡盘未按线路走向正确位置摆 |

| 项　目 | 内　容 |
|---|---|
| 卡盘(或横木)位置摆放错误 | 放,距地面不是太深就是太浅。因此,在装设卡盘时,卡盘应装在自地面起至电杆埋设深度的 1/3 处,并符合下列要求:<br>(1)直线杆的卡盘应与线路平行,有顺序地在线路左、右侧交替埋设。<br>(2)承力杆的卡盘应埋设在承力侧。埋入地下的铁件,应涂以沥青,以防腐蚀 |

# 第二节　拉线安装

## 一、拉线的类型

拉线的类型见表 2-10。

表 2-10　拉线的类型

| 项　目 | 内　容 |
|---|---|
| 普通拉线 | 普通拉线也叫承力拉线,多用在线路的终端杆、转角杆、耐张杆等处,主要起平衡力的作用。拉线与电杆夹角宜取 45°,如受地形限制,可适当减少,但不应小于 30° |
| 两侧拉线 | 两侧拉线也称人字拉线或防风拉线,多装设在直线杆的两侧,用以增强电杆抗风吹倒的能力。防风拉线应与线路方向垂直,拉线与电杆的夹角宜取 45° |
| 四方拉线 | 四方拉线也称十字拉线,在横方向电杆的两侧和顺线路方向电杆的两侧都装设拉线,用以增强耐张单杆和土质松软地区电杆的稳定性 |
| Y 形拉线 | Y 形拉线也称 V 形拉线,可分为垂直 V 形和水平 V 形两种,主要用在电杆较高、横担较多、架设导线条数较多的地方 |
| 过道拉线 | 过道拉线也称水平拉线,由于电杆距离道路太近,不能就地安装拉线,或跨越其他设备时,则采用过道拉线。即在道路的另一侧立一根拉线杆,在此杆上作一条过道拉线和一条普通拉线。过道拉线应保持一定高度,以免妨碍行人和车辆的通行 |
| 共同拉线 | 在直线路的电杆上产生不平衡拉力时,因地形限制不能安装拉线时,可采用共同拉线,即将拉线固定在相邻电杆上,用以平衡拉力 |
| 弓形拉线 | 弓形拉线也称自身拉线,多用于木电杆上。为防止电杆弯曲,因地形限制不能安装拉线时,可采用弓形拉线,此时电杆的中横木需要适当加强。弓形拉线两端拴在电杆的上下两处,中间用拉线支撑顶在电杆上,如同弓形 |

## 二、拉线的计算

1. 拉线长度计算

一条拉线是由上把、中把和下把三部分构成的,如图 2-11 所示。拉线实际需要长度(包括下部拉线棒出土部分)除了拉线装成长度(上部拉线和下部拉线)外,还应包括上下把折面缠绕所需的长度,即拉线的余割量。

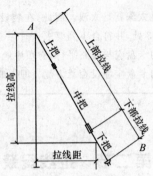

图 2-11　拉线的结构

(1)上部拉线余割量的计算方法如下:

　　上部拉线的余割量＝拉线装成长度＋上把与中把附加长度－下部拉线出土长度

如果拉线上加装拉紧绝缘子及花篮螺栓,则拉线余割量的计算方法是:

上部拉线余割量＝拉线装成长度＋上把与中把附加长度＋绝缘子上、下把附加长度－

下部拉线出长度＋花篮螺栓长度

(2)在一般平地上计算拉线的装成长度时,也可采用查表的方法。查表时,首先应知道拉线的拉距和高度,计算出距高比,然后依据距高比即可从表 2-11 中查得。如已知拉线距是4.5 m,拉线高为 6 m,则距高比是 0.75(即 3/4),查表 2-11 可得:

　　拉线装成长度＝拉线距×1.7＝4.5 m×1.7＝7.65 m

表 2-11　换算拉线装成长度表

| 距高比 | 拉线装成长度 | 距高比 | 拉线装成长度 |
|---|---|---|---|
| 2 | 拉距×1.1 | 0.66(即 2/3) | 拉距×1.8 |
| 1.5(即 3/2) | 拉距×1.2 | 0.55(1/2) | 拉距×2.2 |
| 1.25 | 拉距×1.3 | 0.33(即 1/3) | 拉距×3.2 |
| 1 | 拉距×1.4 | 0.25(即 1/4) | 拉距×4.1 |
| 0.75(即 3/4) | 拉距×1.7 | — | — |

2. 拉线截面计算

电杆拉线所用的材料有镀锌铁线和镀锌钢绞线两种。镀锌铁线一般用 φ4.0 一种规格,但施工时需绞合,制作比较麻烦。镀锌钢绞线施工较方便,强度稳定,有条件可尽量采用。镀锌铁线与镀锌钢绞线换算见表 2-12。

表 2-12　φ4.0 镀锌铁线与镀锌钢线换算表

| φ4.0 镀锌铁线根数 | 3 | 5 | 7 | 9 | 11 | 13 | 15 | 17 | 19 |
|---|---|---|---|---|---|---|---|---|---|
| 镀锌钢绞线截面(mm²) | 25 | 25 | 35 | 50 | 70 | 70 | 100 | 100 | 100 |

电杆拉线的截面计算,大致可分为以下两种情况:

(1)普通拉线终端杆:

$$拉线股数 = 导线根数 \times N_1 - N_1{}'$$

（2）普通拉线转角：

$$拉线股数 = 导线根数 \times N_1\mu - N_1{}'$$

$N_1$、$N_1{}'$ 和 $\mu$ 的数值，可以从表 2-13～表 2-15 中查出。

表 2-13　每根导线需要的拉线股数

| 导线规格 | 水平拉线股数 $N_2$ | 普通拉线股数 $N_1$ | |
|---|---|---|---|
| | | $\alpha = 30°$ | $\alpha = 45°$ |
| LJ—16 | 0.34 | 0.68 | 0.48 |
| LJ—25 | 0.53 | 1.06 | 0.75 |
| LJ—35 | 0.73 | 1.47 | 1.04 |
| LJ—50 | 1.06 | 2.12 | 1.50 |
| LJ—70 | 1.16 | 2.32 | 1.64 |
| LJ—95 | 1.55 | 3.12 | 2.20 |
| LJ—150 | 1.85 | 3.70 | 2.62 |
| LJ—185 | 2.29 | 4.58 | 3.24 |
| LGJ—120 | 2.56 | 5.11 | 3.62 |
| LGJ—150 | 3.26 | 6.52 | 4.61 |
| LGJ—185 | 4.02 | 8.04 | 5.68 |
| LGJ—240 | 5.25 | 0.50 | 7.43 |

注：1. 表中所列数值采用 $\phi4.0$ 镀锌铁线所做的拉线。

　　2. $\alpha$ 为拉线与电杆的夹角。

表 2-14　钢筋混凝土电杆相当的拉线股数

| 电杆梢径（mm）<br>电杆高度（m） | 水平拉线股数 $N_2$ | 普通拉线股数 $N_1{}'$ | |
|---|---|---|---|
| | | $\alpha = 30°$ | $\alpha = 45°$ |
| $\phi150$—9.0 | 0.50 | 0.99 | 0.70 |
| $\phi150$—9.0 | 0.45 | 0.89 | 0.68 |
| $\phi150$—10.0 | 0.75 | 1.47 | 1.04 |
| $\phi170$—8.0 | 0.54 | 1.07 | 0.76 |
| $\phi170$—9.0 | 0.48 | 0.97 | 0.63 |
| $\phi170$—10.0 | 0.79 | 1.58 | 1.12 |
| $\phi170$—11.0 | 1.03 | 2.06 | 1.46 |
| $\phi170$—12.0 | 0.96 | 1.92 | 1.36 |
| $\phi190$—11.0 | 1.10 | 2.19 | 1.55 |
| $\phi190$—12.0 | 1.02 | 2.04 | 1.44 |

注：1. 钢筋混凝土电杆本身强度，可起到一部分拉线作用。此表所列数值即为不同规格的电杆可起到的拉线截面（以拉线股数表示）的作用。

　　2. 表中所列数值采用 $\phi4.0$ 镀锌铁线所作的拉线。

　　3. $\alpha$ 为拉线与电杆的夹角。

表 2-15　转角杆折算系数

| 转角 $\phi$ | 15° | 30° | 45° | 60° | 75° | 90° |
|---|---|---|---|---|---|---|
| 折算系数 $\mu$ | 0.261 | 0.578 | 0.771 | 1.00 | 1.218 | 1.414 |

### 三、拉线的制作

电杆拉线的制作方法有两种,即束合法和绞合法。由于绞合法存在绞合不好会产生各股受力不均的缺陷,目前常采用束合法,其制作方法如下。

1. 伸线

将成捆的铁线放开拉伸,使其挺直,以便束合。伸线方法,可使用两只紧线钳将铁线两端夹住,分别固定在柱上,用紧线钳收紧,使铁线伸直。也可以采用人工拉伸,将铁线的两端固定在支柱或大树上,由 2～3 人手握住铁线中部,每人同时用力拉数次,使铁线充分伸直。

2. 束合

将拉直的铁线按需要股数合在一起,另用 $\phi 1.6 \sim \phi 1.8$ 镀锌铁线在适当处压住一端拉紧缠扎 3～4 圈,而后将两端头拧在一起成为拉线节,形成束合线。拉线节在距在面 2 m 以内的部分间隔 600 mm;在距地面 2 m 以上部分间隔 1.2 m。

3. 拉线把的缠绕

拉线把有两种缠绕方法,一种是自缠法,另一种是另缠法,其具体操作如下。

(1)自缠法。缠绕时先将拉线折弯嵌进三角圈(心形环)折转部分和本线合并,临时用钢绳卡头夹牢,折转一股,其余各股散开紧贴在本线上,然后将折转的一股,用钳子在合并部分紧紧缠绕 10 圈,余留 20 mm 长并在线束内,多余部分剪掉。第一股缠完后接着再缠第二股,用同样方法缠绕 10 圈,依此类推。由第 3 股起每次缠绕圈数依次递减一圈,直至缠绕 6 次为止,结果如图 2-12(a)所示。每次缠绕也可按下法进行:即每次取一股按图 2-12(b)中所注明的圈数缠绕,换另一股将它压在下面,然后折面留出 10 mm,将余线剪掉,结果如图 2-12(b)所示。

对 9 股及以上拉线,每次可用两根一起缠绕。每次的余线至少要留出 30 mm 压在下面,余留部分剪齐折回 180°紧压在缠绕层外。若股数较少,缠绕不到 6 次即可终止。

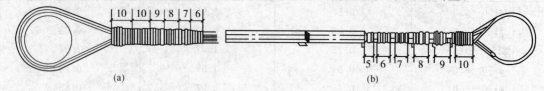

图 2-12　自缠拉线把(单位:mm)

(2)另缠法。先将拉线折弯处嵌入心形环,折回的拉线部分和本线合并,颈部用钢丝绳卡头临时夹紧,然后用一根 $\phi 3.2$ 镀锌铁线作为绑线,一端和拉线束并在一起作衬线,另一端按图 2-13 中的尺寸缠绕至 150 mm 处,绑线两端用钳子自相扭绕 3 转成麻花线,剪去多余线段,同时将拉线折回三股留 20 mm 长,紧压在绑线层上。第二次用同样方法缠绕,至 150 mm 处又折回拉线二股,依此类推,缠绕三次为止。如为 3～5 股拉线,绑线缠绕 400 mm 后,即将所有拉线端折回,留 200 mm 长

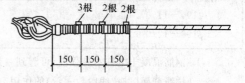

图 2-13　另缠拉线把(单位:mm)

紧压在绑线层上,绑线两端自相扭绞成麻花线。

### 四、拉线的装设

1. 安装要求

(1)拉线与电杆之间的夹角不宜小于 45°;当受地形限制时,可适当小些,但不应小于 30°。

(2)终端杆的拉线及耐张杆承力拉线应与线路方向对正,分角拉线应与线路分角线方向对正,防风拉线应与线路方向垂直。

(3)采用绑扎固定的拉线安装时,拉线两端应设置心形环。

(4)当一根电杆上装设多股拉线时,拉线不应有过松、过紧、受力不均匀等现象。

(5)埋设拉线盘的拉线坑应有滑坡(马道),回填土应有防沉土台,拉线棒与拉线盘的连接应使用双螺母。

(6)居民区、厂矿内,混凝土电杆的拉线从导线之间穿过时,应装设拉线绝缘子。在断线情况下,拉线绝缘子距地面不应小于 2.5 m。

拉线穿过公路时,对路面中心的垂直距离不应小于 5 m。

(7)合股组成的镀锌铁线用作拉线时,股数不应少于三股,其单股直径不应小于 4.0 mm,绞合均匀,受力相等,不应出现抽筋现象。

合股组成的镀锌铁线拉线采用自身缠绕固定时,宜采用直径不小于 3.2 mm 镀锌铁线绑扎固定。绑扎应整齐紧密,其缠绕长度为:三股线不应小于 80 mm,五股线不应小于 150 mm。

(8)钢绞线拉线可采用直径不大于 3.2 mm 的镀锌铁线绑扎固定。绑扎应整齐、紧密,缠绕长度不能小于表 2-16 所列数值。

表 2-16 缠绕长度最小值

| 钢绞线截面 (mm²) | 缠绕长度(mm) | | | | |
|---|---|---|---|---|---|
| | 上端 | 中端有绝缘子的两端 | 与拉棒连接处 | | |
| | | | 下端 | 花缠 | 上端 |
| 25 | 200 | 200 | 150 | 250 | 80 |
| 35 | 250 | 250 | 200 | 300 | 80 |
| 50 | 300 | 300 | 250 | 250 | 80 |

(9)拉线在地面上下各 300 mm 部分,为了防止腐蚀,应涂刷防腐油,然后用浸过防腐油的麻布条缠卷,并用铁线绑牢。

(10)采用 UT 型线夹及楔形线夹固定的拉线安装时:

1)安装前螺纹上应涂润滑剂;

2)线夹舌板与拉线接触应紧密,受力后无滑动现象,线夹的凸度应在尾线侧,安装时不得损伤导线;

3)拉线弯曲部分不应有明显松股,拉线断头处与拉线主线应可靠固定。线夹处露出的尾线长度 300~500 mm;

4)同一组拉线使用双线夹时,其尾线端的方向应作统一规定;

5)UT 型线夹或花篮螺栓的螺杆应露扣,并应有不小于 1/2 螺杆螺纹长度可供调紧。调整后,UT 型线夹的双螺母应并紧,花篮螺栓应封固。

(11)采用拉桩杆拉线的安装应符合下列规定:

1)拉杆桩埋设深度不应小于杆长的 1/6；

2)拉杆桩应向张力反方向倾斜 10°～20°；

3)拉杆坠线与拉桩杆夹角不应小于 30°；

4)拉桩坠线上端固定点的位置距拉桩杆顶应为 0.25 m；

5)拉柱坠线采用镀锌铁线绑扎固定时,缠绕长度可参照表 2-16 所列数值。

2.拉线坑的开挖

拉线坑应开挖在标定拉线桩位处,其中心线及深度应符合设计要求。在拉线引入一侧应开挖斜槽,以免拉线不能伸直,影响拉力。其截面和形式可根据具体情况确定。

拉线坑深度应根据拉线盘埋设深度确定,拉线盘埋设深度应符合工程设计规定,工程设计无规定时,可参见表 2-17 数值确定。

**表 2-17　拉线盘埋设深度**

| 拉线棒长度(m) | 拉线盘长×宽(mm) | 埋深(m) |
| --- | --- | --- |
| 2 | 500×300 | 1.3 |
| 2.5 | 600×400 | 1.6 |
| 3 | 800×600 | 2.1 |

3.拉线盘的埋设

在埋设拉线盘之前,首先应将下把拉线棒组装好,然后再进行整体埋设。拉线坑应有斜坡,回填土时应将土块打碎后夯实。拉线坑宜设防沉层。

拉线棒应与拉线盘垂直,其外露地面部分长度应为 500～700 mm。目前,普遍采用的下把拉线棒为圆钢拉线棒,它的下端套有丝口,上端有拉环,安装时拉线棒穿过水泥拉线盘孔,放好垫圈,拧上双螺母即可,如图 2-14 所示。在下把拉线棒装好之后,将拉线盘放正,使底把拉环露出地面 500～700 mm,即可分层填土夯实。

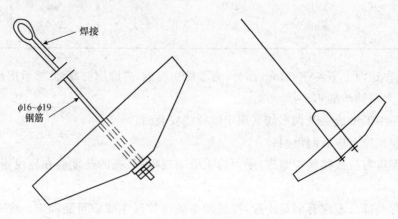

焊接

ϕ16～ϕ19
钢筋

图 2-14　拉线盘

拉线盘选择及埋设深度,以及拉线底把所采用的镀锌线和镀锌钢绞线与圆钢拉线棒的换算,可参照表 2-18。

表 2-18　拉线盘的选择及埋设深度

| 拉线所受拉力 (kN) | 选用拉线规格 | | 拉线盘规格 (m) | 拉线盘埋深 (m) |
| | $\phi 4.0$ 镀锌铁线 (股数) | 镀锌钢绞线 ($mm^2$) | | |
| --- | --- | --- | --- | --- |
| 15 及以下 | 5 及以下 | 25 | 0.6×0.3 | 1.2 |
| 21 | 7 | 35 | 0.8×0.4 | 1.2 |
| 27 | 9 | 50 | 0.8×0.4 | 1.5 |
| 39 | 13 | 70 | 1.0×0.5 | 1.6 |
| 54 | 2×3 | 2×50 | 1.2×0.6 | 1.7 |
| 78 | 2×13 | 2×70 | 1.2×0.6 | 1.9 |

拉线棒地面上下 200～300 mm 处,都要涂以沥青,泥土中含有盐碱成分较多的地方,还要从拉线棒出土 150 mm 处起,缠卷 80 mm 宽的麻带,缠到地面以下 350 mm 处,并浸透沥青,以防腐蚀。涂油和缠麻带,都应在填土前做好。

**4. 拉线上把安装**

拉线上把装在混凝土电杆上,须用拉线抱箍及螺栓固定。其方法是用一只螺栓将拉线抱箍抱在电杆上,然后把预制好的上把拉线环放在两片抱箍的螺孔间,穿入螺栓拧上螺母固定之。上把拉线环的内径以能穿入 16 mm 螺栓为宜,但不能大于 25 mm。

在来往行人较多的地方,拉线上应装设拉线绝缘子。其安装位置,应使拉线断线而沿电杆下垂时,绝缘子距地面的高度在 2.5 m 以上,不致触及行人。同时,使绝缘子距电杆最近距离也应保持 2.5 m,使人不致在杆上操作时触及接地部分,如图 2-15 所示。

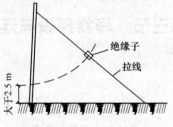

图 2-15　拉紧绝缘子安装位置

**5. 收紧拉线做中把**

下部拉线盘埋设完毕,上把做好后可以收紧拉线,使上部拉线和下部拉线连接起来,成为一个整体。

收紧拉线可使用紧线钳,其方法如图 2-16 所示。在收紧拉线前,先将花篮螺栓的两端螺杆旋入螺母内,使它们之间保持最大距离,以备继续旋入调整。然后将紧线钳的钢丝绳伸开,一只紧线钳夹握在拉线高处,再将拉线下端穿过花篮螺栓的拉环,放在三角圈槽里,向上折回,并用另一只紧线钳夹住,花篮螺栓的另一端套在拉线棒的拉环上,所有准备工作做好之后,将拉线慢慢收紧,紧到一定程度时,检查一下杆身和拉线的各部位,如无问题后,再继续收紧,把电杆校正,如图 2-16(b)所示。对于终端杆和转角杆,拉线收紧后,杆顶可向拉线侧倾斜电杆梢径的 1/2,最后用自缠法或另缠法绑扎。

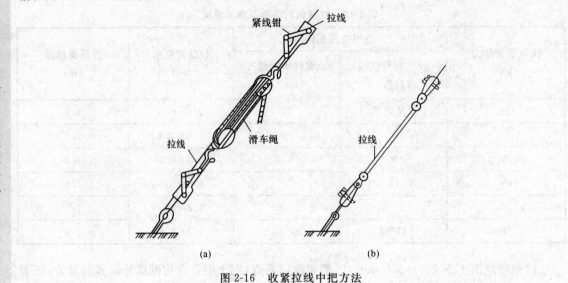

图 2-16　收紧拉线中把方法

为了防止花篮螺栓螺纹倒转松退,可用一根 φ4.0 镀锌铁线,两端从螺杆孔穿过,在螺栓中间绞拧二次,再分向螺母两侧绕 3 圈,最后将两端头自相扭结,使调整装置不能任意转动,如图 2-17 所示。

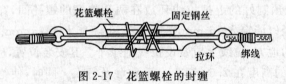

图 2-17　花篮螺栓的封缠

# 第三节　导线架设与连接

## 一、导体的选用

导体的选用见表 2-19。

表 2-19　导体的选用

| 项　　目 | 内　　容 |
| --- | --- |
| 导体的选择 | 民用建筑宜采用铜芯电缆或电线,下列场所应选用铜芯电缆或电线:<br>(1)易燃、易爆场所;<br>(2)重要的公共建筑和居住建筑;<br>(3)特别潮湿的场所和对铝有腐蚀的场所;<br>(4)人员聚集较多的场所;<br>(5)重要的资料室、计算机房、重要的库房;<br>(6)移动设备或有剧烈振动的场所;<br>(7)有特殊规定的其他场所 |

| 项　目 | 内　容 |
|---|---|
| 导体截面的选择 | (1)按敷设方式、环境条件确定的导体截面,其导体载流量不应小于预期负荷的最大计算电流和按裱糊条件所确定的电流。<br>(2)线路电压损失不应超过允许值。<br>(3)导体应满足动稳定与热稳定的要求。<br>(4)导体最小截面应满足机械强度的要求,配电线路每一相导体截面不应小于表2-20的规定 |

表 2-20　导体最小允许截面

| 布线系统形式 | 线路用途 | 导线最小截面(mm²) | |
|---|---|---|---|
| | | 铜 | 铝 |
| 固定敷设的电缆和绝缘电线 | 电力和照明线路 | 1.5 | 2.5 |
| | 信号和控制线路 | 0.5 | — |
| 固定敷设的裸导体 | 电力(供电)线路 | 10 | 16 |
| | 信号和控制线路 | 4 | |
| 用绝缘电线和电缆的柔性连接 | 任何用途 | 0.75 | — |
| | 特殊用途和特低压电路 | 0.75 | — |

## 二、导线架设要求

### 1. 导线跨越、交叉架设

(1)高压线路严禁跨越以易燃材料为顶盖的建筑物。对其他建筑物应尽量不跨越,如必须跨越时,应取得当地政府或有关单位的同意,且对建筑物的最小垂直距离在最大的弧垂时,不应小于 3 m。低压线路跨越建筑物的最小垂直距离在最大弧垂时,不应小于 2.5 m。

(2)线路与特殊管道交叉,不允许设置在管道的检查井和检查孔等处。特殊用途的管道,如与配电线路交叉时,其所有部件均应接地。

(3)配电线路与具有爆炸物、易燃物或可燃液(气)体生产厂房、仓库、储藏器等地方接近时,其间距离应大于电杆高度的 1.5 倍,且符合有关规范的要求。

(4)线路互相交叉时,低压弱电线路应在下方,且执行过电压保护规程有关规定。

(5)对于跨越公路、铁路、一级通信线路和不能停电的电力线路应搭设跨越架。跨越架搭设应保证放线时导线同被跨越物之间的最小安全距离见表2-21。

表 2-21　跨越架与被跨越物的最小距离　　　　　　　　　　(单位:m)

| 被跨越物 | 铁路 | 公路 | 110 kV送电线 | 66 kV送电线 | 35 kV送电线 | 10 kV配电线 | 低压线 | 通信线 |
|---|---|---|---|---|---|---|---|---|
| 最小垂直距离 | 7 | 6 | 3 | 2 | 1.5 | 1 | 1 | 1 |
| 最小水平距离 | 3~3.5 | 0.5 | 4 | 3~3.5 | 3~3.5 | 1.5~2 | 0.5 | 0.5 |

## 2. 导线架设间距

架空线路应沿道路平行敷设,尽可能避开各种起重机频繁活动的地区,同时还要减少跨越建筑物和与其他设施的交叉。若不可避免,则导线与其之间的距离应符合下列规定:

(1)对于 6~10 kV 的接户线,其与地面之间的距离应不小于 4.5 m;低压绝缘接户线与地面距离应不小于 2.5 m。

跨越道路的低压接户线至通车道路中心的垂直距离不小于 6 m;至通车有困难的道路或人行道的垂直距离应不小于 3.5 m。

(2)架空线路的导线与建筑物之间的距离,应不小于表 2-22 所列数值。

**表 2-22　导线与建筑物间的最小距离**　（单位:m）

| 线路经过地区 | 线路电压 | |
| --- | --- | --- |
| | 6~10 kV | <1 kV |
| 线路跨越建筑物垂直距离 | 3 | 2.5 |
| 线路边线与建筑物水平距离 | 1.5 | 1 |

注:架空线不应跨越屋顶为易燃材料的建筑物,对于耐火屋顶的建筑物也不宜跨越。

(3)架空线路的导线与道路行道树间的距离,不应小于表 2-23 所列数值。

**表 2-23　导线与街道行道树间的最小距离**　（单位:m）

| 线路经过地区 | 线路电压 | |
| --- | --- | --- |
| | 6~10 kV | <1 kV |
| 线路跨越行道树在最大弧垂情况的最小垂直距离 | 1.5 | 1 |
| 线路边线在最大风偏情况与行道树的最小水平距离 | 2 | 1 |

(4)架空线路的导线与地面的距离,不应小于表 2-24 所列数值。

**表 2-24　导线与地面的最小距离**　（单位:m）

| 线路经过地区 | 线路电压 | |
| --- | --- | --- |
| | 6~10 kV | <1 kV |
| 居民区 | 6.5 | 6 |
| 非居民区 | 5.5 | 5 |
| 交通困难地区 | 4.5 | 4 |

(5)架空线路的导线与山坡、峭壁、岩石之间的距离,在最大计算风偏情况下,不应小于表 2-25 所列数值。

**表 2-25　导线与山坡、岩石间的最小净空距离**　（单位:m）

| 线路经过地区 | 线路电压 | |
| --- | --- | --- |
| | 6~10 kV | <1 kV |
| 步行可以到达的山坡 | 4.5 | 3 |
| 步行可以到达的山坡、峭壁和岩石 | 1.5 | 1 |

(6)架空线路与甲类火灾危险的生产厂房,甲类物品库房及易燃、易爆材料堆场,以及可燃或易燃液(气)体储罐的防火间距,不应小于电杆高度的1.5倍。

3. 导线接地

(1)避雷器接地线与被保护设备金属外壳(或底座)连接后接至接地装置,其接地电阻不应大于10 Ω。

(2)年平均30雷电日以上的地区,一般应将接户杆上的绝缘子铁脚接地。尤其对公共场所及Ⅱ类防雷建筑物等接户线,必须将其两基杆上的绝缘子铁脚可靠接地。如接户地距低压干线接地点的距离小于50 m时,则其绝缘子铁脚可不必接地;如低压钢筋混凝土杆的自然接地已符合30 Ω的要求,则可不必接地。

(3)无避雷线的高压线路,在居民区的钢筋混凝土杆和金属杆塔宜作接地,其接地电阻不应超过30 Ω,中性点直接接地的低压线路的钢筋混凝土杆的钢筋、铁担和铁杆,应与零线相连接。

(4)中性点直接接地的低压线路和其分支线的终端,以及每经过不大于1 km的地方,应作零线的重复接地。其接地电阻不大于10 Ω,但当变压器接地电阻允许达到10 Ω的网络中,可以不大于30 Ω;重复接地应不少于3处。

(5)避雷器接地线与被保护设备外壳连接后,共同接至接地装置。

### 三、导线检查与修补

导线架线前,应检查其规格是否符合设计要求,有无严重的机械损伤,有无断股、破股、导线扭曲等,特别是铝导线有无严重的腐蚀现象。

1. 导线损伤修补标准

当导线在同一处损伤需进行修补时,损伤补修处理标准应符合表2-26的规定。

表2-26 导线损伤补修处理标准

| 导线类别 | 损伤情况 | 处理方法 |
|---|---|---|
| 铝绞线 | 导线在同一处损伤程度已经超过规定,但因损伤导致强度损失不超过总拉断力的5%时 | 缠绕或补修预绞线修理 |
| 铝合金绞线 | 导线在同一处损伤程度损失超过总拉断力的5%,但不超过17%时 | 补修管补修 |
| 钢芯铝绞线 | 导线在同一处损伤程度已超过规定,但因损伤导致强度损失不超过总拉断力的5%,且截面积损伤又不超过导电部分总截面积的7%时 | 缠绕或补修预绞线修理 |
| 钢芯铝合金绞线 | 导线在同一处损伤的强度损失不超过总拉断力的5%但不足17%,且截面积损伤也不超过导电部分总截面积的25%时 | 补修管补修 |

导线在同一处(即导线的一个节距内)单股损伤深度小于直径的1/2或钢芯铝绞线、钢芯铝合金绞线损伤截面小于导电部分截面积的5%,且强度损失小于4%以及单金属绞线损伤截面积小于4%时,应将损伤处棱角与毛刺用0号砂纸磨光,可不做修补。

### 2. 导线损伤处理方法

当导线某处有损伤时，常用的修补方法有缠绕、补修预绞线和补修管补修等。具体操作见表 2-27。

表 2-27　导线损伤处理方法

| 项　目 | 内　容 |
| --- | --- |
| 缠绕处理 | 采用缠绕法处理损伤的铝绞线时，导线受损伤的线股应处理平整，选用与导线相同金属的单股线为缠绕材料，缠绕导线直径不应小于 2 mm，缠绕中心应位于导线损伤的最严重处，缠绕应紧密，受损伤部分应该全部被覆盖住，缠绕长度不应小于 100 mm |
| 补修预绞线修理 | 补修预绞线是由铝镁硅合金制成的，适用于 LGJ35－400 型钢芯铝绞线和 LGJQ－300－500 型轻型钢芯铝绞线。<br>采用补修预绞线处理时，首先应将需要修补的受损伤处的线股处理平整。操作时先将损伤部分导线净化，净化长度为预绞线长度的 1.2 倍，预绞线的长度不应小于导线的 3 个节距，在净化后的部位涂抹一层中性凡士林，然后将相应规格的补修预绞线一组用手缠绕在导线上，补修预绞线的中心应位于损伤最严重处，同一组各根均匀排列，不能重叠，且与导线接触紧密，损伤处应全部覆盖 |
| 补修管补修 | 当铝合金绞线和钢芯铝绞线的损伤情况超过规定时，可以用补修管补修。补修管为铝制的圆管，由大半圆和小半圆两个半片合成，如图 2-18 所示，套入导线的损伤部分，损伤处的导线应先恢复其原绞制状态，补修管的中心应位于损伤最严重处，需补修导线的范围应位于管内各 20 mm 处，并且将损伤部分放置在大半圆内，然后把小半圆的铝片从端部插入，用液压机进行压紧，所用钢模为相同规格的导线连接管钢模 |

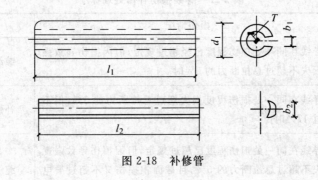

图 2-18　补修管

## 四、放　线

放线就是把导线从线盘上放出来架设在电杆的横担上。常用的放线方法有施放法和展放法两种。施放法即是将线盘架设在放线架上拖放导线；展放法则是将线盘架设在汽车上，行驶中展放导线。放线操作如图 2-19 所示。

导线放线通常是按每个耐张段进行的，其具体操作如下：

（1）放线前，应选择合适位置，放置放线架和线盘，线盘在放线架上要使导线从上方引出。

如采用拖放法放线，施工前应沿线路清除障碍物，石砾地区应垫以隔离物（草垫），以免磨损导线。

（2）在放线段内的每根电杆上挂一个开口放线滑轮（滑轮直径应不小于导线直径的10倍）。铝导线必须选用铝滑轮或木滑轮，这样既省力又不会磨损导线。

（3）在放线过程中，线盘处应有专人看守，负责检查导线的质量和防止放线架的倾倒。放线速度应尽量均匀，不宜突然加快。

（4）当发现导线存在问题，而又不能及时进行处理时，应作显著标记，如缠绕红布条等，以便导线展放停止后，专门进行处理。

（5）展放导线时，还必须有可靠的联络信号，沿线还须有人看护导线不受损伤，不使导线发生环扣（导线自己绕成小圈）。当导线在跨越道路和跨越其他线路处也应设人看守。

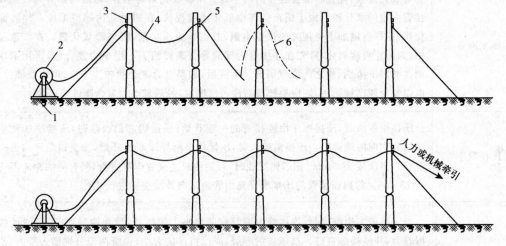

图 2-19　放线
1—放线架;2—线轴;3—横担;4—导线;5—放线滑轮;6—牵引绳

（6）放线时，线路的相序排列应统一，对设计、施工、安全运行以及检修维护都是有利的。高压线路面向负荷从左侧起，导线排列相序为 $L_1$、$L_2$、$L_3$；低压线路面向负荷从左侧起，导线排列相序为 $L_1$、$N$、$L_2$、$L_3$。

（7）在展放导线的过程中，对已展放的导线应进行外观检查，导线不应发生磨伤、断股、扭曲、金钩、断头等现象。如有损伤，可根据导线的不同损伤情况进行修补处理。

1 kV 以下电力线路采用绝缘导线架设时，展放中不应损伤导线的绝缘层和出现扭、弯等现象，对破口处应进行绝缘处理。

（8）当导线沿线路展放在电杆根旁的地面上以后，可由施工人员登上电杆，将导线用绳子提升至电杆横担上，分别摆放好。对截面较小的导线，可将一个耐张段全长的 4 根导线一次吊起提升至横担上；导线截面较大时，用绳子提升时，可一次吊起两根。

**五、导线连接方法**

1. 钳压连接法

钳压连接法的具体内容见表2-28。

表 2-28　钳压连接法

| 项　目 | 内　容 |
|---|---|
| 连接要求 | 在任何情况下，每一个挡距内的每条导线，只能有一个接头，但架空线路跨越线路、公路（Ⅰ～Ⅱ）级、河流（Ⅰ～Ⅱ）级、电力和通信线路时，导线及避雷线不能有接头；不同金 |

| 项　目 | 内　容 |
|---|---|
| 连接要求 | 属、不同截面、不同捻回方向的导线，只能在杆上跳线内连接。导线的接头处的机械强度，不应低于原导线强度的 90%。接头处的电阻，不应超过同长度导线电阻的 1.2 倍 |
| 连接管的选用 | 压接管和压模的型号应根据导线的型号选用，铝绞线压接管和钢芯铝绞线压接管规格不同在实用时不能互相代用。导线与钳压接用连接管的配合，见表 2-29 |
| 施工准备 | 导线连接前，应先将准备连接的两个线头用绑线扎紧再锯齐，然后清除导线表面和连接管内壁的氧化膜。由于铝在空气中氧化速度很快，在短时间内即可形成一层表面氧化膜，这样就增加了连接处的接触电阻，故在导线连接前，需清除氧化膜。在清除过程中，为防止再度氧化，应先在连接管内壁和导线表面涂上一层电力复合脂，再用细钢丝刷在油层下擦刷，使之与空气隔绝。刷完后，如果电力复合脂较为干净，可不要擦掉；如电力复合脂已被沾污，则应擦掉重新涂一层擦刷，最后带电力复合脂进行压接 |
| 压接顺序 | 压接铝绞线时，压接顺序由连接管的一端开始；压接钢芯铝绞线时，压接顺序从中间开始分别向两端进行。压接铝绞线时，压接顺序由导线断头开始，按交错顺序向另一端进行。当压接 240 mm$^2$ 钢芯铝绞线时，可用两只连接管串联进行，两管间的距离不应少于 15 mm。每根压接管的压接顺序是由管内端向外端交错进行 |
| 压接连接 | 当压接钢芯铝绞线时，连接管内两导线间要夹上铝垫片，填在两导线间，可增加接头握着力，并使接触良好。被压接的导线，应以搭接的方法，由管两端分别插入管内，使导线的两端露出管外 25～30 mm，并使连接管最边上的一个压坑位于被连接导线断头旁侧。压接时，导线端头应用绑线扎紧，以防松散。<br>　　每次压接时，当压接钳上杠杆碰到顶住螺钉为止。此时应保持一分钟后才能放开上杠杆，以保证压坑深度准确。压完一个，再压第二个，直到压完为止。压接后的压接管，不能有弯曲，其两端应涂以樟丹油，压后要进行检查，如压管弯曲，要用木锤调直，压管弯曲过大或有裂纹的，要重新压接 |
| 压缩高度 | 为了保证压缩后的高度符合设计要求，可根据导线的截面来选择压模，并适当调整压接钳上支点螺钉，使适合于压模深度。压缩处椭圆槽（凹口）距管边高度的允许误差为：钢芯铝导线连接管±0.5 mm；铝芯连接管±0.1 mm；铜连接管±0.5 mm。导线压缩管上每个压坑的间距尺寸、压坑数和压缩后的高度见表 2-30，钳压管连接图如图 2-20 所示 |

**表 2-29　钳压接用连接管与导线的配合表**

| 型　号 | 截面（mm$^2$） | 型　号 | 截面（mm$^2$） | 型　号 | 截面（mm$^2$） |
|---|---|---|---|---|---|
| QLG—35 | 35 | QL—16 | 16 | QT—16 | 16 |
| QLG—50 | 50 | QL—25 | 25 | QT—25 | 25 |
| QLG—70 | 70 | QL—35 | 35 | QT—35 | 35 |
| QLG—95 | 95 | QL—50 | 50 | QT—50 | 50 |
| QLG—120 | 120 | QL—70 | 70 | QT—70 | 70 |
| QLG—150 | 150 | QL—95 | 95 | QT—95 | 95 |

续上表

| 型 号 | 截面(mm²) | 型 号 | 截面(mm²) | 型 号 | 截面(mm²) |
|---|---|---|---|---|---|
| QLG－185 | 182 | QL－120 | 120 | QT－120 | 120 |
| QLG－240 | 240 | QL－150 | 150 | QT－150 | 150 |
| — | — | QL－185 | 185 | — | — |

注:"QLG"、"QL"、"QT"分别适用于钢芯铝绞线、铝绞和铜线。

**表 2-30　导线钳压接技术数据**　　　　　　　(单位:mm)

| 导线型号 | | 压口数 | 钳压部位尺寸(mm) | | | |
|---|---|---|---|---|---|---|
| | | | D | $a_1$ | $a_2$ | $a_3$ |
| 铝绞线 | LJ－16 | 6 | 10.5 | 28 | 20 | 34 |
| | LJ－25 | 6 | 12.5 | 32 | 20 | 36 |
| | LJ－35 | 6 | 14.0 | 36 | 25 | 43 |
| | LJ－50 | 8 | 16.5 | 40 | 25 | 45 |
| | LJ－70 | 8 | 19.5 | 44 | 28 | 50 |
| | LJ－95 | 10 | 23.0 | 48 | 32 | 56 |
| | LJ－120 | 10 | 26.0 | 52 | 33 | 59 |
| | LJ－150 | 10 | 30.0 | 56 | 34 | 62 |
| | LJ－185 | 10 | 33.5 | 60 | 35 | 65 |
| 钢芯铝绞线 | LGJ－16/3 | 12 | 12.5 | 28 | 14 | 28 |
| | LGJ－25/4 | 14 | 14.5 | 32 | 15 | 31 |
| | LGJ－35/6 | 14 | 17.5 | 34 | 42.5 | 93.5 |
| | LGJ－50/8 | 16 | 20.5 | 38 | 48.5 | 105.5 |
| | LGJ－70/10 | 16 | 25.0 | 46 | 54.5 | 123.5 |
| | LGJ－95/20 | 20 | 29.0 | 54 | 61.5 | 142.5 |
| | LGJ－120/20 | 24 | 33.0 | 62 | 67.5 | 160.5 |
| | LGJ－150/20 | 24 | 36.0 | 64 | 70 | 166 |
| | LGJ－185/25 | 26 | 39.0 | 66 | 74.5 | 173.5 |
| | LGJ－240/30 | 2×14 | 43.0 | 62 | 68.5 | 161.5 |

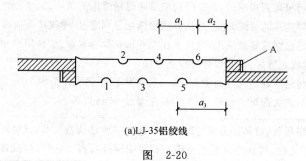

(a)LJ-35铝绞线

图　2-20

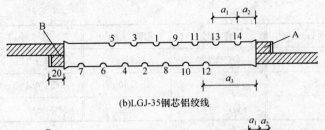

(b)LGJ-35钢芯铝绞线

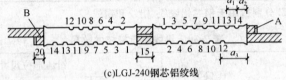

(c)LGJ-240钢芯铝绞线

图 2-20　钳压管连接图

1、2、3、…表示压接操作顺序；

A—绑线；B—垫片

## 2. 爆炸压接法

爆炸压接法的具体内容见表 2-31。

表 2-31　爆炸压接法

| 项　目 | | 内　容 |
|---|---|---|
| 主要材料 | 炸药 | 应用最普通的岩石 2 号硝铵炸药。炸药如存放过期,须检查是否合乎标准,如受潮导致结块变质以及炸药中混有石块、铁屑等坚硬物质时,不得使用 |
| | 雷管 | 应使用 8 号纸壳工业雷管 |
| | 导火线 | 应使用正确燃速为 180～210 cm/min、缓燃速为 100～120 cm/min 的导火线。导火线不得有破损、曲折和沾有油脂及涂料不均等现象 |
| | 爆压管 | 钢芯铝线截面为 50～95 mm²,所用爆压管的长度为钳压管长的 1/3;导线截面为 120～240 mm² 时,为钳压管长的 1/4 |
| 药包制作步骤 | | (1)用 0.35～1.0 mm 厚的黄板纸(即马粪纸)做成锥形外壳箱。<br>(2)用黄板纸做一小封盖,并糊在锥形外壳的小头上。<br>(3)将爆压管从小盖的预留孔穿入锥形外壳内,两端应各露出 10 mm。<br>(4)将炸药从外壳的大头装入爆压管与壳筒的中间。<br>(5)炸药装满后,再将用黄板纸做成的大封盖糊在外壳筒的大头上 |
| 操作要点 | | (1)药包运到现场后,在穿线前应清除爆压管内的杂物、灰尘、水分等。<br>(2)将连接的导线调直,并从爆压管两端分别穿过,导线端头应露出压管 20 mm。<br>(3)将已穿好导线的炸药包,绑在 1.5 mm 高的支架上,并用破布将靠近药包 100 mm 处的导线包缠好,以防爆炸时损伤导线。<br>(4)将已连好导火线的雷管,插入药包靠近外壳的大头内 10～15 mm,并做好点燃准备,然后点火起爆。起爆时,人应距起爆点 30 m 以外 |
| 质量标准和注意事项 | | (1)爆压前,对其接头应进行拉力和电阻等质量检查试验,试件不得少于三个,若其中一个不合格,则认为试验不合格。在查明原因后再次试验,但试件不得少于五个,试件 |

| 项 目 | 内 容 |
|---|---|
| 质量标准和注意事项 | 制作条件应与施工条件相同。<br>（2）爆炸压接后，如出现未爆部分时，应割掉重新压接。<br>（3）爆压管横向裂纹总长度超过爆压管周长 1/8 时，应割掉重新压接。<br>（4）如爆压管出现严重烧伤或鼓包时，应割掉重新压接。<br>（5）炸药、雷管、导火线应分别存放，妥善保管。应遵守炸药、雷管、导火线等存放与使用的有关规定 |

## 六、紧 线

紧线方法有两种：一种是导线逐根均匀收紧；另一种是三线同时收紧或两线同时收紧，如图 2-21 所示。后一种方法紧线速度快，但需要有较大的牵引力，如利用卷扬机或绞磨的牵引力等，施工时可根据具体条件采用。

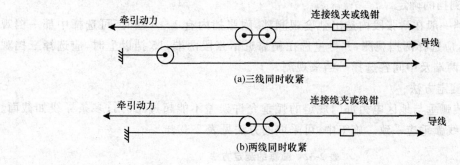

(a)三线同时收紧

(b)两线同时收紧

图 2-21　紧线图

### 1. 紧线钳

紧线钳多适用于一般中小型铝绞线和钢芯铝绞线紧线，如图 2-22 所示。先将导线通过滑轮组，用人力初步拉紧，然后将紧线钳上钢丝绳松开，固定在横担上，另一端夹住导线（导线上包缠麻布）。紧线时，横担两侧的导线应同时收紧，以免横担受力不均而歪斜。

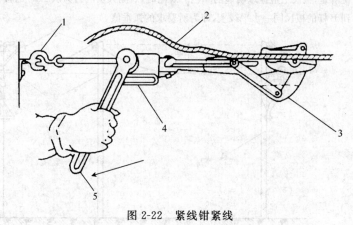

图 2-22　紧线钳紧线
1—定位钩；2—导线；3—夹线钳头；4—收紧齿轮；5—导柄

### 2. 紧线施工

(1)紧线前必须先做好耐张杆、转角杆和终端杆的本身拉线，然后再分段紧线。

(2)在展放导线时,导线的展放长度应比挡距长度略有增加,平地时一般可增加 2%,山地可增加 3%,还应尽量在一个耐张段内。导线紧好后再剪断导线,避免造成浪费。

(3)在紧线前,在一端的耐张杆上,先把导线的一端在绝缘子上做终端固定,然后在另一端用紧线器紧线。

(4)紧线前在紧线段耐张杆受力侧除有正式拉线外,应装设临时拉线。一般可用钢丝绳或具有足够强度的钢线拴在横担的两端,以防紧线时横担发生偏扭。待紧完导线并固定好以后,才可拆除临时拉线。

(5)紧线时在耐张段操作端,直接或通过滑轮组来牵引导线,使导线收紧后,再用紧线器夹住导线。

(6)紧线时,一般应做到每根电杆上有人,以便及时松动导线,使导线接头能顺利地越过滑轮和绝缘子。

**七、弧垂的测定**

1. 弧垂观测挡的确定

弧垂观测挡一般在耐张段内选出弛度观测挡,耐张挡内有 1~6 档时,可选择中部一挡观测;7~15 挡时,应选择两挡观测,并尽量选在稍靠近耐张段两端;15 挡以上时,应选择三挡观测,即在耐张段两端及中间各选择一挡来观测。

2. 弧垂的测定方法

导线的安装弧垂与地区电力部门规定的弧垂允许误差不能超过±5%;多条导线如截面、挡距相同时,导线弧垂应一致。施工中,可采取的方法见表 2-32。

表 2-32　弧垂的测定方法

| 项　目 | 内　容 |
| --- | --- |
| 等长法 | 当采用等长法测定弧垂时,应首先按当时环境温度,从当地电力部门给定的弧垂表或曲线表中查得弧垂值,然后,在观测档两侧直线杆上的导线悬挂点,各向下量一般垂直距离,使其等于该挡的观测弧垂值,并在该处固定弧垂板尺,如图 2-23 所示。为使目标看得清楚,板尺上应涂以明显的颜色。观测时,观测人员的目力从 A 杆的板尺以水平方向瞄准到 B 杆的板尺同一水平线上,即为所要求的弧垂值 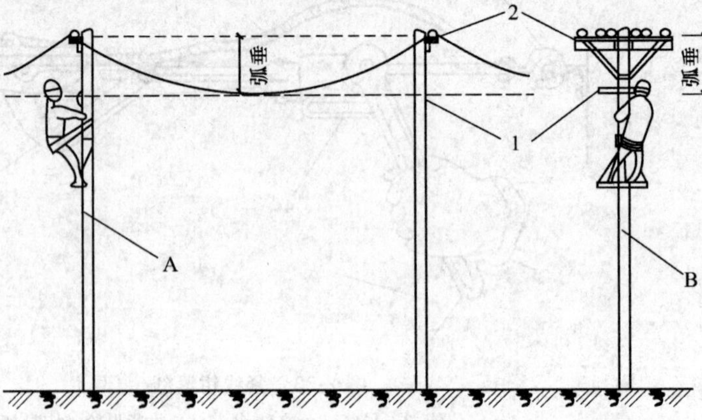<br><br> |

图 2-23　等长法测定导线弧垂
1—弧垂板尺;2—导线悬挂点

| 项　目 | 内　容 |
|---|---|
| 张力法 | 　　当采用张力表法测定导线弧垂时，可按当时的环境温度，从电力部门给定的弧垂表或曲线表上查得相应张力的数值。其方法是，先将张力表连在收紧导线或钢丝绳上，然后在紧线时从张力表中直接观测导线的张力数值，当这个数值与表中查得的数值相符时，即为所要求的弧垂 |

3. 规律挡距的计算

规律挡距系指一个耐张段中各直线挡距（相邻两个直线杆中心线间的水平距离）长度不相等情况下的一种代表挡距。规律挡距的计算方法参见下式：

$$L_{np} = 3\sqrt{\frac{L_1^3 + L_2^3 + \cdots + L_n^3}{L_1 + L_2 + \cdots + L_n}}$$

式中　　　$L_{np}$——规律挡距(m)；

$L_1$、$L_2$、$\cdots$、$L_n$——一个耐张段中各个直线挡距长度(m)。

4. 导线弛度值的计算

导线的弛度应由设计给出的弛度安装曲线表查得，也就是根据耐张段的规律挡距长度和当时温度，在安装曲线表中查得相应的弛度值。

如当调整弛度时所测实际温度在安装曲线表中查不到时(一般在安装曲线中给出的温度范围是从$-40℃\sim40℃$，在其间每隔$10℃$划出一条安装曲线)，则可用补插法计算出相应温度的弛度值。其计算方法参见下式：

$$f = f_1 - \frac{t_1 - t}{t_1 - t_2}(f_1 - f_2)$$

$$f = f_2 + \frac{t - t_2}{t_1 - t_2}(f_1 - f_2)$$

式中　$f$——在温度为$t$时的弛度值(m)；

$f_1$——与$t_1$相应的弛度值(m)；

$f_2$——与$t_2$相应的弛度值(m)；

$t$——所测实际温度(℃)；

$t_1$——与实际温度相邻近的一个较大温度值(℃)；

$t_2$——与实际温度相邻近的一个较小温度值(℃)。

## 八、导线的固定

导线在绝缘子上通常用绑扎方法来固定，绑扎方法因绝缘子形式和安装地点不同而各异，常用的有以下几种。

1. 顶绑法

顶绑法适用于$1\sim10$ kV 直线杆针式绝缘子的固定绑扎。铝导线绑扎时应在导线绑扎处先绑 150 mm 长的铝包带。所用铝包带宽为 10 mm，厚为 1 mm。绑线材料应与导线的材料相同，其直径在 2.6～3.0 mm 范围内。其绑扎步骤如图 2-24 所示。

(1)把绑线绕成卷，在绑线一端留出一个长为 250 mm 的短头，用短头在绝缘子左侧的导线上绑 3 圈，方向是从导线外侧经导线上方，绕向导线内侧，如图 2-24(a)所示。

（2）用绑线在绝缘子颈部内侧绕到绝缘子右侧的导线上绑 3 圈，其方向是从导线下方，经外侧绕向上方，如图 2-24(b)所示。

（3）用绑线在绝缘子颈部外侧，绕到绝缘子左侧导线上再绑 3 圈，其方向是由导线下方经内侧绕到导线上方，如图 2-24(c)所示。

（4）用绑线从绝缘子颈部内侧，绕到绝缘子右侧导线上，并再绑 3 圈，其方向是由导线下方经外侧绕向导线上方，如图 2-24(d)所示。

（5）用绑线从绝缘子外侧绕到绝缘子左侧导线下面，并从导线内侧上来，经过绝缘子顶部交叉压在导线上，然后，从绝缘子右侧导线内侧绕列绝缘子颈部内侧，并从绝缘子左侧导线的下侧，经导线外侧上来，经过绝缘子顶部交叉压在导线上，此时，在导线上已有一个十字叉。

（6）重复以上方法再绑一个十字叉，把绑线从绝缘子右侧导线内侧，经下方绕到绝缘子颈部外侧，与绑线另一端的短头，在绝缘子外侧中间扭绞成 2~3 圈的麻花线，余线剪去，留下部分压平，如图 2-24(e)所示。

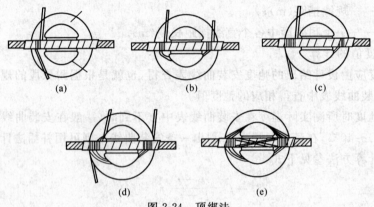

图 2-24　顶绑法

### 2. 侧绑法

转角杆针式绝缘子上的绑扎，导线应放在绝缘子颈部外侧。若由于绝缘子顶槽太浅，直线杆也可以用这种绑扎方法，侧绑法如图 2-25 所示。在导线绑扎处同样要绑以铝带。操作步骤如下：

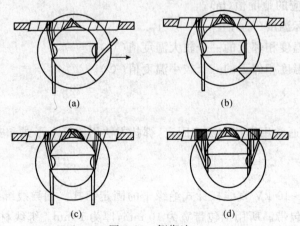

图 2-25　侧绑法

（1）把绑线绕成卷，在绑线一端留出 250 mm 的短头。用短头在绝缘子左侧的导线绑 3 圈，方向是从导线外侧，经过导线上方，绕向导线内侧，如图 2-25(a)所示。

（2）绑线从绝缘子颈部内侧绕过，绕到绝缘子右侧导线上方，交叉压在导线上，并从绝缘子左侧导线的外侧，经导线下方，绕到绝缘子颈部内侧，接着再绕到绝缘子右侧导线的下方，交叉压在导线上，再从绝缘子左侧导线上方，绕到绝缘子颈部内侧，如图 2-25（b）所示。此时导线外侧形成一个十字叉。随后，重复上法再绑一个十字叉。

（3）把绑线绕到右侧导线上，并绑 3 圈，方向是从导线上方绕到导线外侧，再到导线下方，如图 2-25（c）所示。

（4）把绑线从绝缘子颈部内侧，绕回到绝缘子左侧导线上，并绑 3 圈，方向是从导线下方，经过外侧绕到导线上方，然后，经过绝缘子颈部内侧，回到绝缘子右侧导线上，并再绑 3 圈，方向是从导线上方，经过外侧绕到导线下方，最后回到绝缘子颈部内侧中间，与绑线短头扭绞成 2～3 圈的麻花线，余线剪去，留下部分压平，如图 2-25（d）所示。

3. 终端绑扎法

终端杆蝶式绝缘子的绑扎，其操作步骤如下：

（1）首先在与绝缘子接触部分的铝导线上绑以铝带，然后，把绑线绕成卷，在绑线一端留出一个短头，长度为 200～250 mm（绑扎长度为 150 mm 者，留出短头长度为 200 mm；绑扎长度为 200 mm 者，短头长度为 250 mm）。

（2）把绑线短头夹在导线与折回导线之间，再用绑线在导线上绑扎，第一圈应离蝶式绝缘子表面 80 mm，绑扎到规定长度后与短头扭绞 2～3 圈，余线剪断压平。最后把折回导线向反方向弯曲，如图 2-26 所示。

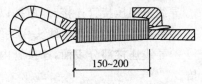

150~200

图 2-26　终端绑扎法（单位：mm）

4. 用耐张线夹固定导线法

耐张线夹固定导线法，如图 2-27 所示。

（1）用紧线钳先将导线收紧，使弧垂比所要求的数值稍小些。然后，在导线需要安装线夹的部分，用同规格的线股缠绕，缠绕时，应从一端开始绕向另一端，其方向须与导线外股缠绕方向一致。缠绕长度须露出线夹两端各 10 mm。

（2）卸下线夹的全部 U 形螺栓，使耐张线夹的线槽紧贴导线缠部，装上全部 U 形螺栓及压板，并稍拧紧。最后按顺序进行拧紧。在拧紧过程中，要使受力均衡，不要使线夹的压板偏斜和卡碰。

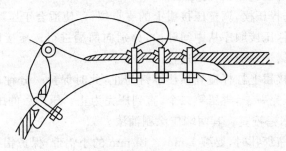

图 2-27　耐张线夹固定法

## 九、导线架设与连接缺陷

1. 现象

导线出现背扣、死弯，多股导线松股、抽筋、扭伤；导线用钳接法连接时不紧密，钳接管有裂纹；裸导线绑扎处有伤痕；电杆挡距内导线弛度不一致。

2. 原因分析

(1)在放整盘导线时,没有采用放线架或其他放线工具;因放线办法不当,使导线出现背扣、死弯等现象。

(2)在电杆的横担上放线拉线,使导线磨损、蹭伤,严重时会造成断股。

(3)导线接头未按规范要求制作,工艺不正确。

(4)绑扎裸铝线时没有缠保护铝带。

(5)同一挡距内,架设不同截面的导线,紧线方法不对,出现弛度不一致。

3. 预防措施

(1)放线一般采用拖放法,将线盘架设在放线架上或其他放线工具拖放导线。拖放导线前应沿线路清除障碍物,石砾地区应垫以隔离物(草垫),以免磨损导线。

(2)在放线段内的每根杆上挂一个开口放线滑轮(滑轮直径应不小于导线直径的 10 倍)。对于铝导线,应采用铝制滑轮或木滑轮,钢导线应用钢滑轮,也可用木滑轮,这样既省力又不会磨损导线。

(3)导线的接头如果在跳线处,可采用线夹连接;接头处在其他位置,则采用钳接法连接,即采用压接管连接。

导线采用压接管连接时,应按以下操作程序进行:

1)将准备连接的两个线头用线绑扎紧锯齐。

2)导线连接部分表面,连接管内壁用汽油清洗干净,清洗导线长度等于可连接部分长度的 2 倍。

3)清除导线表面和连接管内壁的氧化膜,防止接触电阻增加。在清除过程中,为防止再度氧化,应在连接管内壁和导线表面涂上一层中性凡士林,再用细钢丝刷在油层下擦刷,使之与空气隔绝。刷完后,如果凡士林较为干净,可不要擦掉,如凡士林已被沾污,则应擦掉重新涂一层凡士林擦刷,最后带凡士林油进行压接。

4)当压接钢芯铝绞线时,连接管内两导线间要夹上铝垫片,填在两导线间,可增加接头握着力,并使接触良好。被压接的导线,应以搭接的方法,由管两端分别插入管内,使导线的两端穿过连接管露出管外 25~30 mm,并使连接管最边上的一个压坑位于被连接导线断头旁侧。压接时,导线端头应用绑线扎紧,以防松散。

5)根据导线截面选择压模,调整压接钳上的支点螺钉,使适合于压模深度。

压接钢芯铝绞线时,压接顺序从中间开始,分别向两端进行。压接铝绞线时,压接顺序由导线断头端开始,按交错顺序向另一端进行。

每次压接时,当压接钳上杠杆碰到顶住螺钉为止,此时保持一分钟后才能放开上杠杆,以保证压坑深度准确。压完一个,再压第二个,直到压完为止。压接后的压接管弯曲度不应大于管长的 2%,否则应用木锤校直。其两端应涂刷油漆。

(4)裸铝导线与瓷瓶绑扎时,要缠 1 mm×10 mm 的小铝带,保护铝导线。

(5)同一挡距内不同规格的导线,先紧大号线,后紧小号线,可以使弛度一致。断股的铝导线不能做架空线。

4. 处理方法

(1)导线出现背口、死弯、松股、抽筋、扭伤严重者,应换新导线。

(2)架空线弛度不一致,应重新紧线校正。

# 第四节 杆上配件设备的安装

## 一、安装要求

(1)电杆上电气设备安装应牢固可靠;电气连接应接触紧密;不同金属连接应有过渡措施;瓷件表面光洁,无裂缝、破损等现象。

(2)杆上变压器及变压器台的安装,其水平倾斜不大于台架根开的 1/100;一、二次引线排列整齐,绑扎牢固;油枕、油位正常,外壳干净;接地可靠,接地电阻值符合规定;套管压线螺栓等部件齐全;呼吸孔道畅通。

(3)跌落式熔断器的安装,要求各部分零件完整;转轴光滑灵活,铸件不应有裂纹,砂眼锈蚀;瓷件良好,熔丝管不应有吸潮膨胀或弯曲现象;熔断器安装牢固、排列整齐,熔管轴线与地面的垂线夹角为 15°~30°;熔断器水平相间距离不小于 500 mm;操作时灵活可靠,接触紧密。

合熔丝管时上触头应有一定的压缩行程;上、下引线压紧;与线路导线的连接紧密可靠。

(4)杆上断路器和负荷开关的安装,其水平倾斜不大于担架长度的 1/100。当采用绑扎连接时,连接处应留有防水弯,其绑扎长度应不小于 150 mm。

外壳应干净,不应有漏油现象,气压不低于规定值。外壳接地可靠,接地电阻值应符合规定。

(5)杆上隔离开关分、合操动灵活,操动机构机械销定可靠,分合时三相同期性好,分闸后,刀片与静触头间空气间隙距离不小于 200 mm;地面操作杆的接地(PE)可靠,且有标识。

(6)杆上避雷器安装要排列整齐,高低一致,其间隔距离为:1~10 kV 不应小于 350 mm;1 kV 以下不应小于 150 mm。避雷器的引线应短而直且连接紧密,当采用绝缘线时,其截面应符合下列规定:

1)引上线。铜线不小于 16 mm²,铝线不小于 25 mm²;

2)引下线。铜线不小于 25 mm²,铝线不小于 35 mm²,引下线接地可靠,接地电阻值符合规定。与电气部分连接,不应使避雷器产生外加应力。

(7)低压熔断器和开关安装要求各部分接触应紧密,便于操作。低压熔体安装要求无弯折、压偏、伤痕等现象。

## 二、横担安装

为了方便施工,一般都在地面上将电杆顶部的横担、金具等全部组装完毕,然后整体立杆。如果电杆竖起后组装,则应从电杆的最上端开始安装。

### 1. 横担的长度及受力情况

横担的长度选择可参照表 2-33,横担类型及其受力情况见表 2-34。

表 2-33 横担长度选择表 （单位:mm）

| 横担材料 | 低压线路 | | | 高压线路 | | |
|---|---|---|---|---|---|---|
| | 二线 | 四线 | 六线 | 二线 | 水平排列四线 | 陶瓷横担头部 |
| 铁 | 700 | 1 500 | 2 300 | 1 500 | 2 240 | 800 |

表 2-34  横担类型及其受力情况

| 横担类型 | 杆型 | 承受荷载 |
|---|---|---|
| 单横担 | 直线杆,15°以下转角杆 | 导线的垂直荷载 |
| 双横担 | 15°~45°转角杆,耐张杆(两侧导线拉力差为零) | 导线的垂直荷载 |
| | 45°以上转角杆,终端杆,分歧杆 | (1)一侧导线最大允许拉力的水平荷载;<br>(2)导线的垂直荷载 |
| | 耐张杆(两侧导线有拉力差),大跨越杆 | (1)两侧导线拉力差的水平荷载;<br>(2)导线的垂直荷载 |
| 带斜撑的双横担 | 终端杆,分歧杆,终端型转角杆 | (1)两侧导线拉力差的水平荷载;<br>(2)导线的垂直荷载 |
| | 大跨越杆 | (1)两侧导线拉力差的水平荷载;<br>(2)导线的垂直荷载 |

**2. 横担的安装位置**

杆上横担安装的位置,应符合下列要求:

(1)直线杆的横担,应安装在受电侧。

(2)转角杆、分支杆、终端杆以及受导线张力不平衡的地方,横担应安装在张力的反方向侧。

(3)多层横担均应装在同一侧。

(4)有弯曲的电杆,横担均应装在弯曲侧,并使电杆的弯曲部分与线路的方向一致。

**3. 横担的组装方法**

(1)混凝土电杆横担组装方法如图 2-28 所示。

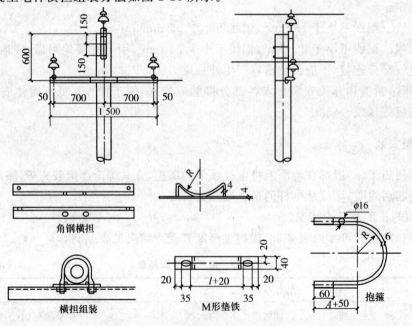

图 2-28  直线杆横担组装方法(单位:mm)

（2）混凝土电杆瓷横担组装方法如图 2-29 所示。

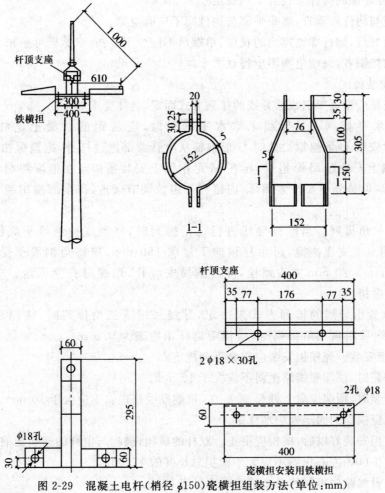

图 2-29　混凝土电杆（梢径 φ150）瓷横担组装方法（单位：mm）

4. 横担的安装要求

（1）直线杆单横担应装于受电侧，90°转角杆及终端杆单横担应装于拉线侧。

（2）导线为水平排列时，上层横担距杆顶距离应大于 200 mm。

（3）横担安装应平整，横担端部上下歪斜、左右扭斜偏差均不得大于 20 mm。

（4）带叉梁的双杆组立后，杆身和叉梁均不应有鼓肚现象。叉梁铁板、抱箍与主杆的连接牢固、局部间隙不应大于 50 mm。

（5）10 kV 线路与 35 kV 线路同杆架设时，两条线路导线之间垂直距离不应小于 2 m。

（6）高、低压同杆架设的线路，高压线路横担应在上层。架设同一电压等级的不同回路导线时，应把线路弧垂较大的横担放置在下层。

（7）同一电源的高、低压线路宜同杆架设。为了维修和减少停电，直线杆横担数不宜超过 4 层（包括路灯线路）。

（8）螺栓的穿入方向应符合下列规定：

1）对平面结构。顺线路方向单面构件由送电侧穿入或按统一方向。横线路方向两侧由内向外，中间由左向右（面向受电侧）或按统一方向。双面构件由内向外，垂直方向由下向上。

2)对立体结构。水平方向由内向外,垂直方向由下向上。

(9)以螺栓连接的构件应符合下列规定:

1)螺杆应与构件面垂直,螺头平面与构件间不应有空隙。

2)螺栓紧好后,螺杆螺纹露出的长度:单螺母不应少于2扣;双螺母可平扣。

3)必须加垫圈者,每端垫圈不应超过两个。

5. 横担安装施工

横担的安装应根据架空线路导线的排列方式而定,具体要求如下:

(1)导线水平排列。当导线采取水平排列时,应从钢筋混凝土电杆杆顶向下量200 mm,然后安装U形抱箍。此时U形抱箍从电杆背部抱过杆身,抱箍螺扣部分应置于受电侧。在抱箍上安装好M形抱铁,再在M形抱铁上安装横担。在抱箍两端各加一个垫圈并用螺母固定,但是先不要拧紧螺母,应留有一定的调节余地,待全部横担装上后再逐个拧紧螺母。

(2)导线三角排列。当电杆导线进行三角排列时,杆顶支持绝缘子应使用杆顶支座抱箍。如使用α型支座抱箍,可由杆顶向下量取150 mm,应将角钢置于受电侧,然后将抱箍用M16 mm×70 mm方头螺栓,穿过抱箍安装孔,用螺母拧紧固定。安装好杆顶抱箍后,再安装横担。

横担的位置由导线的排列方式来决定,导线采用正三角排列时,横担距离杆顶抱箍为0.8 m;导线采用扁三角排列时,横担距离杆顶抱箍为0.5 m。

(3)瓷横担安装。瓷横担安装应符合下列规定:

1)垂直安装时,顶端顺线路歪斜不应大于10 mm。

2)水平安装时,顶端应向上翘起5°~10°,顶端顺线路歪斜不应大于20 mm。

3)全瓷式瓷横担的固定处应加软垫。

4)电杆横担安装好以后,横担应平正。双杆的横担,横担与电杆的连接处的高差不应大于连接距离的5/1 000;左右扭斜不应大于横担总长度的1/100。

5)同杆架设线路横担间的最小垂直距离见表2-35。

表2-35 同杆架设线路横担间的最小垂直距离 (单位:m)

| 架设方式 | 直线杆 | 分支或转角杆 |
| --- | --- | --- |
| 10 kV与10 kV | 0.80 | 0.45/0.60 |
| 10 kV与1 kV以下 | 1.20 | 1.00 |
| 1 kV以下与1 kV以下 | 0.60 | 0.30 |

注:转角或分支线如为单回线,则分支线横担距主干线横担为0.6 m;如为双回线,则分支线横担距上排主干线横担为0.45 m,距下排主干线横担为0.6 m。

### 三、绝缘子安装

绝缘子用来固定导线,以保持导线对地的绝缘,使电流能全部在导线内流通而不致流入大地。此外,绝缘子还要承受导线的垂直荷重和水平荷重,所以它应有足够的机械强度。

绝缘子按其使用电压可分为高压绝缘子和低压绝缘子两类。按结构用途可分为高压线路刚性绝缘子、高压线路悬式绝缘子和低压线路绝缘子。

**1. 外观检查**

绝缘子安装前的检查,是保证安全运行的必要条件。外观检查应符合下列规定:

(1)瓷件及铁件应结合紧密,铁件镀锌良好。

(2)瓷釉光滑,无裂纹、缺釉、斑点、烧痕、气泡或瓷釉烧坏等缺陷。

(3)严禁使用硫黄浇灌的绝缘子。

(4)绝缘子上的弹簧锁、弹簧垫的弹力适宜。

**2. 绝缘电阻测量**

安装的绝缘子的额定电压应符合线路电压等级的要求,安装前应进行外观检查和测量绝缘电阻。35 kV 架空电力线路的盘形悬式瓷绝缘子,安装前应采用不低于 5 kV 的绝缘电阻表逐个进行绝缘电阻测定,及时有效地检查出绝缘子铁帽下的瓷质的裂缝。在干燥的情况下,绝缘电阻值不得小于 500 MΩ。玻璃绝缘子因有自爆现象,故不规定对它逐个摇测绝缘值。

如果有条件,最好作交流耐压试验,以防止使用不合格品。悬式绝缘子的交流耐压试验电压应符合表 2-36 的规定。

**表 2-36 悬式绝缘子的交流耐压试验电压标准**

| 型号 | XP2－70 | XP－70<br>LXP1－70<br>XP1－70<br>XP－100<br>LXP－100<br>XP－120<br>LXP－120 | XP1－160<br>LXP1－160<br>XP2－160<br>LXP2－160<br>XP－160<br>LXP－160 | XP1－210<br>LXP1－210<br>XP－300<br>LXP－300 |
|---|---|---|---|---|
| 试验电压(kV) | 45 | 55 | | 60 |

**3. 绝缘子安装施工**

绝缘子的安装应遵守以下规定。

(1)绝缘子的组装方式应防止瓷裙积水。耐张串上的弹簧销子、螺栓及穿钉应由上向下穿,当有特殊困难时,可由内向外或由左向右穿入;悬垂串上的弹簧销子、螺栓及穿钉应向受电侧穿入。

(2)绝缘子在安装时,应清除表面灰土、附着物及不应有的涂料,还应根据要求进行外观检查和测量绝缘电阻。

(3)安装绝缘子采用的闭口销或开口销不应有断、裂缝等现象,工程中使用闭口销比开口销具有更多的优点,当装入销口后,能自动弹开,不需将销尾弯成45°,当拔出销孔时,也比较容易。它具有销住可靠、带电装卸灵活的特点。当采用开口销时应对称开口,开口角度应为30°～60°。工程中严禁用线材或其他材料代替闭口销和开口销。

(4)绝缘子在直立安装时,顶端顺线路歪斜不应大于 10 mm;在水平安装时,顶端宜向上翘起 5°～15°,顶端顺线路歪斜不应大于 20 mm。

(5)转角杆安装瓷横担绝缘子,顶端竖直安装的瓷横担支架应安装在转角的内角侧(瓷横担绝缘子应装在支架的外角侧)。

(6)全瓷式瓷横担绝缘子的固定处应加软垫。

# 第三章 电缆线路敷设及母线加工

## 第一节 电缆线路敷设的规定

### 一、电缆线路敷设的基本要求

（1）电缆敷设施工前，应检查电缆的电压、型号、规格等是否符合设计要求，电缆表面是否损伤，绝缘是否良好。电缆沟、电缆隧道、排管、交叉跨越管道及直埋电缆沟深度、宽度、弯曲半径等符合设计和规程要求。电缆通道畅通，排水良好。金属部分的防腐层完整。隧道内照明、通风符合设计要求。

（2）敷设电缆时施工温度应符合以下要求。

1）施敷电缆温度符合下列情况时，应将电缆预热加温：

①橡胶绝缘或塑料护套电力电缆低于−15℃；

②橡胶绝缘铅包电力电缆低于−20℃。

2）施工环境周围温度为5℃～10℃时，将电缆提高温度预热三个昼夜，周围温度为25℃时需预热一个昼夜，当周围温度为40℃时需预热18 h。

（3）在展放及敷设电缆作业24 h以内的环境温度平均为15℃～20℃时的标准值。敷设电缆温度低于表3-1中的数值时，应采取相应技术措施。

表 3-1　电缆最低允许敷设温度

| 电缆类型 | 电缆结构 | 允许敷设温度（℃） |
|---|---|---|
| 油浸纸绝缘电力电缆 | 充油电缆 | −10 |
| | 其他油纸电缆 | 0 |
| 橡胶绝缘电力电缆 | 橡胶或聚氯乙烯护套 | −15 |
| | 裸铅套 | −20 |
| | 铅护套钢带铠装 | −7 |
| 塑料绝缘电力电缆 | | 0 |
| 控制电缆 | 耐寒护套 | −20 |
| | 橡胶绝缘聚氯乙烯护套 | −15 |
| | 聚氯乙烯绝缘、聚氯乙烯护套 | −10 |

（4）电缆设置技术要求。

1）在三相四线制系统中使用的电力电缆，不得采用三芯电缆，另加一根单芯电缆或导线，再加电缆金属护套等做成中性线方式。

2）三相系统中，不得将三芯电缆中的一芯接地运行。

3）并联运行的电力电缆，其长度应相等。

4）三相系统中使用的单芯电缆，应组成紧贴的正三角形排列。每隔 1 m 应绑扎牢固（充油电缆及水底电缆可除外）。

5）电缆施敷时，在电缆终端头与电缆接头附近可留有备用长度。

（5）电缆敷设时，在终端和接头附近应留有备用长度。而直埋电缆应在全长上留有余量（一般为线路长度的 $1\% \sim 1.5\%$），并作波浪形敷设。

（6）电缆各支持点间的距离应符合设计规定。无设计规定的距离不应大于表 3-2 所列值。

表 3-2　电缆各支持点间的距离　　　　　　　　　　　　　　　（单位：m）

| 电缆种类 | | 敷设方式 | |
|---|---|---|---|
| | | 水平 | 垂直 |
| 电力电缆 | 全塑型 | 400 | 1 000 |
| | 除全塑型外的中低压电缆 | 800 | 1 500 |
| | 35 kV 及以上高压电缆 | 1 500 | 2 000 |
| 控制电缆 | | 800 | 1 000 |

注：全塑型电力电缆水平敷设沿支架能把电缆固定时，支持点间的距离允许为 800 mm。

（7）电缆表面不得有未消除的机械损伤（如铠装压扁、电缆绞拧、护层开裂等），并防止过分弯曲。电缆的弯曲半径应符合表 3-3 所列值。

表 3-3　电缆最小允许弯曲半径

| 电缆型式 | | | 多芯 | 单芯 |
|---|---|---|---|---|
| 控制电缆 | 非铠装、屏蔽型软电缆 | | $6D$ | |
| | 铠装型、铜屏蔽型 | | $12D$ | — |
| | 其他 | | $10D$ | |
| 橡皮绝缘电力电缆 | 无铅包、钢铠护套 | | $10D$ | |
| | 裸铅包护套 | | $15D$ | |
| | 钢铠护套 | | $20D$ | |
| 塑料绝缘电缆 | 有铠装 | | $15D$ | $20D$ |
| | 无铠装 | | $12D$ | $15D$ |
| 油浸纸绝缘电力电缆 | 铝套 | | $30D$ | |
| | 铅套 | 有铠装 | $15D$ | $20D$ |
| | | 无铠装 | $20D$ | — |
| 自容式充油（铅包）电缆 | | | — | $20D$ |

注：表中 $D$ 为电缆外径。

（8）黏性油浸纸绝缘电力电缆最高与最低点之间的最大位差不应超过表 3-4 的规定。当不能满足该表要求时，则应采用适应高位差的电缆（如不滴流电缆和橡塑电缆等），或者在电缆中间设置塞止式接头。

**表 3-4　黏性油浸纸绝缘铅包电力电缆最大允许敷设位差**

| 电压(kV) | 电缆护层结构 | 最大允许敷设位差(m) |
|---|---|---|
| 1 | 无铠装 | 20 |
| | 铠装 | 25 |
| 6～10 | 铠装或无铠装 | 15 |
| 35 | 铠装或无铠装 | 5 |

(9)电缆敷设埋置施工作业技术要求见表 3-5。

**表 3-5　电缆埋设作业要求**

| 项　目 | 施工作业技术要求 |
|---|---|
| 电缆(隧道)沟 | 电缆施敷时,不应破坏电缆沟和隧道的防水层 |
| 埋置深度 | (1)一般为 700 mm 及以上。<br>(2)在农田设置的电缆沟埋置深度,不宜小于 1 000 mm |
| 垫层 | (1)一般采用砂或软土;严禁用带腐蚀性物质的土和砂子。<br>(2)垫层厚度:以电缆为中心,上下各垫 100 mm |
| 保护层 | 为防止电缆受机械损伤,电缆需盖砖或盖混凝土板块保护。覆盖宽度应超过电缆两侧各 50 mm。板与板连接处应紧靠 |
| 寒区埋置深度 | 一般应埋设于冻土层以下,当无法深埋时,应采取有效防冻技术措施,防止电缆受到损坏 |
| 夯填 | (1)回填土前必须将沟内的积水抽干。<br>(2)应分层夯填 |
| 标志牌 | (1)夯填的同时应在电缆的引出墙、终端、中间接头、直线段每隔 100 m 处和走向有变化部位设置标志牌。<br>(2)标志牌上应注明线路编号,并应按编号的线路段电压等级,电缆的型号、截面、起止点、线路长度等,做好隐蔽工程验收记录,以便维修 |
| 电缆线路通过有腐蚀地段 | 电缆线路穿越有腐蚀地段(含有酸碱、碱渣、石灰等)严禁直埋,如直埋应采用缸瓦管、水泥管等防腐保护措施 |

(10)电力电缆接头盒的布置要求。

1)电缆不宜交叉敷设,并列敷设的电缆,其接头盒的位置应相互错开。

2)明敷电缆接头盒应使用托板(如石棉板等)托置,并用耐电弧隔板与其他电缆隔开,托板和隔板伸出接头盒两端的长度应不小于 0.6 m。

3)直埋电缆接头盒外面应有防止机械损伤的保护盒(环氧树脂接头盒除外)。位于冻土层内的保护盒,盒内宜注入沥青,以防水分、潮气进入盒内冻胀电缆接头。

(11)电缆敷设后,应及时装设标示牌。标示牌应装设在电缆终端头、电缆接头处、隧道和竖井的两端以及人孔井内。标示牌上应注明线路编号(如果设计无编号,则应写明电缆型号、规格和起讫地点),并联使用的电缆,还应在标示牌上注明顺序号。标示牌上的字迹应清晰,规格应统一,耐腐蚀,挂装牢固。

(12)电缆敷设时,应排列整齐,不宜交叉,并应加以固定。电缆的固定应符合下列要求:

1)垂直敷设或超过45°倾角敷设的电缆,属于支架敷设时,应在每个支架上固定,属于桥架敷设时,桥架内的电缆应每隔2 m予以固定。水平敷设的电缆,在电缆首末两端及转弯、电缆接头的两端处应予以固定;电缆成排成列敷设对间距有要求时,应每隔5~10 m予以固定。单芯电缆的固定应符合设计要求。

2)交流单芯电缆的固定金属件不应成闭合磁路,以免产生较大的涡流现象使其与电缆受热。

## 二、冬期电缆敷设措施

冬期气温低,浸渍纸绝缘电缆内部油的黏度增大,润滑性能变差,电缆变硬不易弯曲,敷设时电缆纸绝缘容易受伤。因此,冬期敷设时应将电缆预热。电缆预热敷设环境温度的临界值:10 kV及以下电缆为0℃,橡胶绝缘沥青保护电缆为-7℃,橡胶绝缘聚氯乙烯护套电缆为-15℃,橡胶绝缘裸铅包电缆为-20℃。

电缆预热有两种方法:一种是室内暖气加热,即将电缆搁置在室内,利用室内的暖气加热。预热时间:室温为5℃~10℃时,需三昼夜;室温为25℃时,需一昼夜。另一种是电流加热,即将电缆一端的三相线芯短接起来,另一端直接与小容量三相低压变压器相连(原边为220 V或380 V,副边能输出较大电流,如电焊机),利用电流加热。10 kV及以下三相铜芯电缆加热所需的电流和时间见表3-6。

表3-6 电缆加热所需电流及加热时间

| 电缆规格 | 加热时最大允许电流(A) | 在四周温度为下列各数值时所需加热时间(min) | | | 加热时所用电压(V) | | | | |
| --- | --- | --- | --- | --- | --- | --- | --- | --- | --- |
| | | | | | 电缆长度(m) | | | | |
| | | 0℃ | -10℃ | -20℃ | 100 | 200 | 300 | 400 | 500 |
| 3×10 | 72 | 59 | 76 | 97 | 23 | 46 | 69 | 92 | 115 |
| 3×16 | 102 | 66 | 73 | 74 | 19 | 39 | 58 | 77 | 96 |
| 3×25 | 130 | 71 | 88 | 106 | 16 | 32 | 48 | 64 | 80 |
| 3×35 | 160 | 74 | 93 | 112 | 14 | 28 | 42 | 56 | 70 |
| 3×50 | 190 | 90 | 112 | 134 | 12 | 23 | 35 | 46 | 58 |
| 3×70 | 230 | 97 | 122 | 140 | 10 | 20 | 30 | 40 | 50 |
| 3×95 | 285 | 99 | 124 | 151 | 9 | 19 | 27 | 36 | 45 |
| 3×120 | 330 | 111 | 138 | 170 | 8.5 | 17 | 25 | 34 | 42 |
| 3×150 | 375 | 124 | 150 | 185 | 8 | 15 | 23 | 31 | 38 |
| 3×185 | 425 | 134 | 163 | 208 | 6 | 12 | 17 | 23 | 29 |
| 3×240 | 490 | 152 | 190 | 234 | 5.1 | 11 | 16 | 21 | 27 |

电缆通电加热过程中,要经常监测加热电流和电缆的表面温度。在任何情况下,电缆的表面温度:3 kV 及以下的电缆不得超过 40℃,6~10 kV 电缆不得超过 35℃。测量电缆表面温度可用水银温度计,温度计的水银头用油泥粘在电缆外皮上。

加热后,电缆要尽快敷设,敷设时间不宜超过 1 h。因此,在电缆加热前,要做好一切施工准备,以便电缆加热后能很快敷设完毕。

# 第二节　电缆敷设施工

## 一、电缆直埋敷设

### 1. 电缆埋设要求

(1)在电缆线路路径上有可能使电缆受到机械损伤、化学作用、地下电流、震动、热影响、腐殖物质、虫鼠等危害的地段,应采用保护措施。

(2)电缆埋设深度应符合下列要求:

1)电缆表面距地面的距离不应小于 0.7 m,穿越农田时不应小于 1 m。66 kV 及以上的电缆不应小于 1 m。只有在引入建筑物、与地下建筑交叉及绕过地下建筑物处,可埋设浅些,但应采取保护措施。

2)电缆应埋设于冻土层以下。当无法深埋时,应采取措施,防止电缆受到损坏。

(3)严禁将电缆平行敷设于管道的上面或下面。

(4)直埋电缆的上、下方须铺以不小于 100 mm 厚的软土或沙层,并盖以混凝土保护板,其覆盖宽度应超过电缆两侧各 50 mm,也可用砖块代替混凝土盖板。

(5)同沟敷设两条及以上电缆时,电缆之间,电缆与管道、道路、建筑物之间平行交叉时的最小净距应符合相关规定,电缆之间不得重叠、交叉、扭绞。

(6)堤坝上的电缆敷设,其要求与直埋电缆相同。

### 2. 挖样洞

在设计的电缆路线上先开挖试探样洞,以了解土壤情况和地下管线布置,如有问题,应及时提出解决办法。样洞大小一般长为 0.4~0.5 m,宽与深为 1 m。开挖样洞的数量可根据地下管线的复杂程度决定,一般直线部分每隔 40 m 左右开一个样洞;在线路转弯处、交叉路口和有障碍物的地方均需开挖样洞。开挖样洞时要仔细,不要损坏地下管线设备。

根据设计图纸及开挖样洞的资料决定电缆走向,用石灰粉画出开挖范围(宽度),一根电缆一般为 0.4~0.5 m,两根电缆为 0.6 m。

电缆需穿越道路或铁路时,应事先将过路导管全部敷设完毕,以便于敷设电缆顺利进行。

### 3. 开挖电缆沟

挖土时应垂直开挖,不可上窄下宽,也不能掏空挖掘。挖出的土放在距沟边 0.3 m 的两侧。如遇有坚石、砖块和腐殖土则应清除,换填松软土壤。

施工地点处于交通道路附近或较繁华的地方,其周围应设置遮拦和警告标志(日间挂红旗、夜间挂红色桅灯)。电缆沟的挖掘深度一般要求为 800 mm,还须保证电缆敷设后的弯曲半径不小于规定值。电缆接头的两端以及引入建筑物和引上电杆处,要挖出备用电缆的余留坑。

### 4. 拉引电缆

电缆敷设时，拉引电缆的方法主要有两种，即人力拉引和机械拉引。当电缆较重时，宜采用机械拉引；当电缆较短较轻时，宜采用人力拉引。具体内容见表 3-7。

表 3-7　拉引电缆的方法

| 项　目 | | 内　容 |
|---|---|---|
| 人力拉引 | | 电缆人工拉引 一般是人力拉引和滚轮、人工相结合的方法。该方法需要的施工人员较多，且人员要定位，电缆从盘的上端引出，如图 3-1 所示。电缆拉引时，应特别注意的是人力分布要均匀合理，负荷适当，并要统一指挥。为避免电缆受拖拉而损伤，常将电缆放在滚轮上。此外，电缆展放中，在电缆盘两侧还应有协助推盘及负责刹盘滚动的人员。<br><br>电缆人力拉引施工前，应先由指挥者做好施工交底工作。施工人员布局要合理，并要统一指挥，拉引电缆速度要均匀。电缆敷设行进的领头人，必须对施工现场（电缆走向、顺序、排列、规格、型号、编号等）十分清楚，以防返工  <br>图 3-1　人力展放电缆 |
| 机械拉引 | 慢速卷扬机牵引 | 为保证施工安全，卷扬机速度在 8 m/min 左右，不可过快，电缆也不宜太长，注意防止电缆行进时受阻而被拉坏 |
| | 拖拉机牵引旱船法 | 将电缆架在旱船上，在拖拉机牵引旱船骑沟行走的同时，将电缆放入沟内，如图 3-2 所示。这种方法适用于冬季冻土、电缆沟及土质坚硬的场所。敷设前应先检查电缆沟，平整沟的顶面，沿沟行走一段距离，试验确无问题时方可进行。在电缆沟土质松软及沟的宽度较大时不宜采用。 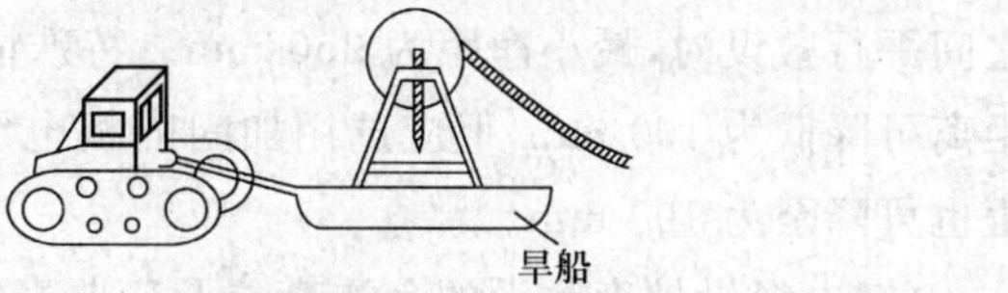<br><br>旱船<br>图 3-2　拖拉机牵引旱船展放电缆示意图<br><br>施工时，可先将牵引端的线芯与铅（铝）包皮封焊成一体，以防线芯与外包皮之间相对移动。做法是将特制的拉杆插在电缆芯中间，用铜线绑扎后，再用焊料把拉杆、导体、铅（铝）包皮三者焊在一起（注意封焊严密，以防潮气入内） |

### 5. 敷设电缆

(1)直埋电缆敷设前，应在铺平夯实的电缆沟内先铺一层 100 mm 厚的细砂或软土，作为电缆的垫层。直埋电缆周围是铺砂好还是铺软土好，应根据各地区的情况而定。

软土或砂子中不应含有石块或其他硬质杂物。若土壤中含有酸或碱等腐蚀性物质，则不能做电缆垫层。

（2）在电缆沟内放置滚柱，其间距与电缆单位长度的重量有关，一般每隔3～5 m放置一个（在电缆转弯处应加放一个），以不使电缆下垂碰地为原则。

（3）电缆放在沟底时，边敷设边检查电缆是否受伤。放电缆的长度不要控制过紧，应按全长预留1.0%～1.5%的裕量，并作波浪状摆放。在电缆接头处也要留出裕量。

（4）直埋电缆敷设时，严禁将电缆平行敷设在其他管道的上方或下方，并应符合下列要求：

1）电缆与热力管线交叉或接近时，如不能满足相应要求，应在接近段或交叉点前后1 m范围内作隔热处理，方法如图3-3所示，使电缆周围土壤的温升不超过10℃。

2）电缆与热力管线平行敷设时距离不应小于2 m。若有一段不能满足要求时，可以减少但不得小于500 mm。此时，应在与电缆接近的一段热力管道上加装隔热装置，使电缆周围土壤的温升不得超过10℃。

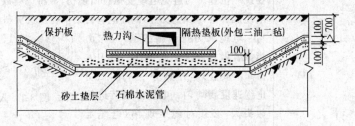

图3-3　电缆与热力管线交叉隔热作法（单位：mm）

3）电缆与热力管道交叉敷设时，其净距虽能满足不小于500 mm的要求，但检修管路时可能伤及电缆，应在交叉点前后1 m的范围内采取保护措施。

如将电缆穿入石棉水泥管中加以保护，其净距可减为250 mm。

（5）10 kV及以下电力电缆之间，及10 kV以下电力电缆与控制电缆之间平行敷设时，最小净距为100 mm。

10 kV以上电力电缆之间及10 kV以上电力电缆和10 kV及以下电力电缆或与控制电缆之间平行敷设时，最小净距为250 mm。特殊情况下，10 kV以上电缆之间及与相邻电缆间的距离可降低为100 mm，但应选用加间隔板电缆并列方案；如果电缆均穿在保护管内，并列间距也可降至为100 mm。

（6）电缆沿坡度敷设的允许高差及弯曲半径应符合要求，电缆中间接头应保持水平。多根电缆并列敷设时，中间接头的位置宜相互错开，其净距不宜小于500 mm。

（7）电缆铺设完后，再在电缆上面覆盖100 mm的砂或软土，然后盖上保护板（或砖），覆盖宽度应超出电缆两侧各50 mm。板与板连接处应紧靠。

（8）覆土前，沟内如有积水则应抽干。覆盖土要分层夯实，最后清理场地，做好电缆走向记录，并应在电缆引出端、终端、中间接头、直线段每隔100 m处和走向有变化的部位挂标志牌。

标志牌可采用C15钢筋混凝土预制，安装方法如图3-4所示。标志牌上应注明线路编号、电压等级、电缆型号、截面、起止地点、线路长度等内容，以便维修。标志牌规格宜统一，字迹应清晰不易脱落。标志牌挂装应牢固。

（9）在含有酸碱、矿渣、石灰等场所，电缆不应直埋；如必须直埋，应采用缸瓦管、水泥管等防腐保护措施。

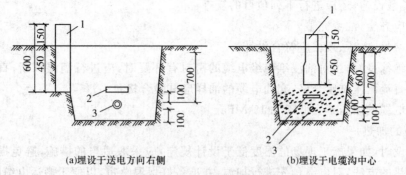

(a)埋设于送电方向右侧　　　　　　(b)埋设于电缆沟中心

图 3-4　直埋电缆标志牌的装设(单位:mm)

1—电缆标志牌;2—保护板;3—电缆

## 二、电缆沟、电缆竖井内电缆敷设

1. 工程作业条件

(1)与电缆线路安装有关的建筑物、构筑物的土建工程质量,应符合国家现行的建筑工程施工及验收规范中的有关规定。

(2)电缆线路安装前,土建工作应具备下列条件:

1)预埋件符合设计要求,并埋置牢固;

2)电缆沟、隧道,竖井及人孔等处的地坪及抹面工作结束;

3)电缆层、电缆沟、隧道等处的施工临时设施、模板及建筑废料等清理干净,施工用道路畅通,盖板齐备;

4)电缆线路铺设后,不能再进行土建施工的工程项目应结束;

5)电缆沟排水畅通。

(3)电缆线路敷设完毕后投入运行前,土建应完成的工作如下:由于预埋件补遗、开孔、扩孔等需要而由土建完成的修饰工作;电缆室的门窗;防火隔墙。

2. 施工材料(设备)准备

所有试验均要做好记录,以便竣工试验时作对比参考,并归档。

(1)电缆敷设前应准备好砖、砂,并运到沟边待用。并准备好方向套(铅皮、钢字)标桩。

(2)工具及施工用料的准备。施工前要准备好架电缆的轴辊、支架及敷设用电缆托架,封铅用的喷灯、焊料、抹布、硬脂酸以及木、铁锯、铁剪,8 号、16 号铅丝、编织的钢丝网套(图 3-5),铁锹、榔头、电工工具、汽油、沥青膏等。

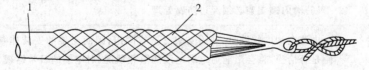

图 3-5　敷设电缆用的钢丝网套

1—电缆;2—16 号铅丝

(3)电缆型号、规格及长度均应与设计资料核对无误。电缆不得有扭绞、损伤及渗漏油现象。

(4)电缆线路两端连接的电气设备(或接线箱、盒)应安装完毕或已就位、敷设电缆的通道应无堵塞。

(5)电缆敷设前,还应进行下列项目的复查:

1)支架应齐全,油漆完整。

2)电缆型号、电压、规格应符合设计。

3)电缆绝缘良好;当对油浸纸绝缘电缆的密封有怀疑时,应进行潮湿判断;直埋电缆与水底电缆应经直流耐压试验合格;充油电缆的油样应试验合格。

4)充油电缆的油压不宜低于 0.15 MPa。

3. 电缆的加热

电缆敷设时,如果施工现场的温度低于设计规定,应采取适当的措施,避免损坏电缆。通常是采取加热的方法,对电缆预先进行加温,并准备好保温草帘,以便于搬运电缆时使用。

4. 工序交接确认

(1)在电缆沟内或电缆竖井内的支架上敷设电缆时,需待电缆沟、电缆竖井内的施工临时设施、模板及建筑废料等应清除,测量定位后,才能安装电缆支架。

(2)电缆沟、电缆竖井内支架安装及电缆导管敷设结束后,即可进行电缆支架及导管与 PE 或 PEN 线的连接。连接完成,经过检查确认,才能敷设电缆。

(3)电缆在沟内、竖井内敷设前,应进行绝缘测试;绝缘测试合格后,才能进行敷设。

(4)电气工程施工的最后阶段一般都需做交接试验。待电缆交接试验合格后,且对接线去向、相位和防火隔堵措施等应检查确认后,才能通电和投入运行。

5. 电缆支架安装

电缆支架安装的具体内容见表 3-8。

表 3-8　电缆支架安装

| 项　目 | 内　容 |
|---|---|
| 一般规定 | (1)电缆在电缆沟内及竖井敷设前,土建专业应根据设计要求完成电缆沟及电缆支架的施工,以便电缆敷设在沟内壁的角钢支架上。<br>(2)电缆支架自行加工时,钢材应平直,无显著扭曲。下料后长短差应在 5 mm 范围内,切口无卷边、毛刺。钢支架采用焊接时,不要有显著的变形。<br>(3)支架安装应牢固、横平竖直。同一层的横撑应在同一水平面上,其高低偏差不应大于 5 mm;支架上各横撑的垂直距离,其偏差不应大于 2 mm。<br>(4)在有坡度的电缆沟内,其电缆支架也要保持同一坡度(此项也适用于有坡度的建筑物上的电缆支架)。<br>(5)支架与预埋件焊接固定时,焊缝应饱满;用膨胀螺栓固定时,选用螺栓应适配,连接紧固,防松零件齐全。<br>(6)沟内钢支架必须经过防腐处理 |
| 电缆沟内支架安装 | 电缆在沟内敷设时,需用支架支持或固定,因而支架的安装非常重要,其相互间距是否恰当,将会影响通电后电缆的散热状况、对电缆的日常巡视、维护和检修等。<br>(1)当设计无要求时,电缆支架最上层至沟顶的距离不应小于 150～200 mm;电缆支架间平行距离不小于 100 mm,垂直距离为 150～200 mm;电缆支架最下层距沟底的距离不应小于 50～100 mm。<br>(2)室内电缆沟盖应与地面相平,对地面容易积水的地方,可用水泥砂浆将盖间的缝隙填实。室外电缆沟无覆盖时,盖板高出地面不小于 100 mm;有覆盖层时,盖板在地面下 300 mm。盖板搭接应有防水措施 |

| 项　目 | 内　容 |
|---|---|
| 电气竖井支架安装 | 　电缆在竖井内沿支架垂直敷设时,可采用扁钢支架。支架的长度可根据电缆的直径和根数确定。<br>　扁钢支架与建筑物的固定应采用 M10×80 mm 的膨胀螺栓紧固。支架每隔 1.5 m 设置 1 个,竖井内支架最上层距竖井顶部或楼板的距离不小于 150～200 mm,底部与楼(地)面的距离不宜小于 300 mm |
| 电缆支架接地 | 　为保护人身安全和供电安全,金属电缆支架、电缆导管必须与 PE 线或 PEN 线连接可靠。如果整个建筑物要求等电位联结,则更应如此。此外,接地线宜使用直径不小于 φ12 镀锌圆钢,并应在电缆敷设前与全长支架逐一焊接 |

6. 电缆沟内电缆敷设与固定

(1)电缆敷设。电缆在电缆沟内敷设,就是首先挖好一条电缆沟,电缆沟壁要用防水水泥砂浆抹面,然后把电缆敷设在沟壁的角钢支架上,最后盖上水泥板。电缆沟的尺寸根据电缆多少(一般不宜超过 12 根)而定。

这种敷设方式较直埋式投资高,但检修方便,能容纳较多的电缆,在厂区的变、配电所中应用很广。在容易积水的地方,应考虑开挖排水沟。

1)电缆敷设前,应先检验电缆沟及电缆竖井,电缆沟的尺寸及电缆支架间距应满足设计要求。

2)电缆沟纵向排水坡度不得小于 0.5%。沟内要保持干燥,并能防止地下水浸入。沟内应设置适当数量的积水坑,及时将沟内积水排出,一般每隔 50 m 设一个,积水坑的尺寸以 400 mm×400 mm×400 mm 为宜。

3)敷设在支架上的电缆,按电压等级排列,高压在上面,低压在下面,控制与通信电缆在最下面。如两侧装设电缆支架,则电力电缆与控制电缆、低压电缆应分别安装在沟的两边。

4)电缆支架横撑间的垂直净距,无设计规定时,一般对电力电缆不小于 150 mm;对控制电缆不小于 100 mm。

5)在电缆沟内敷设电缆时,其水平间距不得小于下列数值:

①电缆敷设在沟底时,电力电缆间为 35 mm,但不小于电缆外径尺寸。不同级电力电缆与控制电缆间为 100 mm;控制电缆间距不作规定。

②电缆支架间的距离应按设计规定施工,当设计无规定时,则不应大于表 3-9 的规定值。

表 3-9　电缆支架层间最小允许距离　　　　　　　(单位:mm)

| 电缆种类 | 固定点的间距 |
|---|---|
| 控制电缆 | 120 |
| 10 kV 及以下电力电缆 | 150～200 |

6)电缆在支架上敷设时,拐弯处的最小弯曲半径应符合电缆最小允许弯曲半径。

7)电缆表面距地面的距离不应小于 0.7 m,穿越农田时不应小于 1 m;66 kV 及以上电缆不应小于 1 m。只有在引入建筑物、与地下建筑物交叉及绕过地下建筑物处,可埋设浅些,但应采取保护措施。

8)电缆应埋设于冻土层以下;当无法深埋时,应采取保护措施,以防止电缆受到损坏。

(2)电缆固定。

1)垂直敷设的电缆或大于45°倾斜敷设的电缆在每个支架上均应固定。

2)交流单芯电缆或分相后的每相电缆固定用的夹具和支架,不形成闭合铁磁回路。

3)电缆排列应整齐,尽量减少交叉。

4)当设计无要求时,电缆与管道的最小净距应符合表 3-10 的规定,且应敷设在易燃易爆气体管道下方。

表 3-10　电缆与管道的最小净距　　　　　　　　　　　　(单位:mm)

| 管道类别 | | 平行净距 | 交叉净距 |
|---|---|---|---|
| 一般工艺管道 | | 400 | 300 |
| 易燃易爆气体管道 | | 500 | 500 |
| 热力管道 | 有保温层 | 500 | 300 |
| | 无保温层 | 1 000 | 500 |

7. 电缆竖井内电缆敷设

(1)电缆布线。电缆竖井内常用的布线方式为金属管、金属线槽、电缆或电缆桥架及封闭母线等。在电缆竖井内除敷设干线回路外,还可以设置各层的电力、照明分线箱及弱电线路的端子箱等电气设备。

1)竖井内高压、低压和应急电源的电气线路,相互间应保持 0.3 m 及以上距离或采取隔离措施,并且高压线路应设有明显标志。

2)强电和弱电如受条件限制必须设在同一竖井内,应分别布置在竖井两侧,或采取隔离措施,以防止强电对弱电的干扰。

3)电缆竖井内应敷设有接地干线和接地端子。

4)在建筑物较高的电缆竖井内垂直布线时,需考虑以下因素:

①顶部最大变位和层间变位对干线的影响。为保证线路的运行安全,在线路的固定、连接及分支上应采取相应的防变位措施。高层建筑物垂直线路的顶部最大变位和层间变位是建筑物由于地震或风压等外部力量的作用而产生的。建筑物的变位必然影响到布线系统,这个影响对封闭式母线、金属线槽的影响最大,金属管布线次之,电缆布线最小;

②要考虑好电线、电缆及金属保护管、罩等自重带来的荷重影响以及导体通电以后,由于热应力、周围的环境温度经常变化而产生的反复荷载(材料的潜伸)和线路由于短路时的电磁力而产生的荷载,要充分研究支持方式及导体覆盖材料的选择;

③垂直干线与分支干线的连接方法,直接影响供电的可靠性和工程造价,必须进行充分研究。尤其应注意铝芯导线的连接和铜一铝接头的处理问题。

(2)电缆敷设。敷设在竖井内的电缆,电缆的绝缘或护套应具有非延燃性。通常采用较多的为聚氯乙烯护套细钢丝铠装电力电缆,因为此类电缆能承受的拉力较大。

1)在多、高层建筑中,一般低压电缆由低压配电室引出后,沿电缆隧道、电缆沟或电缆桥架进入电缆竖井,然后沿支架或桥架垂直上升。

2)电缆在竖井内沿支架垂直布线。所用的扁钢支架与建筑物之间的固定应采用 M10×80 mm 的膨胀螺栓紧固。支架设置距离为 1.5 m,底部支架距楼(地)面的距离不应小于 300 mm。

扁钢支架上,电缆宜采用管卡子固定,各电缆之间的间距不应小于 50 mm。

3)电缆沿支架的垂直安装,如图 3-6 所示。小截面电缆在电气竖井内布线,也可沿墙敷设,此时可使用管卡子或单边管卡子用 φ6×30 mm 塑料胀管固定,如图 3-7 所示。

4)电缆在穿过楼板或墙壁时,应设置保护管,并用防火隔板、防火堵料等做好密封隔离,保护管两端管口空隙应做密封隔离。

5)电缆布线过程中,垂直干线与分支干线的连接,通常采用"T"接方法。为了接线方便,树干式配电系统电缆应尽量采用单芯电缆;单芯电缆"T"形接头大样,如图 3-8 所示。

6)电缆敷设过程中,固定单芯电缆应使用单边管卡子,以减少单芯电缆在支架上的感应涡流。

8. 应注意的质量问题

(1)电缆的排列,当设计无规定时,应符合下列要求:

1)电力电缆和控制电缆应分开排列;

2)当电力电缆和控制电缆敷设在同一侧支架上时,应将控制电缆放在电力电缆下面,1 kV及以下电力电缆应放在 1 kV 以上的电力电缆的下面。充油电缆可例外。

(2)并列敷设的电力电缆,其相互间的净距应符合设计要求。

(3)电缆与热力管道、热力设备之间的净距:平行时应不小于 1 m;交叉时应不小于0.5 m。如无法达到时,应采取隔热保护措施。电缆不宜平行敷设于热力管道的上部。

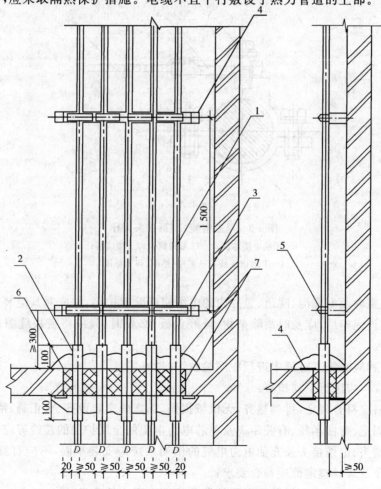

图 3-6　电缆沿支架垂直安装(单位:mm)

1—电缆;2—电缆保护管;3—支架;4—膨胀螺栓;5—管卡子;6—防火隔板;7—防火堵料

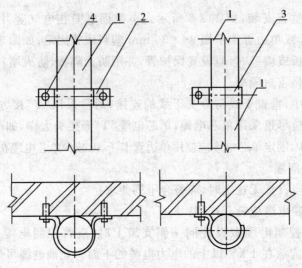

图 3-7  电缆沿墙固定

1—电缆;2—双边管卡子;3—单边管卡子;4—塑料胀管

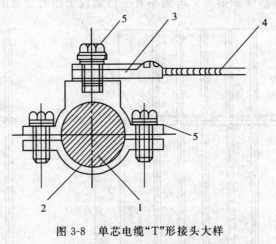

图 3-8  单芯电缆"T"形接头大样

1—干线电缆芯线;2—U形铸铜卡;3—接线耳;

4—T形出支线;5—螺栓、垫圈、弹簧垫圈

(4)明设在室内及电缆沟、隧道、竖井内的电缆应剥除麻护层,并应对其铠装加以防腐。

(5)电缆敷设完毕后,应及时清除杂物,盖好盖板,必要时,尚应将盖板缝隙密封,以免水、汽、油、灰等侵入。

(6)隐蔽工程应在施工过程中进行中间验收,并做好签证。

(7)在验收时,应进行下列检查:

1)电缆规格应符合规定,排列整齐,无机械损伤,标志牌应装设齐全、正确、清晰;

2)电缆的固定、弯曲半径、有关距离及单芯电力电缆的金属护层的接线等应符合要求;

3)电缆终端头、电缆接头及充油电力电缆的供油系统应安装牢固,不应有渗漏现象,充油电力电缆的油压及表计整定值应符合要求;

4)接地良好,充油电力电缆及护层保护器的接地电阻应符合设计;

5)电缆终端头、电缆中间对接头、电缆支架等的金属部件,油漆完好,相色正确;

6)电缆沟及隧道内应无杂物,盖板齐全。

(8)电缆与公路交叉以及穿过建筑物地梁处,应事先埋设保护管,然后将电缆穿在管内。管的长度除满足路面宽度外,还应在两边各伸出 2 m。管的内径为:当电缆保护管的长度在 30 m 以下时,应不小于电缆外径的 1.5 倍;保护管的长度超过 30 m 时,应不小于电缆外径的 2.5 倍。管口应做成喇叭口。

(9)注意电缆的排列。电缆敷设一定要根据设计图纸绘制的"电缆敷设图"进行。图中应包括电缆的根数,各类电缆的排列和放置顺序,以及与各种管道的交叉位置。对运到现场的电缆要核算、弄清每盘的电缆长度,确定好中间接头的位置。按线路实际情况,配置电缆长度,避免浪费。核算时,不要把电缆接头放在道路交叉处、建筑物的大门口以及与其他管道交叉的地方。在同一电缆沟内有数条电缆并列敷设时,电缆接头要错开,在接头处应留有备用电缆坑。

### 三、桥架内电缆敷设

1. 电缆桥架的安装

(1)安装条件。

1)相关建筑物、构筑物的建筑工程均完工,且工程质量应符合国家现行的建筑工程质量验收规范的规定。

2)配合土建结构施工过墙、过楼板的预留孔(洞),预埋铁件的尺寸应符合设计规定。

3)电缆沟、电缆隧道、竖井内、顶棚内、预埋件的规格尺寸、坐标、标高、间隔距离、数量不应遗漏,应符合设计图规定。

4)电缆桥架安装部位的建筑装饰工程全部结束。

5)通风、暖卫等各种管道施工已经完工。

6)材料、设备全部进入现场经检验合格。

(2)安装要求。

1)电缆桥架水平敷设时,跨距一般为 1.5～3.0 m;垂直敷设时其固定点间距不宜大于 2.0 m。当支撑跨距不大于 6 m 时,需要选用大跨距电缆桥架;当跨距大于 6 m 时,必须进行特殊加工订货。

2)电缆桥架在竖井中穿越楼板外,在孔洞周边抹 5 cm 高的水泥防水台,待桥架布线安装完后,洞口用难燃物件封堵死。电缆桥架穿墙或楼板孔洞时,不应将孔洞抹死,桥架进出口孔洞收口平整,并留有桥架活动的余量。如孔洞需封堵时,可采用难燃的材料封堵好墙面抹平。电缆桥架在穿过防火隔墙及防火楼板时,应采取隔离措施。

3)电缆梯架、托盘水平敷设时距地面高度不宜低于 2.5 m,垂直敷设时不低于 1.8 m,低于上述高度时应加装金属盖板保护,但敷设在电气专用房间(如配电室、电气竖井、电缆隧道、设备层)内除外。

4)电缆梯架、托盘多层敷设时其层间距离一般为控制电缆间不小于 0.2 m,电力电缆间应不小于 0.3 m,弱电电缆与电力电缆间应不小于 0.5 m,如有屏蔽盖板(防护罩)可减少到 0.3 m,桥架上部距顶棚或其他障碍物应不小于 0.3 m。

5)电缆梯架、托盘上的电缆可无间距敷设。电缆在梯架、托盘内横断面的填充率,电力电缆应不大于 40%,控制电缆不应大于 50%。电缆桥架经过伸缩沉降缝时应断开,断开距离以 100 mm 左右为宜。其桥架两端用活动插铁板连接不宜固定。电缆桥架内的电缆应在首端、尾端、转弯及每隔 50 m 处设有注明电缆编号、型号、规格及起止点等标记牌。

6)下列不同电压,不同用途的电缆如:1 kV 以上和 1 kV 以下电缆;向一级负荷供电的双路电源电缆;应急照明和其他照明的电缆;强电和弱电电缆等不宜敷设在同一层桥架上,如受条件限制,必须安装在同一层桥架上时,应用隔板隔开。

7)强腐蚀或特别潮湿等环境中的梯架及托盘布线,应采取可靠而有效的防护措施。同时,敷设在腐蚀气体管道和压力管道的上方及腐蚀性液体管道的下方的电缆桥架应采用防腐隔离措施。

(3)吊(支)架的安装。吊(支)架的安装一般采用标准的托臂和立柱进行安装,也有采用自制加工吊架或支架进行安装。通常,为了保证电缆桥架的工程质量,应优先采用标准附件。

1)标准托臂与立柱的安装。当采用标准的托臂和立柱进行安装时,其要求如下:

①成品托臂的安装。成品托臂的安装方式有沿顶板安装、沿墙安装和沿竖井安装等方式。成品托臂的固定方式多采用 M10 以上的膨胀螺栓进行固定;

②立柱的安装。成品立柱是由底座和立柱组成,其中立柱有采用工字钢、角钢、槽型钢、异型钢、双异型钢构成,立柱和底座的连接可采用螺栓固定和焊接。其固定方式多采用 M10 以上的膨胀螺栓进行固定;

③方形吊架安装。成品方形吊架由吊杆、方形框组成,其固定方式可采用焊接预埋铁固定或直接固定吊杆,然后组装框架。

2)自制支(吊)架的安装。自制吊架和支架进行安装时,应根据电缆桥架及其组装图进行定位划线,并在固定点进行打孔和固定。固定间距和螺栓规格由工程设计确定。当设计无规定时,可根据桥架重量与承载情况选用。

自行制作吊架或支架时,应按以下规定进行:

①根据施工现场建筑物结构类型和电缆桥架造型尺寸与重量,决定选用工字钢、槽钢、角钢、圆钢或扁钢制作吊架或支架;

②吊架或支架制作尺寸和数量,根据电缆桥架布置图确定;

③确定选用钢材后,按尺寸进行断料制作,断料严禁气焊切割,加工尺寸允许最大误差为 +5 mm;

④型钢架的撖弯宜使用台钳用手锤打制,也可使用油压减弯器用模具顶制;

⑤支架、吊架需钻孔处,孔径不得大于固定螺栓+2 mm,严禁采用电焊或气焊割孔,以免产生应力集中。

(4)电缆桥架敷设安装。

1)根据电缆桥架布置安装图,对预埋件或固定点进行定位,沿建筑物敷设吊架或支架。

2)直线段电缆桥架安装,在直线端的桥架相互接楂处,可用专用的连接板进行连接,接楂处要求缝隙平密平齐,在电缆桥架两边外侧面用螺母固定。

3)电缆桥架在十字交叉、丁字交叉处施工时,可采用定型产品水平四通、水平三通、垂直四通、垂直三通,进行连接,应以接楂边为中心向两端各大于 300 mm 处,增加吊架或支架进行加固处理。

4)电缆桥架在上、下、左、右转弯处,应使用定型的水平弯通、转动弯通、垂直凹(凸)弯通。上、下弯通进行连接时,其接楂边为中心两边各大于 300 mm 处,连接时须增加吊架或支架进行加固。

5)对于表面有坡度的建筑物,桥架敷设应随其坡度变化。可采用倾斜底座,或调角片进行倾斜调节。

6)电缆桥架与盒、箱、柜、设备接口,应采用定型产品的引下装置进行连接,要求接口处平齐,缝隙均匀严密。

7)电缆桥架的始端与终端应封堵牢固。

8)电缆桥架安装时必须待整体电缆桥架调整符合设计图和规范规定后,再进行固定。

9)电缆桥架整体与吊(支)架的垂直度与横档的水平度,应符合规范要求;待垂直度与水平度合格,电缆桥架上、下各层都对齐后,最后将吊(支)架固定牢固。

10)电缆桥架敷设安装完毕后,经检查确认合格,将电缆桥架内外清扫后,进行电缆线路敷设。

11)在竖井中敷设合格电缆时,应安装防坠落卡,用来保护线路下坠。

12)敷设在电缆桥架内的电缆不应有接头,接头应设置在接线箱内。

(5)电缆桥架保护接地。电缆桥架多数为钢制产品,较少采用在工业工程中为减少腐蚀而使用的非金属桥架和铝合金桥架。为了保证供电干线电路的使用安全,电缆桥架的接地或接零必须可靠。

1)电缆桥架应装置可靠的电气接地保护系统。外露导电系统必须与保护线连接。在接地孔处,应将任何不导电涂层和类似的表层清理干净。

2)为保证钢制电缆桥架系统有良好的接地性能,托盘、梯架之间接头处的连接电阻值不应大于 0.000 33 Ω。

3)金属电缆桥架及其支架和引入或引出的金属导管必须与 PE 或 PEN 线连接可靠,且必须符合下列规定:

①金属电缆桥架及其支架与(PE)或(PEN)连接处应不少于 2 处;

②非镀锌电缆桥架连接板的两端跨接铜芯接地线,接地线的最小允许截面积应不小于 4 mm²;

③镀锌电缆桥架间连接板的两端不跨接接地线,但连接板两端不少于 2 个有防松螺帽或防松螺圈的连接固定螺栓。

4)当利用电缆桥架作接地干线时,为保证桥架的电气通路,在电缆桥架的伸缩缝或软连接处需采用编织铜线连接,如图 3-9 所示。

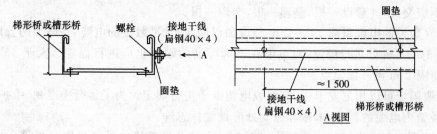

图 3-9 接地干线安装(单位:mm)

5)对于多层电缆桥架,当利用桥架的接地保护干线时,应将各层桥架的端部用 16 mm² 的软铜线并联连接起来,再与总接地干线相通。长距离电缆桥架每隔 30~50 m 距离接地一次。

6)在具有爆炸危险场所安装的电缆桥架,如无法与已有的接地干线连接时,必须单独敷设接地干线进行接地。

7)沿桥架全长敷设接地保护干线时,每段(包括非直线段)托盘、梯架应至少有一点与接地保护干线可靠连接。

8)在有振动的场所,接地部位的连接处应装置弹簧垫圈,防止因振动引起连接螺栓松动,中断接地通路。

(6)桥架表面处理。钢制桥架的表面处理方式,应按工程环境条件、重要性、耐火性和技术经济性等因素进行选择。一般情况宜按表 3-11 选择适于工程环境条件的防腐处理方式。当采用表中"T"类防腐方式为镀锌镍合金、高纯化等其他防腐处理的桥架,应按规定试验验证,并应具有明确的技术质量指标及检测方法。

表 3-11　表面防腐处理方式选择

| 环境条件 | | | | 防腐层类别 | | | | | | 其他 T |
|---|---|---|---|---|---|---|---|---|---|---|
| 类型 | | 代号 | 等级 | 涂漆 Q | 电镀锌 D | 喷涂粉末 P | 热浸镀锌 R | DP | RQ | |
| | | | | | | | | 复合层 | | |
| 户内 | 一般　普通型 | J | 3K5L、3K6 | ○ | ○ | ○ | | | | 在符合相关规定的情况下确定 |
| | 0 类　湿热型 | TH | 3K5L | ○ | ○ | ○ | ○ | | | |
| | 1 类　中腐蚀性 | F1 | 3K5L、3C3 | ○ | ○ | ○ | ○ | ○ | ○ | |
| | 2 类　强腐蚀性 | F2 | 3K5L、3C4 | ○ | ○ | ○ | ○ | ○ | ○ | |
| 户外 | 0 类　轻腐蚀性 | W | 4K2、4C2 | ○ | | ○ | ○ | ○ | ○ | |
| | 1 类　中腐蚀性 | WF1 | 4K2、4C3 | ○ | | | ○ | ○ | ○ | |

注:符号"○"表示推荐防腐类别。

**2. 桥架内电缆敷设**

(1)电缆敷设。

1)电缆沿桥架敷设前,应防止电缆排列不整齐,出现严重交叉现象,必须事先就将电缆敷设位置排列好,规划出排列图表,按图表进行施工。

2)施放电缆时,对于单端固定的托臂可以在地面上设置滑轮施放,放好后拿到推盘或梯架内;双吊杆固定的托盘或梯架内敷设电缆,应将电缆直接在托盘或梯架内安放滑轮施放,电缆不得直接在托盘或梯架内拖拉。

3)电缆沿桥架敷设时,应单层敷设,电缆与电缆之间可以无间距敷设,电缆在桥架内应排列整齐,不应交叉,并敷设一根,整理一根,卡固一根。

4)垂直敷设的电缆每隔 1.5~2 m 处应加以固定;水平敷设的电缆,在电缆的首尾两端、转弯及每隔 5~10 m 处进行固定,对电缆在不同标高的端部也应进行固定。大于 45°倾斜敷设的电缆,每隔 2 m 设一固定点。

5)电缆固定可以用尼龙卡带、绑线或电缆卡子进行固定。为了运行中巡视、维护和检修的方便,在桥架内电缆的首端、末端和分支处应设置标志牌。

6)电缆出入电缆沟、竖井、建筑物、柜(盘)、台处及导管管口处等做密封处理。出入口、导管管口的封堵目的是防火、防小动物入侵、防异物跌入的需要,均是为安全供电而设置的技术防范措施。

7)在桥架内敷设电缆,每层电缆敷设完成后应进行检查;全部敷设完成后,经检验合格,才能盖上桥架的盖板。

(2)敷设质量要求。

1)在桥架内电力电缆的总截面(包括外护层)不应大于桥架有效横断面的 40%,控制电缆不应大于 50%。

2)电缆桥架转弯处的弯曲半径,不应小于桥架内电缆最小允许弯曲半径,电缆最小允许弯曲半径见表 3-12。

表 3-12　桥架内电缆最小允许弯曲半径

| 序号 | 电缆种类 | 最小允许弯曲半径 |
|---|---|---|
| 1 | 无铅包钢铠装护套的橡胶绝缘电力电缆 | $10D$ |
| 2 | 有钢铠装护套的橡胶绝缘电力电缆 | $20D$ |
| 3 | 聚氯乙烯绝缘电力电缆 | $10D$ |
| 4 | 交联聚氯乙烯绝缘电力电缆 | $15D$ |
| 5 | 多芯控制电缆 | $10D$ |

注:$D$ 为电缆外径。

3)室内电缆桥架布线时,为了防止发生火灾时火焰蔓延,电缆不应有黄麻或其他易燃材料外护层。

4)电缆桥架内敷设的电缆,应在电缆的首端、尾端、转弯及每隔 50 m 处,设有编号、型号及起止点等标记,标记应清晰齐全,挂装整齐无遗漏。

5)桥架内电缆敷设完毕后,应及时清理杂物,有盖的可盖好盖板,并进行最后调整。

3. 电缆桥架送电试验

电缆桥架经检查无误时,可进行以下电缆送电试验。

(1)高压或低压电缆进行冲击试验。将高压或低压电缆所接设备或负载全部切除,刀闸开关处于断开位置,电缆线路进行在空载情况下送额定电压,对电缆线路进行三次合闸冲击试验,如不发生异常现象,经过空载运行合格并记录运行情况。

(2)半负荷调试运行。经过空载试验合格后,将继续进行半负荷试验。经过逐渐增加负荷至半负荷试验,并观察电压、电流随负荷变化情况,并将观测数值记录好。

(3)全负荷调试运行。在半负荷调试运行正常的基础上,将全部负载全部投入运行,在 24 h 运行过程中每隔 2 h 记录一次运行电压、电流等情况,经过安装无故障运行调试后检验合格,即可办理移交手续,供建设单位使用。

## 四、电缆低压架空及桥梁上敷设

1. 电缆低压架空敷设

电缆低压架空敷设,参见第二章第二节中"二、导线架设要求"的相关内容。

2. 电缆在桥梁上敷设

(1)木桥上敷设的电缆应穿在钢管中,一方面能加强电缆的机械保护,另一方面能避免因电缆绝缘击穿,发生短路故障电弧损坏木桥或引起火灾。

(2)在其他结构的桥上,如钢结构或钢筋混凝土结构的桥梁上敷设电缆,应在人行道下设电缆沟或穿入由耐火材料制成的管道中,确保电缆和桥梁的安全。在人不易接触处,电缆可在桥上裸露敷设,但是,为了不降低电缆的输送容量和避免电缆保护层加速老化,应有避免太阳直接照射的措施。

(3)悬吊架设的电缆与桥梁构架之间的净距不应小于 0.5 m。

(4)在经常受到震动的桥梁上敷设的电缆,应有防震措施,以防止电缆长期受震动,造成电缆保护层疲劳龟裂,加速老化。

(5)对于桥梁上敷设的电缆,在桥墩两端和伸缩缝处的电缆,应留有松弛部分。

## 第三节 电缆保护管敷设

### 一、电缆保护管的加工

无论是钢保护管还是塑料保护管,其加工制作均应符合下列规定:

(1)电缆保护管管口处宜做成喇叭形,可以减少直埋管在沉降时,管口处对电缆的剪切力。

(2)电缆保护管应尽量减少弯曲,弯曲增多将造成穿电缆困难,对于较大截面的电缆不允许有弯头。电缆保护管在垂直敷设时,管子的弯曲角度应大于90°,避免因积水而冻坏管内电缆。

(3)每根电缆保护管的弯曲处不应超过3个,直角弯不应超过2个。当实际施工中不能满足弯曲要求时,可采用内径较大的管子或在适当部位设置拉线盒,以利电缆的穿设。

(4)电缆保护管在弯制后,管的弯曲处不应有裂缝和显著的凹瘪现象,管弯曲处的弯扁程度不宜大于管外径的10%。如弯扁程度过大,将减少电缆管的有效管径,造成穿设电缆困难。

(5)保护管的弯曲半径一般为管子外径的10倍,且不应小于所穿电缆的最小允许弯曲半径。

(6)电缆保护管管口处应无毛刺和尖锐棱角,防止在穿电缆时划伤电缆。

### 二、电缆保护管的连接

电缆保护管连接的相关内容见表3-13。

表3-13 电缆保护管的连接

| 项 目 | | 内 容 |
| --- | --- | --- |
| 电缆保护钢管连接 | | 电缆保护钢管连接时,应采用大一级短管套接或采用管接头螺纹连接,用短套管连接工方便,采用管接头螺纹连接比较美观。为了保证连接后的强度,管连接处短套管或带螺纹的管接头的长度,不应小于电缆管外径的2.2倍。无论采用哪一种方式,均应保证连接牢固,密封良好,两连接管管口应对齐。<br><br>电缆保护钢管连接时,不宜直接对焊。当直接对焊时,可能在接缝内部出现焊瘤,穿电缆时会损伤电缆。在暗配电缆保护钢管时,在两连接管的管口处打好喇叭口再进行对焊,且两连接管对口处应在同一管轴线上 |
| 硬质聚氯乙烯电缆保护管连接 | 插接连接 | 硬质聚氯乙烯管在插接连接时,先将两连接端部管口进行倒角,如图3-10所示,然后清洁两个端口接触部分的内、外面,如有油污则用汽油等溶剂擦净。接着,可将连接管承口端部均匀加热,加热部分的长度为插接部分长度的1.2~1.5倍,待加热至柔软状态后即将金属模具(或木模具)插入管中,待浇水冷却后将模具抽出。<br><br><br><br>图3-10 连接管管口加工 |

| 项 目 | | 内 容 |
|---|---|---|
| 硬质聚氯乙烯电缆保护管连接 | 插接连接 | 为了保证连接牢固可靠、密封良好,其插入深度宜为管子内径的 1.1～1.8 倍,在插接面上应涂以胶合剂粘牢密封。涂好胶合剂插入后,再次略加热承口端管子,然后急骤冷却,使其连接牢固,如图 3-11 所示<br>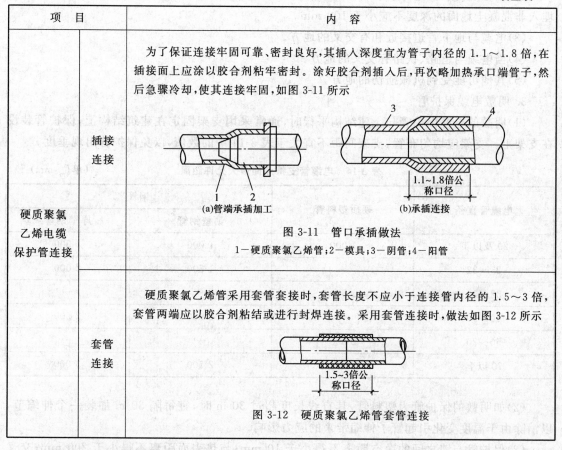<br>图 3-11 管口承插做法<br>1—硬质聚氯乙烯管;2—模具;3—阴管;4—阳管 |
| | 套管连接 | 硬质聚氯乙烯管采用套管套接时,套管长度不应小于连接管内径的 1.5～3 倍,套管两端应以胶合剂粘结或进行封焊连接。采用套管连接时,做法如图 3-12 所示<br>图 3-12 硬质聚氯乙烯管套管连接 |

### 三、电缆保护管的敷设

1. 敷设要求

(1)直埋电缆敷设时,应按要求事先埋设好电缆保护管,待电缆敷设时穿在管内,以保护电缆避免损伤及方便更换和便于检查。

(2)电缆保护钢、塑管的埋设深度不应小于 0.7 m,直埋电缆当埋设深度超过 1.1 m 时,可以不再考虑上部压力的机械损伤,即不需要再埋设电缆保护管。

(3)电缆与铁路、公路、城市街道、厂区道路下交叉时应敷设于坚固的保护管内,一般多使用钢保护管,埋设深度不应小于 1 m,管的长度除应满足路面的宽度外,保护管的两端还应两边各伸出道路路基 2 m;伸出排水沟 0.5 m;在城市街道应伸出车道路面。

(4)直埋电缆与热力管道、管沟平行或交叉敷设时,电缆应穿石棉水泥管保护,并应采取隔热措施。电缆与热力管道交叉时,敷设的保护管两端各伸出长度不应小于 2 m。

(5)电缆保护管与其他管道(水、石油、煤气管)以及直埋电缆交叉时,两端各伸出长度不应小于 1 m。

2. 高强度保护管的敷设地点

在下列地点,需敷设具有一定机械强度的保护管保护电缆:

(1)电缆进入建筑物及墙壁处;保护管伸入建筑物散水坡的长度不应小于 250 mm,保护罩根部不应高出地面。

（2）从电缆沟引至电杆或设备，距地面高度 2 m 及以下的一段，应设钢保护管保护，保护管埋入非混凝土地面的深度不应小于 100 mm。

（3）电缆与地下管道接近和有交叉的地方。

（4）当电缆与道路、铁路有交叉的地方。

（5）其他可能受到机械损伤的地方。

3. 明敷电缆保护管

（1）明敷的电缆保护管与土建结构平行时，通常采用支架固定在建筑结构上，保护管装设在支架上。支架应均匀布置，支架间距不宜大于表 3-14 中的数值，以免保护管出现垂度。

表 3-14　电缆管支持点间最大允许距离　　　　　　　　（单位：mm）

| 电缆管直径 | 硬质塑料管 | 钢管 | |
| --- | --- | --- | --- |
| | | 薄壁钢管 | 厚壁钢管 |
| 20 及以下 | 1 000 | 1 000 | 1 500 |
| 25～32 | — | 1 500 | 2 000 |
| 32～40 | 1 500 | — | — |
| 40～50 | — | 2 000 | 2 500 |
| 50～70 | 2 000 | — | — |
| 70 以上 | — | 2 500 | 3 000 |

（2）如明敷的保护管为塑料管，其直线长度超过 30 m 时，宜每隔 30 m 加装一个伸缩节，以消除由于温度变化引起管子伸缩带来的应力影响。

（3）保护管与墙之间的净空距离不得小于 10 mm；与热表面距离不得小于 200 mm；交叉保护管净空距离不宜小于 10 mm；平行保护管间净空距离不宜小于 20 mm。

（4）明敷金属保护管的固定不得采用焊接方法。

4. 混凝土内保护管敷设

对于埋设在混凝土内的保护管，在浇筑混凝土前应按实际安装位置量好尺寸，下料加工。管子敷设后应加以支撑和固定，以防止在浇筑混凝土时受震而移位。保护管敷设或弯制前应进行疏通和清扫，一般采用铁丝绑上棉纱或破布穿入管内清除脏污，检查通畅情况，在保证管内光滑畅通后，将管子两端暂时封堵。

5. 电缆保护钢管过路敷设

当电缆直埋敷设线路时，其通过的地段有时会与交通频繁的道路交叉，由于不可能较长时间的断绝交通，因此常采用不开挖路面的顶管方法。

不开挖路面的顶管方法，即在道路的两侧各挖掘一个作业坑，一般可用顶管机或油压千斤顶将钢管从道路的一侧顶到另一侧。顶管时，应将千斤顶、垫块及钢管放在轨道上用水准仪和水平仪将钢管找平调正，并应对道路的断面有充分的了解，以免将管顶坏或顶坏其他管线。被顶钢管不宜作成尖头，以平头为好，尖头容易在碰到硬物时产生偏移。

在顶管时，为防止钢管头部变形并阻止泥土进入钢管和提高顶管速度，也可在钢管头部装上圆锥体钻头，在钢管尾部装上钻尾，钻头和钻尾的规格均应与钢管直径相配套。也可以用电动机为动力，带动机械系统撞打钢管的一端，使钢管平行向前移动。

· 100 ·

**6. 电缆保护钢管接地**

用钢管作电缆保护管时，如利用电缆的保护钢管作接地线时，要先焊好接地跨接线，再敷设电缆。应避免在电缆敷设后再焊接地线时烧坏电缆。

钢管有螺纹的管接头处，在接头两侧应用跨接线焊接。用圆钢做跨接线时，其直径不宜小于 12 mm；用扁钢做跨接线时，扁钢厚度不应小于 4 mm，截面积不应小于 100 mm²。

当电缆保护钢管，接间采用套管焊接时，不需再焊接地跨接线。

# 第四节　电缆排管敷设

## 一、电缆排管的敷设要求

(1)电缆排管埋设时，排管沟底部地基应坚实、平整，不应有沉陷。如不符合要求，应对地基进行处理并夯实，以免地基下沉损坏电缆。

电缆排管沟底部应垫平夯实，并铺以厚度不小于 80 mm 厚的混凝土垫层。

(2)电缆排管敷设应一次留足备用管孔数，当无法预计时，除考虑散热孔外，可留 10% 的备用孔，但不应少于 1～2 孔。

(3)电缆排管管孔的内径不应小于电缆外径的 1.5 倍，但电力电缆的管孔内径不应小于 90 mm，控制电缆的管孔内径不应小于 75 mm。

(4)排管顶部距地面不应小于 0.7 m，在人行道下面敷设时，承受压力小，受外力作用的可能性也较小；如地下管线较多，埋设深度可浅些，但不应小于 0.5 m。在厂房内不宜小于 0.2 m。

(5)当地面上均匀荷载超过 100 kN/m² 或排管通过铁路及遇有类似情况时，必须采取加固措施，防止排管受到机械损伤。

(6)排管在安装前应先疏通管孔，清除管孔内积灰杂物，并应打磨管孔边缘的毛刺，防止穿电缆时划伤电缆。

(7)排管安装时，应有不小于 0.5% 的排水坡度，并在人孔井内设集水坑，集中排水。

(8)电缆排管敷设连接时，管孔应对准，以免影响管路的有效管径，保证敷设电缆时穿设顺利。电缆排管接缝处应严密，不得有地下水和泥浆渗入。

(9)电缆排管为便于检查和敷设电缆，在电缆线路转弯、分支、终端处应设人孔井。在直线段上，每隔 30 m 以及在转弯和分支的地方也须设置电缆人孔井。

电缆人孔的净空高度不宜小于 1.8 m，其上部人孔的直径不应小于 0.7 m，如图 3-13 所示。

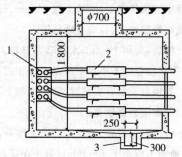

图 3-13　电缆排管人孔井坑断面图（单位：mm）

1—电缆排管；2—电缆接头；3—集水坑

## 二、石棉水泥管排管敷设

石棉水泥管排管敷设的具体内容见表 3-15。

表 3-15　石棉水泥管排管敷设

| 项　目 | 内　容 |
|---|---|
| 石棉水泥管混凝土包封敷设 | (1)在电缆管沟沟底铲平夯实后,先用混凝土打好 100 mm 厚底板,在底板上再浇注适当厚度的混凝土后,再放置定向垫块,并在垫块上敷设石棉水泥管。<br>(2)定向垫块应在管接头处两端 300 mm 处设置。<br>(3)石棉水泥管排放时,应注意使水泥管的套管及定向垫块相互错开。<br>(4)石棉水泥管混凝土包装敷设时,要预留足够的管孔,管与管之间的相互间距不应小于80 mm。如采用分层敷设时,应分层浇注混凝土并捣实 |
| 石棉水泥管钢筋混凝土包封敷设 | 对于直埋石棉水泥管排管,如果敷设在可能发生位移的土壤中(如流砂层、8 度及以上地震基本烈度区、回填土地段等),应选用钢筋混凝土包封敷设方式。<br>钢筋混凝土的包封敷设,在排管的上、下侧使用 $\phi16$ 圆钢,在侧面当排管截面高度大于 800 mm 时,每 400 mm 需设 $\phi12$ 钢筋一根,排管的箍筋使用 $\phi8$ 圆钢,间距150 mm,如图 3-14 所示。当石棉水泥管管顶距地面不足 500 mm 时,应根据工程实际另行计算确定配筋数量。<br>石棉水泥管钢筋混凝土包封敷设,在排管方向及敷设标高不变时,每隔 50 m 须设置变形缝。石棉水泥管在变形缝处应用橡胶套管连接,并在管端部缝隙处用沥青木丝板填充。在管接头处每隔 250 mm 处另设置 $\phi20$ 长度为 900 mm 的接头联系钢筋;在接头包封处设 $\phi25$ 长 500 mm 套管,在套管内注满防水油膏,在管接头包封处,另设 $\phi6$ 间距 250 mm 长的弯曲钢管,如图 3-15 所示 |
| 混凝土管块包封敷设 | 混凝土管块的长度一般为 400 mm,其管孔的数量有 2 孔、4 孔、6 孔不等。现场较常采用的是 4 孔、6 孔管块。根据工程情况,混凝土管块也可在现场组合排列成一定形式进行敷设。<br>(1)混凝土管块混凝土包封敷设时,应先浇注底板,然后再放置混凝土管块。<br>(2)在混凝土管块接缝处,应缠上宽 80 mm、长度为管块周长加上 100 mm 的接缝砂布、纸条或塑料胶粘布,以防止砂浆进入。<br>(3)缠包严密后,先用 1∶2.5 水泥砂浆抹缝封实,使管块接缝处严密,然后在混凝土管块周围灌注强度不小于 C10 的混凝土进行包封,如图 3-16 所示。<br>(4)混凝土管块敷设组合安装时,管块之间上下左右的接缝处,应保留 15 mm 的间隙,用 1∶25 水泥砂浆填充。<br>(5)混凝土管块包封敷设,按规定设置工作井,混凝土管块与工作井连接时,管块距工作井内地面不应小于 400 mm。管块在接近工作井处,其基础应改为钢筋混凝土基础 |

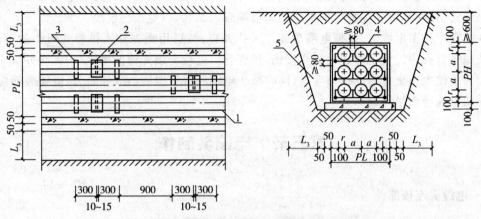

图 3-14 石棉水泥管钢筋混凝土包封敷设（单位：mm）

1－石棉水泥管；2－石棉水泥套管；3－定向垫块；4－配筋；5－回填土

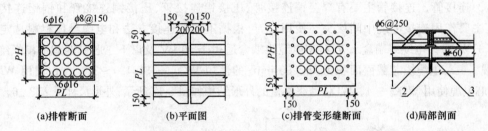

(a)排管断面 (b)平面图 (c)排管变形缝断面 (d)局部剖面

图 3-15 钢筋混凝土包封石棉水泥管排管变形缝做法（单位：mm）

1－石棉水泥管；2－橡胶套管；3－沥青木丝板

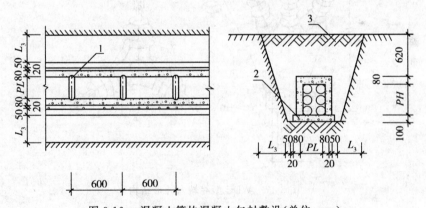

图 3-16 混凝土管块混凝土包封敷设（单位：mm）

1－接口处缠纱布后用水泥砂浆包封；2－C10 混凝土；3－回填土

## 三、电缆在排管内敷设

敷设在排管内的电缆，应按电缆选择的内容进行选用，或采用特殊加厚的裸铅包电缆。穿入排管中的电缆数量应符合设计规定。

电缆排管在敷设电缆前，为了确保电缆能顺利穿入排管，并不损伤电缆保护层，应进行疏通，以清除杂物。清扫排管通常采用排管扫除器，把扫除器通入管内来回拖拉，即可清除积污并刮平管内不平的地方。此外,也可采用直径不小于管孔直径 0.85 倍、长度约为 600 mm 的钢管来疏通,再用与管孔等直径的钢丝刷来清除管内杂物,以免损伤电缆。

在排管中拉引电缆时,应把电缆盘放在入孔井口,然后用预先穿入排管孔眼中的钢丝绳,把电缆拉入管孔内。为了防止电缆受损伤,排管管口处应套以光滑的喇叭口,人孔井口应装设滑轮。为了使电缆更容易被拉入管内,同时减少电缆和排管壁间的摩擦阻力,电缆表面应涂上滑石粉或黄油等润滑物。

## 第五节　电缆头制作

### 一、电缆头连接部件

(1)接线端子。又称接线耳,其作用是连接电缆导体与设备端子,有铜端子、铝端子和铜铝过渡端子之分。选用时,可视电缆导体材料、与设备的连接方式而定。

(2)连接管。连接管主要有焊接铜连接管、压接铝连接管、压接铜连接管和铜铝连接管之分,其主要作用连接电缆中间接头。使用时,可根据不同的连接方法和电缆导体材料选定。

(3)WDC 型电缆终端盒。WDC 型电缆终端盒适用于 10 kV 及以下三芯或四芯油浸纸绝缘电力电缆。三芯电缆线芯截面面积为 16~95 mm² 的使用 WDC－31;120~240 mm² 使用 WDC－32;四芯电缆使用 WDC－4。WDC 型终端盒的外形结构如图 3-17 所示;外形尺寸见表 3-16。

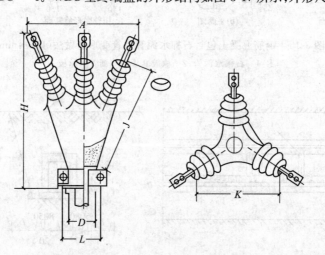

图 3-17　WDC 型终端盒外形结构

表 3-16　WDC 型终端盒外形尺寸

| 型　号 | 电压 (kV) | 电缆芯数 | 适用电缆线芯截面积(mm²) | 尺寸(mm) | | | | | |
|---|---|---|---|---|---|---|---|---|---|
| | | | | A | D | L | K | H | J |
| WDC－31 | 10 | 3 | 95 及以下 | 320 | 80 | 170 | 210 | 450 | 310 |
| WDC－32 | 10 | 3 | 120~240 | 360 | 100 | 200 | 215 | 510 | 350 |
| WDC－4 | 10 | 4 | 3×185+1×50 及以下 | 300 | 80 | 170 | 110 | 500 | 325 |

注:WDC 型的代表符号:W—室外,D—鼎足式,C—瓷质。WDC 型终端盒具有体积小、重量轻,结构简单、安装方便、成本低等特点。与环氧树脂和其他高分子材料相比较,还具有优异的化学稳定性、耐电晕性、耐电弧性以及耐大气老化性能。

（4）塑料橡胶电缆中间接头盒。适用于直埋地下或需要承受不大的径向压力的场所。连接盒为塑料盒,分可灌电缆胶和不可灌胶两种形式,规格尺寸相同。为了防止塑料盒受热变形及破坏绝缘,所灌用的电缆胶,应选浇灌温度较低的1号沥青绝缘胶。连接盒的连接处均有耐油橡胶垫圈密封圈密封。

（5）控制电缆终端套。用于油浸纸绝缘控制电缆的封端。终端套的形状,如图 3-18 所示;规格见表 3-17。

图 3-18　控制电缆终端套

表 3-17　控制电缆终端套适用范围表

| 型　号 | 终端套内径(mm) | 适用范围股数×直径(mm) |
|---|---|---|
| KT2－1 | 12 | 4×1.5、5×1.5、4×2.5 |
| KT2－2 | 13 | 6×1.5、5×2.5、7×1.5 |
| KT2－3 | 14 | 6×2.5、4×6、8×1.5 |
| KT2－4 | 15 | 8×2.5、6×4、7×4 |
| KT2－5 | 16.5 | 10×1.5、8×4、7×6、6×6 |
| KT2－6 | 18 | 14×1.5、10×2.5、8×6 |
| KT2－7 | 19.5 | 19×1.5、14×2.5、10×4、4×10 |
| KT2－8 | 21 | 19×2.5、10×6 |
| KT2－9 | 24 | 24×1.5、6×10、7×10、30×1.5 |
| KT2－10 | 26 | 8×10、25×2.5、37×1.5、30×2.5 |

## 二、施工准备

### 1. 技术准备

（1）检查电缆附件部件和材料应与被安装的电缆相符。

（2）检查安装工具,应齐全、完好,便于操作。

（3）安装电缆附件之前应先检验电缆是否受潮,是否受到损伤。检查方法如下:

用绝缘摇表摇测电缆每相线芯的绝缘电阻,1 kV 及以下电缆应不小于 100 MΩ,6 kV 及以上电缆应不小于 200 MΩ;或者做直流耐压试验测试泄漏电流。

**2. 材料要求**

(1)中低压挤包绝缘电缆附件的品种、特点及适用范围见表 3-18。

表 3-18　中低压挤包绝缘电缆附件的品种、特点及适用范围

| 品　　种 | 结构特征 | 适用范围 |
|---|---|---|
| 绕包式电缆附件 | 绝缘和屏蔽都是用带材(通常是橡胶自粘带)绕包而成的电缆附件 | 适用于中低压级挤包绝缘电缆终端和接头 |
| 热收缩式电缆附件 | 将具有电缆附件所需要的各种性能的热缩管材、分支套和雨裙(户外终端)套装在经过处理后的电缆末端或接头处,加热收缩而形成的电缆附件 | 适用于中低压级挤包绝缘电缆和油浸纸绝缘电缆终端和接头 |
| 预制式电缆附件 | 利用橡胶材料,将电缆附件里的增强绝缘和半导电屏蔽层在工厂内模制成一个整体或若干部件,现场套装在经过处理后的电档端或接头处而形成的电缆附件 | 适用于中压(6~35 kV)级挤包绝缘电缆终端和接头 |
| 冷收缩式电缆附件 | 利用橡胶材料将电缆附件的增强绝缘和应力控制部件(如果有的话)在工厂里模制成型,再扩径加支撑物。现场套在经过处理后的电缆末端或接头处,抽出支撑物后,收缩压紧在电缆上而形成的电缆附件 | 适用于中低压级挤包绝缘电缆终端和接头 |
| 浇铸式电缆附件 | 利用热固性树脂(环氧树脂、聚氨酯或丙烯酸酯)现场浇铸造在经过处理后的电缆末端或接头处的模子或盒体内,固化后而形成的电缆附件 | 适用于中低压级挤包绝缘电缆和油浸纸绝缘电缆终端和接头 |

(2)采用的附加绝缘材料除电气性能满足要求外,与电缆本体绝缘材料的硬度、膨胀系数、抗张强度和断裂伸长率等物理性能指标应接近。橡塑绝缘电缆应采用弹性大、黏结性能好的材料作附加绝缘。

(3)不同牌号的高压绝缘胶或电缆油,不宜混合使用。如需混合使用时,应经过物理、化学及电气性能试验,符合使用要求后方可混合。

**3. 电缆验潮**

(1)用火柴点燃绝缘纸,若没有嘶嘶声或白色泡沫出现,表明绝缘未受潮。

(2)将绝缘纸放在 150℃~160℃ 的电缆油(如无电缆油,则可用 100 份变压器油及 25~30 份松香油的混合剂)或白蜡中,若无嘶嘶声或白色泡沫出现,表明绝缘未受潮。

(3)用钳子把导电线芯松开,浸到 150℃ 电缆油中,如有潮气存在,则同样会看到白色的泡沫或听到嘶嘶声。

经过检验,如发现有潮气存在,应逐步将受潮部分的电缆割除,一次切割量多少,视受潮程度决定。重复以上检验,直至没有潮气为止。

**4. 施工作业条件**

(1)有较宽的操作场地,施工现场应干净,并备有 220 V 交流电源。

(2)在土质较松地区,要预先放好接头基础板(混凝土板或防腐处理的方木),板长应比接头两端各长 700~1 000 mm。

(3)作业场所环境温度应在 0℃ 以上,相对湿度应在 70% 以下,严禁在雨、雪、风天气中施工。

(4)高空作业应搭好平台,在施工部位上方搭建好帐篷,防止灰尘侵入。

(5)变压器、高低压开关柜、电缆均安装完毕,电缆绝缘合格。

### 三、电缆头制作

1. 制作要求

(1)电缆终端头或电缆接头制作工作,应由经过培训有熟练技巧的技工担任;或在前述人员的指导下进行工作。

(2)在制作电缆终端头与电缆中间接头前应做好检查工作,并符合下列要求:

1)相位正确;

2)绝缘纸应未受潮,充油电缆的油样应合格;

3)所用绝缘材料应符合要求;

4)电缆终端头与电缆中间接头的配件应齐全,并符合要求。

(3)室外制作电缆终端头及电缆中间接头时,应在气候良好的条件下进行,并应有防止尘土和外来污染的措施。

在制作充油电缆终端头及电缆中间接头时,对周围空气的相对湿度条件应严格控制。

(4)电缆头从开始剥切到制作完毕必须连续进行,一次完成,以免受潮。剥切电缆时不得伤及线芯绝缘。包缠绝缘时应注意清洁,防止杂质与潮气侵入绝缘层。

(5)高压电缆在绕包绝缘时,与电缆屏蔽应有不小于 5 mm 间隙;绕包屏蔽时,与电缆屏蔽应有不小于 5 mm 的重叠。

绝缘纸(带)的搭叠应均匀,层间应无空隙及折皱。

(6)电缆终端头的出线应保持必要的电气间距,其带电引上部分之间及至接地部分的距离应符合表 3-19 的规定。终端头引出线的绝缘长度应符合表 3-20 的规定。

表 3-19　电缆终端头带电引上部分之间及至接地部分的距离

| 电压(kV) | | 最小距离(mm) |
|---|---|---|
| 户内 | 6 | 100 |
| | 10 | 125 |
| 户外 | 6~10 | 200 |

表 3-20　终端头引出线最小绝缘长度

| 电压(kV) | 6 | 10 |
|---|---|---|
| 最小绝缘长度(mm) | 270 | 315 |

(7)电缆终端头、电缆中间接头的铅封工作应符合下列要求:

1)搪铅时间不宜过长,在铅封未冷却前不得撬动电缆;

2)铝护套电缆搪铅时,应先涂擦铝焊料;

3)充油电缆的铅封应分两层进行,以增加铅封的密封性。铅封和铅套均应加固。

(8)灌胶前,应将电缆终端头或电缆中间接头的金属(瓷)外壳预热去潮,避免灌胶后有空隙。环氧复合物应搅拌均匀,在浇灌时应小心,防止气泡产生。

(9)电缆终端头、电缆中间接头及充油电缆的供油管路均不应有渗漏。直埋电缆中间接头盒的金属外壳及电缆金属护套,均应做防腐处理。

对于象鼻式电缆终端头,应根据设计要求做好其防震措施。

(10)单芯电缆护层保护器应密封良好,并应装在不易接触且易观察的地方,否则,应装设防护遮拦。

(11)充油电缆供油系统的安装应符合下列要求:

1)供油系统与电缆间应装有绝缘管接头;

2)表计应安装牢固,室外表计应有防雨措施,施工结束后应进行整定;

3)调整压力油箱的油压,使其在任何情况下都不应超过电缆允许的压力范围。

(12)控制电缆在下列情况下可有电缆接头,但必须连接牢固,并不应受到机械拉力。

1)当敷设的长度超过其制造长度时;

2)必须延长已敷设竣工的控制电缆时;

3)当消除使用中的电缆故障时。

(13)控制电缆终端头可采用干封或环氧树脂浇铸,制作方法同电力电缆终端头。其制作步骤如下:

1)按实际需要长度,量出切割尺寸,打好接地卡子,即可剥去钢带和铅包;

2)剥除铅包后,先将线芯间的填充物用刀割去,分开线芯,穿好塑料套管,在铅包切口处向上 30 mm 一段线芯上,用聚氯乙烯带包缠 3～4 层,边包边涂聚氯乙烯胶,然后套上聚氯乙烯控制电缆终端套;

3)套好聚氯乙烯终端套以后,其上口与线芯接合处再用聚氯乙烯带包缠 4～5 层,边包边刷聚氯乙烯胶。如果在同一个配电柜内有许多控制电缆终端头,则应保持剥切高度一致,以利美观。

(14)电力电缆的终端头、电缆中间接头的外壳与该处的电缆金属护套及铠装层均应良好接地。接地线应采用铜绞线,其截面不宜小于 10 mm$^2$。

单芯电力电缆金属护层的接地应按设计规定进行。

(15)电缆头固定应牢固,卡子尺寸应与固定的电缆相适应,单芯电缆、交流电缆不应使用磁性卡子固定,塑料护套电缆卡子固定时要加垫片,卡子固定后要进行防腐处理。

2.NTH 型室内电缆终端头制作

(1)剥切电缆。电缆头制作前,应先检验电缆是否受潮。检验合格后,即可切剥电缆。剥切电缆时,应连续操作直至完成,并尽可能缩短绝缘的暴露时间。同时,剥切电缆时不应损伤线芯和保留的绝缘层。附加绝缘的包绕、装配、热缩等均应清洁。

对电缆终端头和中间接头进行剥切时,可参照图 3-19(a)、(b)进行,其剥切尺寸应符合表 3-21～表 3-23 的规定。

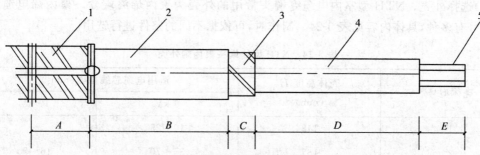

(a)纸绝缘电缆头剥切尺寸图
1—铠装；2—铅包；3—统包绝缘；4—芯线绝缘；5—芯线

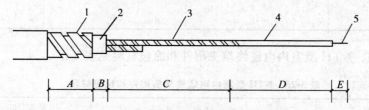

(b)全塑电缆头剥切尺寸图
1—铠装；2—塑料内护套；3—铜屏蔽层；4—芯线绝缘；5—芯线

图 3-19　电缆头剥切尺寸图

表 3-21　纸绝缘电力电缆终端头剥切尺寸　　　　　　（单位：mm）

| 电缆头形式 | A | B | C | D | E |
|---|---|---|---|---|---|
| NTH 型 | 50 | 100 | 25 | 由安装位置决定 | 接线端子孔深＋5 |
| NTH 型 | 50 | 150 | 25 | | |
| 室内干包头 | 50 | 100 | 50 | | |
| WDC 型 | 50 | 200 | 25 | 420－接线端子孔深 | |
| 热缩电缆头 | 50 | 130 | 25 | $L-25$ | |

表 3-22　全塑电缆终端头剥切尺寸　　　　　　（单位：mm）

| 电压 | A | B | C | D | E |
|---|---|---|---|---|---|
| 6 kV | 20 | 5 | 0 | 325 | 线鼻子孔深＋5 |
| 10 kV | 20 | 5 | 100＋手套指长 | 500 | |

表 3-23　电缆中间接头的剥切尺寸　　　　　　（单位：mm）

| 中间接头形式 | | A | B | C | D | E |
|---|---|---|---|---|---|---|
| 铅套管纸绝缘电缆对接头 | 6 kV,10～150 mm²<br>10 kV,10～120 mm² | 50 | 100 | 25 | 215－E | 连接管 1/2 长度加 5 |
| | 6 kV,185～240 mm²<br>10 kV,150～240 mm² | | | | 245－E | |
| 塑料盒全塑电缆对接头 | | 20 | 5～10 | — | | — |

注：剥切尺寸参照图 3-19。

(2)选择外壳。NTH 型室内电缆终端头常用的外壳为聚丙烯终端盒。聚丙烯电缆终端盒的型号有多种,具体内容见表 3-24。制作时,可依据不同的条件进行选用。

表 3-24　NTH 型终端头聚丙烯外壳

| 壳体型号 | 壳体高度 H (mm) | 适用电缆芯线截面(mm²) | |
|---|---|---|---|
| | | 6 kV | 10 kV |
| 1 | 148 | 10～25 | — |
| 2 | 167 | 35～70 | 16～50 |
| 3 | 190 | 95～185 | 10～150 |
| 4 | 210 | 240 | 185～240 |

(3)绝缘涂包。NTH 型室内电缆终端头附件和涂包材料见表 3-25。

表 3-25　NTH 型室内电缆终端头附件和涂包材料

| 序号 | 名称 | 材料 | 附注 |
|---|---|---|---|
| 1 | 外壳 | 聚丙烯电缆终端盒 | — |
| 2 | 浇注体 | 环氧树脂冷浇注剂 | 随电缆附件配套提供 |
| 3 | 统包涂包层 | 无碱玻璃丝带(涂环氧涂料) | 2＋4 层 |
| 4 | 芯线涂包层(壳内) | 透明聚氯乙烯带 | 1 层 |
| | | 耐油橡胶管 | 1 根/每芯 |
| | | 无碱玻璃丝带(涂环氧涂料) | 4 层 |
| 5 | 芯线包垫层(壳外) | 透明聚氯乙烯带 | 1 层 |
| | | (耐油橡胶管) | 与序号 4 为同一根 |
| | | 黑玻璃漆带 | 2 层 |
| | | 相色聚氯乙烯带 | 2 层 |
| | | 透明聚氯乙烯带 | 2 层 |
| 6 | 端部涂包层 | 无碱玻璃丝带(涂环氧涂料) | 充填(芯线与接线端子连接处) |
| | | 锡箔 | 填充(接线端子压坑) |
| | | 无碱玻璃丝带(涂环氧涂料) | 4 层 |
| 7 | 风车 | — | 1～2 个 |

(4)环氧树脂冷浇注剂和涂料。环氧冷浇注剂和环氧冷涂料一般由电缆附件厂配套提供,操作简便,应优先采用。冷浇注剂也可按表 3-26 配方自行配制。

表 3-26　环氧冷浇注剂配方

| 配方编号<br>材料名称 | | 冷浇注剂配比(重量比) | |
|---|---|---|---|
| | | 1 | 2 |
| 环氧树脂 | E－44(6101) | 100 | 100 |

| 配方编号 材料名称 | | 冷浇注剂配比（重量比） | |
|---|---|---|---|
| | | 1 | 2 |
| 固化剂 | 聚酰胺树脂 651(650) | 40(80) | — |
| | $\beta$—羟乙基乙二胺 | — | 20 |
| 增韧剂 | 苯二甲酸二辛脂 | — | 15 |
| 稀释剂 | 501 号 | — | 15 |
| 发热剂 | 662 甘油环氧树脂 | — | 15 |
| 填料 | 石英料(180~270 目) | 100~150 | 100 |

3.10 kV 纸绝缘电缆热缩头制作

（1）剥切电缆。10 kV 纸绝缘电缆热缩头制作前，同样需要先检验潮气。检验合格后，即可剥切电缆。剥切电缆时，首先应确定剥铅的位置。确定剥铅位置后，应先用砂布或钢丝刷把剥铅线以下 100 mm 段的铅包打毛、擦净并用塑料带包扎以防油污。剥铅后应先除去尖刺，使铅包口平整光滑（不必胀口），炭黑纸撕到铅包口平齐处，不应留有丝毫残边。再从距铅包口 25 mm 处剥切统包绝缘，割除填料，包扎临时包带，扳弯线芯，擦去多余油脂。有关剥切尺寸应参照表 3-27 中的推荐值，$E＝K$。

表 3-27 电缆剥切推荐尺寸

| $L$(mm) | | | | $K$(mm) |
|---|---|---|---|---|
| 室内 | | 室外 | | |
| 95 mm² 以下 | 120~240 mm² | 95 mm² 以下 | 120~240 mm² | 接线端子孔深加 5 mm |
| 300 | 350 | 550 | 600 | |

（2）制作步骤。10 kV 纸绝缘电缆热缩头的制作步骤。

1）三相线芯同时套上绝缘隔油管，下端应插到距铅包口 50 mm 处。用喷灯从下端均匀加热三相，使同时从根部收缩，然后再逐相往上完全收缩。

2）套上三个应力管，下端距铅包口为 80 mm，用微火缓慢加热，从下往上收缩。

3）拆除临时包带，绕包黄色填充胶。从铅包口到应力管呈苹果形，中部最大直径约为统包绝缘外径再加 15 mm。黄胶与铅包口重叠 5 mm 以确保隔油密封。线芯之间应填以适量的黄胶。

4）再次清洁铅包密封段并预热铅包。套上分支手套，分支手套应与铅包重叠 70 mm。从铅包口位置开始收缩，再往下均匀收缩密封段，随后再往上收缩直至分支指套。完全收缩后的分支手套外形应呈平滑的锥形。

5）切剥端部线芯绝缘，压接防水密封接线端子，然后用黄色填充胶填堵绝缘端部的 5 mm 间隙，与上下均匀重叠 5 mm。

6）涂胶段向下套绝缘外管，从下往上缓慢收缩。切除多余部分，使其与端子重叠约 5 mm。

7）预热接线端子，套上密封套，均匀收缩。室内头制作完毕。

8）将三孔雨裙套入线芯，自由就位进行收缩。按图 3-20 所示位置收缩各相的单孔雨裙。室外封端头即制作完毕。

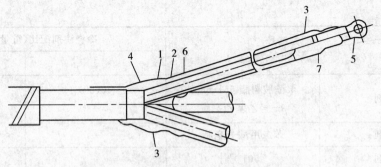

图 3-20　10 kV 纸绝缘电缆热缩头结构图

1—隔油管；2—应力控制管；3—填充黄色胶；
4—分支手套；5—接线端子；6—绝缘外管；7—密封套

**4. 室外环氧树脂电缆终端头制作**

室外环氧树脂电缆终端头的制作步骤如下：

(1)先将铜线梗旋入带有螺纹部分的铝接管内，采用整体压接后成为铜铝压接管，将带有螺纹的接线铜帽，作为电缆导线与外部引线的中间连接和电缆头的防雨帽，内加一层橡胶垫圈或加涂环氧腻子，作为出线端的密封圈。

(2)剥切尺寸确定后，将多余电缆锯掉。喇叭口以下 30 mm 一段的铅包上用锯条或钢刷打毛。

(3)电缆线芯部分堵油层的结构，基本上和室内环氧树脂电缆头相似，线芯也套以耐油橡胶管，上端套到与线芯绝缘平即可。管外壁的上下两端 20～30 mm 处，事先用木锉锉毛，以增强与环氧树脂涂料的粘附强度。

(4)在电缆分线处至喇叭口下一段铅包及铝接管与耐油橡胶管接合处，用无碱玻璃丝带刷以环氧树脂涂料包绕，作为线芯堵油层。橡胶外不需再包绝缘带，即可装上外壳，浇入环氧树脂复合物。但在浇注前，应在上盖与壳体的接缝处及上盖与套管的接缝处用塑料带包扎几层，或用环氧腻子封口，以防浇注环氧树脂复合物时渗漏。

(5)浇注好环氧树脂复合物后，盖上孔帽，再从套管上口补充浇注，装上接线铜帽。待环氧树脂复合物硬化后，拆去外壳上临时包缠的塑料带，固定好电缆头，接好地线。

**5. 铅(铜)套管式中间接头制作**

(1)接头套管的选择。电缆中间接头所用的铅套管应无砂眼、裂缝、弯曲现象，厚度要均匀，并能承受 $24.5 \times 10^4$ Pa 压力试验。铅套管一般用挤压法制造，也可用无缝铅管加工而成。

铅套管含铅量应不少于 99.9%。由于铅的机械强度比较差，故而铅管的直径不宜过大，一般铅管内径不宜大于 150 mm，厚度为 4 mm。如果为增加机械强度而增加铅管厚度，则两端不易敲打成坡度。因此当需要直径较大的接头套管时，应采用铜套管。铜套管是使用 1.5 mm 厚的紫铜板经铜焊而成。如果改变绝缘包带的材料(例如使用聚四氟乙烯包带或者成型纸卷带)，则可相应减小铅套管的规格。

(2)开浇注孔。铅套管式中间接头制作前，应先在铅套管上开浇注孔，如图 3-21 所示，然后将套管两端敲成渐缩型，其内径要比电缆铅(铝)包外径略大，再将铅管纵向剖开，清理管内壁。

(3)绑扎线、剥麻被护层及剥铠装。先将电缆调直并垫高，两电缆端头重叠约 200 mm 定出接头中心位置后，放好水泥基础板。再按图3-22绑扎线、剥切麻被护层及铠装。其中，电缆剥切尺寸可参照表3-28。

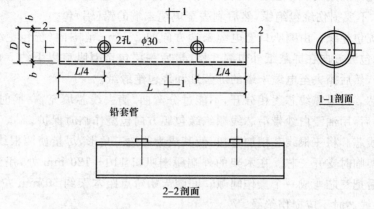

1-1剖面

铅套管

2-2剖面

图3-21 铅套管开浇注孔

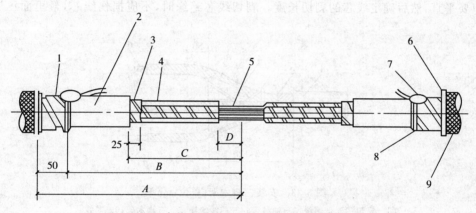

图3-22 铅套管中间接头电缆剥切尺寸图（单位：mm）

1—铠装；2—铅（铝）包；3—统包绝缘；4—线芯绝缘；

5—线芯；6—扎线Ⅱ；7—接地线封铅；8—扎线Ⅰ；9—麻被护层

表3-28 铅套管中间对接头电缆剥切尺寸

| 电压等级（kV） | | 电缆剥切尺寸（mm） | | | |
|---|---|---|---|---|---|
| 6 | 10 | | | | |
| 线芯截面（mm²） | | $A$ | $B$ | $C$ | $D$ |
| 10～50 | 16～25 | 390 | 340 | 240 | |
| 70～95 | 35～50 | 390 | 340 | 240 | |
| 120～150 | 70～120 | 390 | 340 | 240 | 连接管长度一半加5 |
| 185～240 | 150～185 | 420 | 370 | 270 | （焊接时加15） |
| — | 240 | 420 | 370 | 270 | |

（4）撕内垫层。用喷灯将内垫层均匀烘烤至易剥除即可，然后逐层撕去，并用汽油铅（铝）包擦拭干净，注意勿用火烧内垫层，以防铅（铝）包过热而损坏绝缘。

（5）剥铅（铝）包。按图 3-22，在扎线 Ⅱ 向电缆末端方向 80 mm 一段铅（铝）包上用白纱布包绕作临时保护，确定喇叭口位置，用剥铅（铝）刀沿铅（铝）包圆周切一环痕，其深度为铅（铝）包厚度的 1/2，不要损伤绕包绝缘，然后剥去至电缆末端的铅（铝）包。

（6）撕去统包绝缘。由喇叭口至电缆末端方向的 25 mm 范围内（统包绝缘长度），用油浸白纱带顺绝缘包缠方向在屏蔽纸外包缠 5 层，最后一层包至喇叭口以下约 5 mm 的铅（铝）包上作临时保护，然后撕去至电缆末端的屏蔽纸和绕包绝缘纸。

（7）分线芯。将电缆线芯逐相分开，不能过分弯曲，摘去线芯填充物，摘时刀口朝外，避免损伤绝缘。然后，用油浸白纱带沿芯线顺绝缘包缠方向包绕作临时保护。

（8）连接线芯。将三根线芯稍加弯扭，使其成为等边三角形，尽量使两根线芯向上，一根向下，用三角木架临时支开三芯。在木架的外端距喇叭口 110～120 mm 处，用油浸白纱带十字交叉扎紧，然后把三芯弯成一个操作间隙。间隙起始弯点距木架约 50 mm 左右，如图 3-23 所示。注意弯曲线芯时不应损伤绝缘。

将两端同相序线芯的重叠部分用铜扎线绑齐扎紧，根据图 3-22，由中心处锯齐三根线芯，锯断口要平直，然后确定线芯的剥切长度。剥切线芯绝缘时，不应损伤线芯，最里面三层用手撕掉。

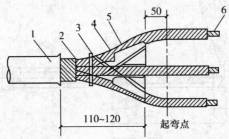

图 3-23　安装三脚木架（单位：mm）

1—铅包；2—带绝缘；3—油纱带；4—芯线绝缘；5—三脚木架；6—芯线

根据表 3-29 选择与线芯截面相适应的连接管，将连接管内壁和线芯端部用棉丝擦拭干净，并清除氧化层和油渍，然后进行压接或焊接。压接或焊接完成后，可用汽油将连接部分擦拭干净，再拆去所有的临时保护带及三脚支架，撕去厂标相序纸。

表 3-29　铝压接连接管尺寸表

| 缆芯截面（mm²） | 尺寸（mm） | | | 缆芯截面（mm²） | 尺寸（mm） | | |
|---|---|---|---|---|---|---|---|
| | 内径 | 外径 | 长度 | | 内径 | 外径 | 长度 |
| 16 | 5.2 | 10.0 | 65 | 70 | 11.2 | 18.0 | 80 |
| 25 | 6.8 | 12.0 | 65 | 95 | 13.1 | 21.0 | 85 |
| 35 | 7.9 | 14.0 | 65 | 120 | 15.0 | 23.0 | 90 |
| 50 | 9.5 | 16.5 | 75 | 150 | 16.5 | 24.5 | 95 |

（9）胀喇叭口和撕屏蔽纸。用白纱带在剥铅（铝）口屏蔽纸外，顺绝缘包缠方向包绕作临时保护，胀开喇叭口。

用胀铅器将铅（铝）包胀成喇叭形，胀口应光滑平整，无毛刺。铅（铝）包喇叭口的直径约为铅(铝)包直径的 1.2 倍。胀铝包喇叭口较困难,胀口可以适当大一些。应注意,在胀铅(铝)包时,不要损伤统包绝缘。

撕去屏蔽纸外的临时保护带,将绕包绝缘外的屏蔽纸撕至喇叭口以下,要撕整齐。

(10)排潮。用汽油将线芯绝缘和统包绝缘擦拭干净,然后自喇叭口处向电缆末端方向来回浇烫 150℃的电缆油,直到无"嘶嘶"声或不产生白色泡沫为止。

(11)包绕增绕绝缘。电缆中间接头包绕增绕绝缘有如下两种:

1)包绕线芯增绕绝缘。用卡钳量取连接管的最大外径,从线芯根部起,两根连接电缆各用聚四氟乙烯带顺线芯绝缘方向半迭式包绕 3 层至连接管,并填平连接管两端与线芯绝缘的间隙。用锡箔纸将连接管上的压坑填平,再将两段包绕层在连接管段收紧,最后在距连接管两端各 90 mm 的范围内,沿线芯和连接管用聚四氟乙烯带半迭式包绕,使接管部分增绕绝缘外径为连接管最大外径加 8 mm,并使连接管两端的增绕绝缘层形成锥形,包绕包绝缘时必须层层包紧包平。

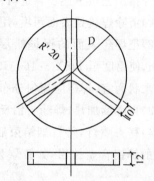

图 3-24  三芯瓷隔板(单位:mm)

2)包绕统包增绕绝缘。先在绕包绝缘上用聚四氟乙烯带包绕 5 层,然后用一个聚四氟乙烯带制作的风车压紧三叉口,再用聚四氟乙烯带自三叉口外至喇叭口在绕包绝缘和线芯增绕绝缘上顺绝缘包缠方向半迭包绕 10 层。

(12)装隔板。在线芯增绕绝缘的直线段两端装入瓷隔板,并用油侵白纱带绑扎固定。瓷隔板的外形及选择如图 3-24 及表 3-30 所示。

表 3-30  三芯瓷隔板选择表

| 铅套管内径(mm) | $D$ | 铅套管内径(mm) | $D$ |
|---|---|---|---|
| 90 | 80 | 140 | 130 |
| 100 | 90 | 150 | 140 |
| 120 | 110 | — | — |

(13)装铅套管。将铅套管沿纵向裂纹用手掰开,在电缆接头上装好,应使浇注孔和纵向裂纹均处于偏垂直向上 45°位置,且铅套管两端渐缩口应紧贴靠在电缆铅(铝)包的周围。

(14)封铅。有套管纵向裂纹封铅和套管端部封铅两种。

1)套管纵向裂纹封铅。先用喷灯均匀烤热套管的裂缝周围,涂硬脂酸,清除氧化层和油渍,然后用涂擦法封铅,将焊料用喷灯加热软化,在套管裂缝上涂擦,经多次涂擦后,使焊料有适当的堆集量,然后将堆集的焊料再次加热,并用浸渍过牛脂或羊脂的细布抹光。封铅表面应圆滑无砂眼。

2)套管端部封铅。先用喷灯均匀烤热铅套管圆锥部分与电缆铅(铝)包的周围,涂上硬脂酸,清除氧化层和油渍,然后将焊料用喷灯加热软化,在套管的圆锥体与铅(铝)包上用涂擦法封铅。

(15)浇注沥青绝缘胶。将沥青绝缘胶加热到规定温度,再冷却到 120℃～130℃即可浇注。在浇注孔上安装漏斗和滤网,将沥青胶从浇注孔注入铅套管内至浸没线芯为止,待冷却到 60℃时(一般以手能触及套管外壁即可),再补浇加满铅套管,最后待铅套管外壁冷却到周围环境温度时,再补浇一次,盖上两个浇注孔的封铅盖进行封焊。

(16)焊接地线。焊接前,先将两道扎线间的铠装和被焊区的铅(铝)皮表面擦拭干净。如采用低温反应蜡焊法对铝包进行处理,所用材料是 HL-734 铝焊药及铝焊条。焊药的熔点为145℃~160℃,在220℃~270℃即发生反应。反应时,能有效地去除氧化铝,并在铝表面生成锌锡合金层,以防氧化铝膜再生。

焊接工艺按下述步骤进行:

1)清除焊接处表面污垢,用钢丝刷把铝包表面刷亮;

2)把焊药表面的保护蜡层及塑料壳削去一段,然后用喷灯沿铅包周围均匀预热 1~2 min,使温度至 145℃~160℃左右,涂上焊药。温度掌握在焊药涂上后能立即熔融并呈现黄色胶水状为宜,焊药应均匀分布于焊肉表面;

3)再继续加热,焊药与铝反应开始起泡,随即大量冒白烟,此时温度约为 220℃~270℃;

4)移去喷灯,待冒烟结束后,立即用于净抹布拭去反应后的残渣。焊接处应露出发亮而均匀的锌锡合金镀层,如镀层发亮不均匀,可用细纱布将其擦去,重新操作,直至发亮均匀为止;

5)用 10~25 mm² 的软铜绞线(末端经退火并除去氧化层)排列在铠装和铅(铝)包上,伸到铅(铝)包的长度约为 10~15 mm,并在两道铠装扎线间绑扎接地线两圈;

6)焊接。先将铠装、铅(铝)包的被焊面及接地线用喷灯稍稍加热,在铠装上涂焊锡膏并涂锡一层,在铅(铝)包上涂抹硬脂酸去除氧化层,再用配制好的焊料用喷灯加热变软,在整个焊面上反复涂擦,使其有一定堆集量后再加热,使之变软而不流淌,以浸渍过牛脂或羊脂细布擦光,形似半个鸽蛋。上下两层铠装均应焊牢。

在地线跨过铅套管的中部,用同样方法封焊固定在铅套管上,最后拆除临时扎线。

(17)防腐处理。将铅套管和铅(铝)包表面用汽油擦拭干净,用细纱布除去氧化物,然后将须防护的裸露部分的表面用下述方法覆盖严密:热涂沥青+牛皮纸两层+热涂沥青。

(18)组装水泥保护盒。先在铅套管下面垫两块经防腐处理的木块,再装上水泥保护盒的侧壁。保护盒两端进线口处的电缆用沥青黄麻带包绕,然后用经过防腐处理的木块将电缆垫起,使电缆中心处在一条水平线上,以防电缆的铅(铝)包扭折。最后,在盒内填满细砂,盖上顶板,验收合格后即可覆土。

6. 塑料电缆中间接头制作

电缆接头制作前,应先检查盒体和零部件,检查盒和零部件是否完好、齐全,零部件的规格和数量应与采用的电缆相符。盒体内壁及其部件应用汽油布清擦干净,并试组装,准备就绪之后,即可开始加工制作。

(1)剥切电缆。剥切电缆前,应先把电缆调直,再将被连接的两电缆端头重叠 100 mm,并用扎线绑紧,然后从重叠的中心处锯断电缆。断面应齐整,无毛刺。剥电缆护套时,应按设计要求进行,电缆护套应剥切成圆锥状,以便于包绕和密封。

剥切电缆铠装时,应在距护套切口 20 mm 处的铠装上用直径 2.1 mm 经退火的铜线作临时绑扎,然后距扎线 3~5 mm 处的电缆末端一侧的铠装上锯一环痕,其深度为铠装厚度的1/2,剥去两层铠装。

(2)套护套。塑料连接盒两端的部件上应套在电缆护套上。施工前,应先用汽油布清擦电缆护套、清擦干净后,可将塑料连接合及其一端的部件套在一根电缆护套上,另一端部件套在另一根电缆护套上。

(3)剥电缆内护层。在铠装切口以上留出 5～10 mm 的塑料带内护层,其余部分剥除。多余的电缆填充物不要切除,暂卷回到电缆根部备用。在剥铠装及内护层时不应损伤屏蔽带。

(4)剥切屏蔽带。首先应剥去各线芯屏蔽带外层的塑料带。剥塑料时,注意保护屏蔽带,以免松脱。切剥屏蔽带时,可在分相屏蔽带上用 1.5 mm² 的软铜线扎紧,并将扎线以上的屏蔽带切除,切断处的尖角应向外反折。对于切去屏蔽部分的半导体布带,应将其剥下,但不要切断,暂绕在根部备用。

(5)连接线芯。按设计切割末端线芯绝缘,并将线芯绝缘端剖削成阶梯状圆锥形,注意不要伤及线芯。选择好与线芯截面相适配的连接管,将管孔内壁和线芯表面擦拭干净,并除去氧化层和油渍,然后进行压接或焊接。连接管突起部分应用锉刀锉平,并用汽油布清擦干净。

(6)包绕线芯绝缘。包绕线芯绝缘前,应先用汽油布将线芯绝缘表面清擦干净。其具体施工工艺如下。

1)填平包绕。将压接的压坑用锡箔纸填平,然后用半导体布带将线芯连接处的裸露导体包绕一层。

2)增绕绝缘层。用自黏性橡胶带从连接管处开始以半迭包增绕绝缘层。

3)布带包绕。将已剥下的半导体布带紧密地包绕在整个增绕绝缘的表面上,包绕时应保证半导体布带层是一个连续的整体。

4)铝带包绕。用薄铝带(或锡箔)在半导体布带层上以半迭式包绕一层,铝带与两端线芯屏蔽重叠约 20 mm,然后用 1.5 mm² 的铜线在重叠处紧扎 3 道,并在铝带外用相同的软铜线交叉绕扎,绕扎的软铜线在交叉处与两端软铜扎线宜相互焊接。焊接应用烙铁,禁止用喷灯。

5)塑料粘胶带包绕。用塑料粘胶带半迭式包绕两层,其外再用白布带包绕一层。

(7)合拢线芯恢复原状。将包绕好的线芯合拢,并将原填充物复位填充,使恢复原来形状,然后用白布带统包扎紧,包至塑料带内护层上。

(8)焊接或绑扎连接铠装的接地线。首先拆去铠装上的临时扎线,并将铠装打毛,然后把接地软铜线平贴在白布带统包扎紧层上,用直径 2.1 mm 的退火铜绑线将接地软铜线与两端铠装紧扎。接地线与铠装采用焊接时扎 3 道,绑接时扎 5 道。一般采用焊接,焊接时禁用喷灯。

(9)包绕塑料粘胶带与白布带。在白布带统包扎紧层外绕包塑料粘胶带 3 层,包至铠装以下约 40 mm 的护套上。其外再半迭包绕白布带一层。

(10)装配塑料连接盒。预先套装于电缆连接部位两端的连接盒及其部件按设计尺寸移正并定位,然后安装螺纹连接头及螺盖。安装时宜选用专用工具旋紧螺纹,以保证螺盖全面受力,以防塌角。

(11)浇注沥青胶。选用适合本地区温度的沥青胶,加热至高于浇灌温度 10℃。从盒体的一个浇注口注入沥青胶,直到沥青胶从另一浇注口溢出为止,最后装上浇注口盖。注入时应过滤。

#### 四、电缆头制作应注意的质量问题

(1)制作电缆头和电缆中间接头的电工按有关要求持证上岗。

(2)制作电缆终端头和接头前应检查电缆受潮及相位连接情况。所使用的绝缘材料应符合要求,辅助材料齐全,电缆头和中间接头制作过程须一次完成,不得受潮。

(3)电力电缆的终端头与电缆接头的外壳与该处的电缆金属护套及铠装层均应接地良好。

(4)电缆剥切时不得伤及线芯的绝缘层。电缆终端头和电缆接头的金属(次)外壳灌铅应经过预热去潮,避免灌铅时有气隙缺陷。环氧树脂电缆终端头或电缆接头所用的环氧复合物应搅拌均匀,以防止灌环氧树脂时有气泡产生,形成质量问题。

(5)控制电缆头制作时,其头套(花篮电缆头)应与其外径相匹配。

(6)用绝缘带包扎时,包扎高度为 30～50 mm。应使同一排的控制电缆头高度一致,一般电缆头位于最低一端子排接线板下 150～300 mm 处。

(7)6～10 kV 的动力电缆头应包绕成应力锥形状。锥高度对截面积为 35 mm² 的油浸纸绝缘电缆,为电缆直径与 35 mm 相加之和的 2 倍;对截面积为 50 mm² 的油浸纸绝缘电缆,锥高度为电缆直径与 50 mm 相加之和的 2 倍。对 100 mm 的全塑电缆,应力锥的最大直径为电缆外径的 1.5 倍;一般动力电缆应力锥中间最大直径为芯线直径加上 16 mm。在室外的防雨帽及电缆封装应严密。与设备连接的相序与极性标志应明显、正确;多根电缆并列敷设时,中间接头位置应错开,净距不小于 0.5 m。

(8)电缆头固定应牢固,卡子尺寸应与固定的电缆相适配,单芯电缆、交流电缆不应使用磁性卡子固定,塑料护套电缆卡子固定时要加垫片,卡子固定后要进行防腐处理。

## 第六节 电线、电缆连接与接线

#### 一、导线连接一般要求

(1)接触紧密,接触电阻小,稳定性好;与同长度同截面导线的电阻比应大于 1。

(2)接头的机械强度应不小于导线机械强度的 80%。

(3)对于铝与铝连接,如采用熔焊法,应防止残余熔剂或熔渣的化学腐蚀;对于铜与铝连接,主要防止电化腐蚀,在接头前后,要采取措施,避免这类腐蚀的存在。否则,在长期运行中,接头有发生故障的可能。

(4)接头的绝缘强度应与导线的绝缘强度一样。

(5)电缆芯线连接时,所用连接管和接线端子的规格应相符。采用焊锡焊接铜芯线时,不应使用酸性焊膏。

(6)电缆线芯连接金具,应采用符合标准的连接管和接线端子,其内径应与电缆线芯紧密结合,间隙不应过大;截面宜为线芯截面的 1.2～1.5 倍。

采用压接时,压接钳和模具应符合规格要求。压接后,应将端子或连接管上的凸痕修理光滑,不得残留毛刺。

(7)三芯电力电缆终端处的金属护层必须接地良好;塑料电缆每相铜屏蔽和钢铠应用焊锡焊接接地线。

## 二、焊锡的配制

配制焊锡所用的材料为纯铅与纯锡,其重量比为 1∶1,即各占溶液质量的 50%。其配制工艺如下。

(1)将铅与锡按比例量好(如铅利用电缆的铅皮时,铅的定量应考虑油污等杂质,并予以扣除),将铅放在铅缸内加热到 330℃左右(铅熔点为 327℃)使它全部熔化。熔缸宜用铸铁制成,厚 20 mm,以利于恒温。燃料可用焦炭或煤,也可用座式打气炉或煤油炉。

(2)铅全部熔化后,投入锡于铅溶液中,将锡全部熔化,要求在 260℃左右恒温(锡熔点 232℃)静置。

(3)在合金熔化过程中,应注意测定熔液的温度。一般以目测及简易测试的方法来确定溶液温度。

1)在合金熔化过程中,溶液表面呈紫色,随着温度升高,颜色逐渐变黄,此时温度大约为 260℃左右。

2)用一张白纸放在溶液表面 1~2 min,若纸表面变黄即可,如果纸被熏焦或燃烧,说明温度过高,应停止加热。

(4)配制时,焊锡的熔点约为 220℃,在 188℃~220℃之间呈糊状,当熔液达到 260℃左右时,即可浇铸。

(5)在熔化后恒温时,必须用铁勺搅拌均匀,使铅锡混合好再进行浇铸。铸模最好专用,每条焊料重量以 2 kg 左右为宜,长度约 700 mm。待合金表面凝固,可在模具底面下加水冷却,全部凝固后即可从模具中倒出。

## 三、导线绝缘层的剥切

导线绝缘层剥切方法,通常有单层剥切法、分段剥法和斜削三种。单层剥法适用于塑料线;分段剥法适用于绝缘层较多的导线,如橡胶线、铅皮线等;斜削法就是像削铅笔一样,如图 3-25 所示。

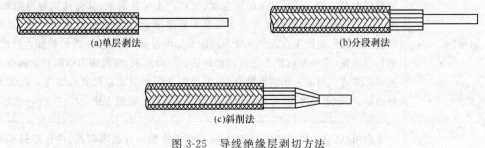

(a)单层剥法　　(b)分段剥法　　(c)斜削法

图 3-25　导线绝缘层剥切方法

## 四、铜、铝导线连接

1. 铜导线连接

(1)导线连接前,为便于焊接,用砂布把导线表面残余物清除干净,使其光泽清洁。但对表面已镀有锡层的导线,可不必刮掉,因它对锡焊有利。

(2)单股铜导线的连接,有绞接和缠卷两种方法,凡是截面较小的导线,一般多用绞接法;较大截面的导线,因绞捻困难,则多用缠卷法。

(3)多股铜导线连接,有单卷、复卷和缠卷三种方法,无论何种接法,均须把多股导线顺次解开成 30°伞状,用钳子逐根拉直,并用砂布将导线表面擦净。

(4)铜导线接头处锡焊,方法因导线截面不同而不同。10 mm² 及以下的铜导线接头,可用电烙铁进行锡焊;在无电源的地方,可用火烧烙铁;16 mm² 及其以上的铜导线接头,则用浇焊法。

无论采用哪种方法,锡焊前,接头上均须涂一层无酸焊锡膏或天然松香溶于酒精中的糊状溶液。但以氯化锌溶于盐酸中的焊药水不宜采用,因为它能腐蚀铜导线。

2. 铝导线连接

铝导线与铜导线相比较,在物理、化学性能上有许多不同处。由于铝在空气中极易氧化,导线表面生成一层导电性不良并难于熔化的氧化膜(铝本身的熔点为 653℃,而氧化膜的熔点达到 2 050℃,而且比重也比铝大),当熔化时,它便沉积在铝液下面,降低了接头质量。因此,铝导线连接工艺比铜导线复杂,稍不注意,就会影响接头质量。

铝导线的连接方法很多,施工中常用的有机械冷态压接、反应口焊、电阻焊和气焊等。

### 五、电缆导体的连接

电缆导体连接应符合的要求见表 3-31。

表 3-31  电缆导体连接应符合的要求

| 要　求 | 内　容 |
|---|---|
| 连接点的电阻小而且稳定 | 连接点的电阻与相同长度、相同截面的导体的电阻的比值,对于新安装的终端头和中间接头,应不大于 1;对于运行中的终端头和中间接头,比值应不大于 1.2 |
| 有足够的机械强度(主要是指抗拉强度) | 连接点的抗拉强度一般低于电缆导体本身的抗拉强度。对于固定敷设的电力电缆,其连接点的抗拉强度,要求不低于导体本身抗拉强度的 60% |
| 耐腐蚀 | 铜和铝相接触时,由于这两者金属标准电极电位差较大,当有电解质存在时,将形成以铝为负极、铜为正极的原电池,使铝产生电化腐蚀,从而使接触电阻增大。另外,由于铜铝的弹性模数和热膨胀系数相差很大,在运行中经多次冷热(通电与断电)循环后,会使接点处产生较大间隙而影响接触,从而产生恶性循环。因此,铜和铝的连接,是一个应该十分重视的问题。一般地说,应使铜和铝两种金属分子产生相互渗透。例如采用铜铝摩擦焊、铜铝闪光焊和铜铝金属复合层等。在密封较好的场合,如中间接头,可采用铜管内壁镀锡后进行铜铝连接 |
| 耐振动 | 在船用、航空和桥梁等场合,对电缆接头的耐振动性要求很高,往往超过了对抗拉强度的要求。这项要求主要通过振动(仿照一定的频率和振幅)试验后,测量接点的电阻变化来检验 |

### 六、电缆接线

1. 导线与接线端子连接

(1)10 mm² 及以下的单股导线,在导线端部弯一圆圈,直接装接到电气设备的接线端子上,注意线头的弯曲方向与螺栓(或螺母)拧入方向一致。

（2）4 mm² 以上的多股铜或铝导线，由于线粗、载流大，在线端与设备连接时，均需装接铝或铜接线端子（线鼻子），再与设备相接，这样可避免在接头处产生高热，烧毁线路。

（3）铜接线端子装接，可采用锡焊或压接方法。

1）锡焊时，应先将导线表面和接线端子用砂布擦干净，涂上一层无酸焊锡膏，将线芯搪上一层焊锡，然后，把接线端子放在喷灯火焰上加热。当接线端子烧热时，把焊锡熔化在端子孔内，并将搪好锡的线芯慢慢插入，待焊锡完全渗透到线芯缝隙中后，即可停止加热，使其冷却。

2）采用压接方法时，将线芯插入端子孔内，用压接钳进行压接。铝接线端子装接，也可采用冷压接。压接工艺尺寸如图 3-26 所示，铝芯点压法压接工艺尺寸见表 3-32。

表 3-32　铝芯点压法压接工艺尺寸

| 适用电缆截面 (mm²) | $h_1$ (mm) | $h$ (mm) | 适用电缆截面 (mm²) | $h_1$ (mm) | $h$ (mm) |
|---|---|---|---|---|---|
| 16 | 5.4 | 4.6 | 95 | 11.4 | 9.6 |
| 25 | 5.9 | 6.1 | 120 | 12.5 | 10.5 |
| 35 | 7.0 | 7.0 | 150 | 12.8 | 12.2 |
| 50 | 8.3 | 7.7 | 185 | 13.7 | 14.3 |
| 70 | 9.2 | 8.8 | 240 | 16.1 | 14.9 |

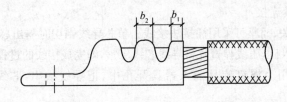

图 3-26　铝连接端子压接工艺尺寸图

## 2. 导线与平压式接线桩连接

导线与平压式接线桩连接见表 3-33。

表 3-33　导线与平压式接线桩连接

| 项目 | 内容 |
|---|---|
| 单芯线连接 | 用螺钉或螺帽压接时，导线要顺着螺钉旋进方向紧绕一周后再旋紧（反方向旋绕在螺钉上，旋紧时导线会松出），如图 3-27 所示。<br>现场施工中，最好的方法是将导线绝缘层剥去后，芯线顺着螺钉旋紧方向紧绕一周，再旋紧螺钉，用手捏住导线头部（全线长度不宜小于 40～60 mm），顺时针方向旋转，线头即断开 |
| 多芯铜软线连接 | 多股铜芯软线与螺钉连接时，可先将软线芯线做成羊眼圈状，挂锡后再与螺钉固定。也可将导线芯线挂锡后，将芯线顺着螺钉旋进方向紧绕一周，再围绕住芯线根部绕将近一周后，拧紧螺钉，如图 3-28 所示 |

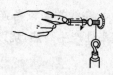

图 3-27 导线在螺钉上旋绕　　　　图 3-28 软线与螺钉连接

### 3. 导线与针孔式接线桩连接

当导线与针孔式接线桩连接时,应把要连接的芯线插入接线桩头针孔内,线头露出针孔 1~2 mm。如果针孔允许插入双根芯线时,可把芯线折成双股后再插入针孔,如图 3-29 所示。如果针孔较大,可在连接单芯线的针孔内加垫铜皮,或在多股线芯线上缠绕一层导线,以扩大芯线直径,使芯线与针孔直径相适应,如图 3-30 所示。

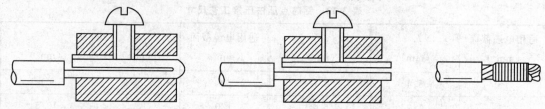

图 3-29 用螺钉支紧的连接方法　　　　图 3-30 针孔过大的连接方法

导线与针孔式接线桩头连接时,应使螺钉顶压更加平稳、牢固且不伤芯线。如用两根螺钉顶压的,则芯线线头必须插到底,使两个螺钉都能压住芯线。并应先拧牢前端的螺钉,后拧另一个螺钉。

### 4. 单芯导线与器具连接

单芯导线与专用开关、插座可采用插接法接线。单芯导线剥切时露出芯线长度为 12~15 mm,由接线桩头的针孔中插入后,压线弹簧片将导线芯线压紧,即完成接线的过程。

需要拔出芯线时,用小螺钉旋具插入器具开孔中,把导线拔出,芯线即可脱离,如图 3-31 所示。

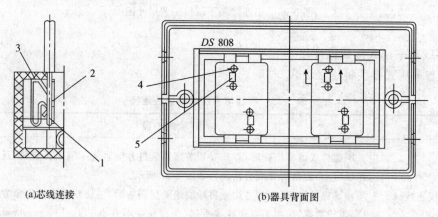

(a)芯线连接　　　　(b)器具背面图

图 3-31 单芯线与器具连接

1—塑料单芯线;2—导电金属片;3—压线弹簧片;

4—导线连接孔;5—螺钉旋具插入孔

### 七、电线、电缆连接与接线应注意的质量问题

接线要牢固、导电良好,操作时要符合下列要求。

（1）剖开导线绝缘层时,不应损伤芯线;芯线连接后,绝缘带应包缠均匀紧密,其绝缘强度不应低于导线原绝缘层的绝缘强度;在接线端子的根部与导线绝缘层间的空隙处,应采用绝缘带包缠严密。

（2）在配线的分支连接处,干线不应受到支线的横向拉力。

（3）导线与设备、器具的连接应符合下列要求:

1）截面为 10 mm² 及以下的单股铜芯线和单股铝芯线可直接与设备、器具的端子连接;

2）截面为 2.5 mm² 及以下的多股铜芯线的线芯应先拧紧搪锡或压接端子后再与设备、器具的端子连接;

3）多股铝芯线和截面大于 2.5 mm² 的多股铜芯线的终端,除设备自带插座或端子外,应焊接或压接端子后再与设备、器具的端子连接;

4）绝缘电线除芯线连接外,在连接处应用绝缘带（塑料带、黄蜡带等）包缠均匀严密,绝缘强度不低于原有强度。在接线端子的端部与电线绝缘层的空隙处,也应用绝缘带包缠严密,最外层处还得用黑胶布扎紧一层,以防机械损伤。

# 第七节　线路绝缘测试

**一、测量绝缘电阻**

绝缘电阻是反映电力电缆绝缘特性的重要指标,它与电缆能够承受电击穿或热击穿的能力、绝缘中的介质损耗和绝缘材料在工作状态下的逐步劣化等,存在极为密切的关系。

测量绝缘电阻是检查电缆线路绝缘状况最简单、最基本的方法。通过测量绝缘电阻可以发现工艺中的缺陷,如绝缘干燥不透或护套损伤受潮、绝缘受到污染和有导电杂质混入等。对于已投入运行的电缆,绝缘电阻是判断电缆性能变化的重要依据之一。

1. 绝缘电阻与电流的关系

当直流电压作用到介质上时,在介质中通过的电流 $i$ 由三部分组成:泄漏电流 $i_1$、吸收电流 $i_2$、充电电流 $i_3$。各电流与时间的关系如图 3-32（a）所示。

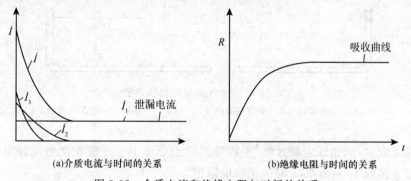

(a)介质电流与时间的关系　　　　(b)绝缘电阻与时间的关系

图 3-32　介质电流和绝缘电阻与时间的关系

合成电流 $i$（$i=i_2+i_3$）随时间的增加而减小,最后达到某一稳定电流值。同时,介质的绝缘电阻由零增加到某一稳定值。绝缘电阻随时间变化的曲线称为吸收曲线,如图 3-32（b）所示。绝缘电阻受潮后,泄漏电流增大,绝缘电阻降低而且很快达到稳定值。绝缘电阻达到稳定值的时间越长,说明绝缘状况越好。

2. 兆欧表的选用

(1)兆欧表的选择。1 kV 以下电压等级的电缆用 500～1 000 V 兆欧表;1 kV 以上电压等级的电缆用 1 000～2 500 V 兆欧表。

(2)兆欧表的使用。测量绝缘电阻一般使用兆欧表。由于极化和吸收作用,绝缘电阻读测值与加电压时间有关。如果电缆过长,因电容较大,充电时间长。当使用手摇式兆欧表摇测时,时间长,人易疲劳,不易测得准确值,故此种测量绝缘电阻的方法适用于不太长的电缆,测量时兆欧表的额定转速为 120 r/min。

新型兆欧表为非手摇式,内装电池,测试方便,不受电缆长度的限制。测量过程中,应读取加电压 15 s 和 60 s 时的绝缘电阻值 $R_{15}$ 和 $R_{60}$,而 $R_{60}/R_{15}$ 的比值称为吸收比。在同样测试条件下,电缆绝缘越好,吸收比值越大。

3. 绝缘电阻的测量

测量绝缘电阻的步骤及注意事项如下:

(1)试验前电缆要充分放电并接地,方法是将电缆导体及电缆金属护套接地。

(2)根据被试电缆的额定电压选择适当的兆欧表。

(3)若使用手摇式兆欧表,应将兆欧表放置在平稳的地方,不接线空测,在额定转速下指针应指到"∞"。再慢摇兆欧表,将兆欧表用引线短路,兆欧表指针应指零。这样说明兆欧表工作正常。

(4)测试前应将电缆终端套管表面擦净。兆欧表有接地端子 E、屏蔽端子 G、线路端子 L 三个接线端子。为了减小表面泄漏可这样接线:用电缆另一导体作为屏蔽回路,将该导体两端用金属软线连接到被测试的套管或绝缘上并缠绕几圈,再引接到兆欧表的屏蔽端子上,如图 3-33 所示。应注意,线路端子上引出的软线处于高压状态,不可拖放在地上,应悬空。

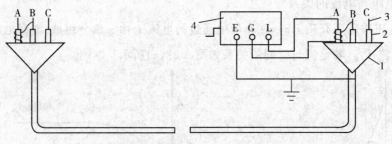

图 3-33　测量绝缘电阻接线方法

1—电缆终端;2—套管或绕包的绝缘;3—导体;4—500～2 500 V 兆欧表

(5)手摇兆欧表,到达额定转速后,再搭接到被测导体上。一般在测量绝缘电阻的同时测定吸收比,故应读取 15 s 和 60 s 时的绝缘电阻值。

(6)每次测完绝缘电阻后都要将电缆放电、接地。电缆线路越长、绝缘状况越好,则接地时间越要长些,一般不少于 1 min。

4. 对绝缘电阻值的要求

对电缆的绝缘电阻值一般不作具体规定,判断电缆绝缘情况应与原始记录进行比较,一般三相不平衡系数不应大于 2.5。当手中无资料时,可参考表 3-34 中的数值。

**表 3-34　绝缘电阻试验参考值**

| 额定电压(kV) | 1 | 3 | 6~10 |
|---|---|---|---|
| 绝缘电阻值(MΩ) | 10 | 200 | 400 |

由于温度对电缆绝缘电阻值有所影响,在做电缆绝缘测试时,应将气温、湿度等天气情况做好记录,以备比较时参考。该项试验宜在交接时或耐压试验前后进行。

## 二、直流耐压试验及泄漏电流测量

直流耐压试验及泄漏电流测量的具体内容见表 3-35。

**表 3-35　直流耐压试验及泄漏电流测量**

| 项　目 | 内　容 |
|---|---|
| 试验方法 | 耐压试验有交流和直流两种。电缆出厂时多进行交流耐压试验;而电缆线路的预防性试验和交接试验,多采用直流耐压试验。其基本方法是在电缆绝缘上加上高于工作电压一定倍数的电压值,保持一定的时间,而不被击穿。耐压试验可以考核电缆产品在工作电压下运行的可靠程度和发现绝缘中的严重缺陷。<br>　　在进行直流耐压的同时,还应进行泄漏电流测量,其试验方法与直流耐压试验是一致的。泄漏电流试验也是直流耐压试验的一部分 |
| 试验时间 | 除了在交接验收或重包电缆头时进行该项试验外,运行中的电缆,对发、变、配电所的出线电缆段每年进行 1 次,其他三年进行 1 次 |
| 试验接线与电压 | 采用直流耐压试验时,电缆线芯一般是接负极。因为如接正极,若绝缘中有水分存在,将会因渗性作用使水分移向电缆护层,结果使缺陷不易发现。当线芯接正极时,击穿电压较接负极时约高 10%,这与绝缘厚度、温度及电压作用时间都有关系 |
| 试验设备的选取 | 电缆进行直流耐压和泄漏试验时,应根据线路的试验电压,选用适当的试验设备。有条件时应优先采用成套的直流高压试验设备,进行直流耐压和泄漏试验。<br>　　成套设备可选用 JGS 型晶体管直流高压试验器,该试验器体积小,重量较轻,适用于现场试验应用。JGS 型试验器在使用前,应先检验操作箱和倍压箱是否完好和清洁,连接插销和导线不应有断线和短路现象。然后将操作箱和倍压箱间用专用插销线牢固连接好,在操作箱背部红色接线柱上接好接地线;把操作箱的电压、电流表挡位扳到所需位置,调节电压旋钮旋至零位,电源开关和启动按钮均应在关断位置,过电压保护整定旋钮顺时针到最大位置。检查好交流电源电压确认为 220 V 以后,插上电源插销,准备进行试验 |
| 试验操作 | (1)做直流耐压和测量泄漏电流时,应断开电缆与其他设备的一切连接线,并将各电缆线芯短路接地,充分放电 1~2 min。<br>　　(2)在电缆线路的其他端头处应加挂警告牌或派人看守,以防他人接近,在试验地点的周围做好防止闲人接近的措施。<br>　　(3)试验时,试验电压可分 4~6 段均匀升压,每段停留 1 min,并读取泄漏电流值,然后逐渐降低电压,断开电源,用放电棒对被试电缆芯进行放电。 |

| 项　目 | 内　容 |
|---|---|
| 试验操作 | (4)泄漏电流对黏性油浸纸绝缘电缆,其三相不平衡系数不大于 2。当额定电压为 10 kV 及其以上电缆的泄漏电流小于 20 μA 及 6 kV 及其以下电缆泄漏电流小于 10 μA 时,其不平衡系数可不作规定。橡胶、塑料绝缘电缆的不平衡系数也可不作要求。<br><br>(5)电力电缆直流耐压试验应符合表 3-36 要求。表中 V 为标准电压等级的电压。<br><br>(6)试验时,如发现泄漏电流很不稳定,或泄漏电流随试验电压升高而急剧上升;泄漏电流随试验时间延长有上升等现象,电缆绝缘可能有缺陷,应找出缺陷部位,并予以处理 |

**表 3-36　电缆直流耐压试验表**

| 标准 / 电缆类型及额定电压(kV) | 黏性油纸绝缘 | 不滴流油浸纸绝缘 | | 橡胶、塑料绝缘 | |
|---|---|---|---|---|---|
| | 3~10 | 6 | 10 | 6 | 10 |
| 试验电压(V) | 6 | 5 | 3.5 | 4 | 3.5 |
| 试验时间(min) | 10 | 5 | 5 | 15 | 15 |

### 三、电缆相位检查

电缆敷设后两端相位应一致,特别是并联运行中的电缆更为重要。

在电力系统中,相序与并列运行、电机旋转方向等直接相关。若相位不符,会产生以下几种结果,严重时送电运行即发生短路,造成事故。

(1)当通过电缆线路联络两个电源时,相位不符合会导致无法合环运行。

(2)由电缆线路送电至用户时,如两相相位不对会使用户的电动机倒转。三相相位接错会使有双路电源的用户无法并用双电源;对只有一个电源的用户,在申请备用电源后,会产生无法作备用的后果。

(3)用电缆线路送电至电网变压器时,会使低压电网无法合环并列运行。

(4)两条及以上电缆线路并列运行时,若其中有一条电缆相位接错,会产生推不上开关的恶果。

电力电缆线路在敷设完毕与电力系统接通之前,必须按照电力系统上的相位标志进行核对。电缆线路的两端相位应一致并与电网相位相符合。检查相位可用图 3-34 的方法,其中图 3-34(a)是用绝缘电阻表测试。当绝缘电阻表接通时,则表示是同一相,否则就另换一相再试。每相都要试一次,做好标记。图 3-34(b)是用 12~220 V 单相交流电的火线接到电灯处,灯亮表示同相;不亮则另换一相再试,也是每相都要测试。

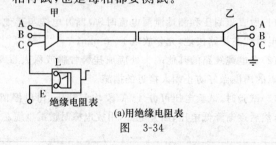

(a)用绝缘电阻表

图　3-34

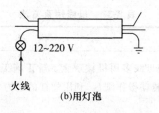

(b)用灯泡

图 3-34　电缆相位检查方法

# 第八节　母线加工

## 一、材料质量要求

母线加工前,应对母线材料进行检查,以防不合格材料用到工程中。母线开箱检查清点时,母线应具有出厂合格证、"CCC"认证标志及认证复印件、安装技术文件。技术文件应包括额定电压、额定容量、试验报告等技术数据。型号、规格、电压等级应符合设计要求。

同时,母线及外壳外观质量应符合以下要求。

(1)每一相母线组件在外壳上应有明显标志,表明所属相段、编号及安装方向。

(2)母线和外壳不应有裂纹、裂口和严重锤痕和凹凸不平现象。

(3)母线与外壳的不同心度,允许偏差为±5 mm。

(4)外壳法兰端面应与外壳轴线垂直,法兰盘不变形,法兰加工精度良好。

(5)螺栓连接的接触面加工后镀锡,锡层要求平整、均匀、光洁,不允许有麻面、起皮及未覆盖部分。

(6)外壳内表面及母线外表面涂无光泽黑漆,漆层应良好。需要现场焊接或螺栓连接的部分不涂。

(7)检查母线的厚度和宽厚是否符合标准截面的要求,对于铜母线截面误差不应超过设计截面1%;铝母线不应超过3%。

## 二、母线下料

母线下料有手工下料和机械下料两种方法。手工下料可用钢锯;机械下料可用锯床、电动冲剪机等。下料时应注意以下几点:

(1)根据母线来料长度合理切割,以免浪费。

(2)为便于日久检修拆卸,长母线应在适当的部位分段,并用螺栓联结,但接头不宜过多。

(3)下料时母线要留适当裕量,避免弯曲时产生误差,造成整根母线报废。

(4)下料时,母线的切断面应平整。

## 三、母线矫直

运到施工现场的母线往往不是很平直的,因此,安装前必须矫正平直。矫直的方法有手工矫直和机械矫直两种,具体内容见表3-37。

表 3-37　母线矫直方法

| 项　目 | 内　容 |
|---|---|
| 机械矫直 | 对于大截面短型母线多用机械矫直。矫正施工时,可将母线的不平整部分放在矫正机的平台上,然后转动操作圆盘,利用丝杠的压力将母线矫正平直。机械矫直较手工矫直更为简单便捷 |
| 手工矫直 | 手工矫直时,可将母线放在平台或平直的型钢上。对于铜、铝母线应用硬质木锤直接敲打,而不能用铁锤直接敲打。如母线弯曲过大,可用木锤或垫块(铝、铜、木板)垫在母线上,再用铁锤间接敲打平直。敲打时,用力要适当,不能过猛,否则会引起母线再次变形。<br><br>　　对于棒型母线,矫直时应先锤击弯曲部位,再沿长度轻轻地一面转动一面锤击,依靠视力来检查,直至成直线为止 |

## 四、母线弯曲

将母线加工弯制成一定的形状,叫做弯曲。母线一般宜进行冷弯,但应尽量减少弯曲。如需热弯,对铜加热温度不宜超过 350℃,铝不宜超过 250℃,钢不宜超过 600℃。对于矩形母线,宜采用专用工具和各种规格的母线冷弯机进行冷弯,不得进行热弯;弯出圆角后,也不得进行热摵。

1. 弯曲要求

母线弯曲前,应按测好的尺寸,将矫正好的母线下料切断后,按测出的弯曲部位进行弯曲,其要求如下。

(1)母线开始弯曲处距最近绝缘子的母线支持夹板边缘不应大于 $0.25L$,但不得小于 50 mm。

(2)母线开始弯曲处距母线连接位置不应小于 50 mm。

(3)矩形母线应减少直角弯曲,弯曲处不得有裂纹及显著的起皱,母线的最小弯曲半径应符合表 3-38 的规定。

表 3-38　母线最小弯曲半径($R$)值

| 母线种类 | 弯曲方式 | 母线断面尺寸(mm) | 最小弯曲半径(mm) | | |
|---|---|---|---|---|---|
| | | | 铜 | 铝 | 钢 |
| 矩形母线 | 平弯 | 50×5 及其以下 | $2a$ | $2a$ | $2a$ |
| | | 125×10 及其以下 | $2a$ | $2.5a$ | $2a$ |
| | 立弯 | 50×5 及其以下 | $1b$ | $1.5b$ | $0.5b$ |
| | | 125×10 及其以下 | $1.5b$ | $2b$ | $1b$ |
| 棒形母线 | — | 直径为 16 及其以下 | 50 | 7 | 50 |
| | | 直径为 30 及其以下 | 150 | 150 | 150 |

(4)多片母线的弯曲度应一致。

(5)母线弯曲形式如图 3-35 所示,具体内容见表 3-39。

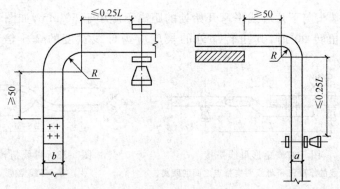

图 3-35 母线的立弯与平弯

*a*—母线厚度;*b*—母线宽度;*L*—母线两支持点间的距离;*R*—母线最小弯曲半径

表 3-39 母线的弯曲形式

| 项 目 | 内 容 |
|---|---|
| 平弯 | 先在母线要弯曲的部位划上记号,再将母线插入平弯机的滚轮内,需弯曲的部位放在滚轮下,校正无误后,拧紧压力丝杠,慢慢压下平弯机的手柄,使母线逐渐弯曲。<br>对于小型母线的弯曲,可用台虎钳弯曲,但大型母线则需用母线弯曲机进行弯制。弯制时,先将母线扭弯部分的一端夹在台虎钳上,为避免钳口夹伤母线,钳口与母线接触处应垫以铝板或硬木。母线的另一端用扭弯器夹住,然后双手用力转动扭弯器的手柄,使母线弯曲达到需要形状为止 |
| 立弯 | 将母线需要弯曲的部位套在立弯机的夹板上,再装上弯头,拧紧夹板螺钉,校正无误后,操作千斤顶,使母线弯曲 |
| 扭弯 | 将母线扭弯部位的一端夹在虎钳上,钳口部分垫上薄铝皮或硬木片。在距钳口大于母线宽度 2.5 倍处,用母线扭弯器[图 3-36(a)]夹住母线,用力扭转扭弯器手柄,使母线弯曲到所需要的形状为止。这种方法适用于弯曲 100 mm×8 mm 以下的铝母线。超过这个范围就需将母线弯曲部分加热再行弯曲 |
| 折弯 | 可用于手工在虎钳上敲打成形,也可用折弯模具[图 3-36(b)]压成。方法是先将母线放在模子中间槽的钢框内,再用千斤顶加压。图中 A 为母线厚度的 3 倍 |

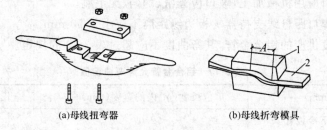

(a)母线扭弯器　　　　　　(b)母线折弯模具

图 3-36 母线扭弯器与折弯模具

*A*—母线折弯部分长度;1—折弯模;2—母线

2. 母线的搭接及扭转

(1)矩形母线采用螺栓固定搭接时,连接处距支柱绝缘子的支持夹板边缘不应小于

50 mm;上片母线端头与下片母线平弯开始处的距离不应小于 50 mm,如图 3-37 所示。

(2)矩形母线扭转 90°时,其扭转部分的长度应为母线宽度的 2.5 倍～5 倍,如图 3-38 所示。

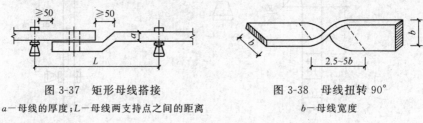

图 3-37 矩形母线搭接
a—母线的厚度;L—母线两支持点之间的距离

图 3-38 母线扭转 90°
b—母线宽度

### 五、母线搭接面加工

母线的搭接即母线的螺栓固定连接,在母线连接工程中多被采用。

母线接触面加工是保证母线安装质量的关键。接触面是指母线与母线及母线设备端子连接时接触部分的表面。接触面加工愈平,电流的分布就愈均匀。一般规定,螺栓连接点的接触电阻,不能大于同长度母线本身电阻的 20%。

母线的接触面加工必须平整,无氧化膜,其加工方法有手工锉削和使用机械铣、刨和冲压三种方法。经加工后其截面减少值:铜母线不应超过原截面的 3%;铝母线不应超过原截面的 5%。接触面应保持洁净,并涂以电力复合脂。具有镀银层的母线搭接面,不得任意锉磨。

对不同金属的母线搭接,除铝—铝之间可直接连接外,其他类型的搭接,表面需进行处理。对铜—铝搭接,在干燥室内安装,铜导体表面应搪锡,在室外或特别潮湿的室内安装,应采用铜—铝过渡段。对铜—铜搭接,在室外或者在有腐蚀气体、高温且潮湿的室内安装时,铜导体表面必须搪锡;在干燥的室内,铜—铜也可直接连接。钢—钢搭接,表面应搪锡或镀锌。钢—铜或铝搭接,钢、铜搭接面必须搪锡。对铜—铝搭接,在干燥的室内,铜导体应搪锡,室外或空气相对湿度接近 100% 的室内,应采用铜铝过渡板,铜端应搪锡。封闭母线螺栓固定搭接面应镀银。

### 六、铝合金管母线的加工制作

(1)切断的管口应平整,且与轴线垂直。

(2)管子的坡口应用机械加工,坡口应光滑、均匀、无毛刺。

(3)母线对接焊口距母线支持器支板边缘距离不应小于 50 mm。

(4)按制造长度供应的铝合金管,其弯曲度不应超过表 3-40 的规定。

表 3-40 铝合金管允许弯曲度值

| 管子规格(mm) | 单位长度(m)内的弯度(mm) | 全长内的弯度(mm) |
|---|---|---|
| 直径为 150 以下冷拔管 | <2.0 | <2.0L |
| 直径为 150 以下热挤压管 | <3.0 | <3.0L |
| 直径为 150～250 热拔管 | <4.0 | <4.0L |
| 直径为 150～250 热挤压管 | <4.0 | <4.0L |

注:L 为管子的制造长度(m)。

# 第九节　母线安装

## 一、施工作业条件

(1)母线装置安装前,建筑工程应具备下列条件:

1)基础、构架符合电气设备的设计要求;

2)屋顶、楼板施工完毕,不得渗漏;

3)室内地面基层施工完毕,并在墙上标出抹平标高;

4)基础、构架达到允许安装的强度,焊接构件的质量符合要求,高层构架的走道板、栏杆、平台齐全牢固;

5)有可能损坏已安装母线装置或安装后不能再进行的装饰工程全部结束;

6)门窗安装完毕,施工用道路通畅;

7)母线装置的预留孔、预埋铁件应符合设计的要求。

(2)配电屏、柜安装完毕,且检验合格。

(3)母线桥架、支架、吊架应安装完毕,并符合设计和规范要求。

(4)母线、绝缘子及穿墙套管的瓷件等的材质查核后符合设计要求和规范规定,并具备出厂合格证。

(5)主材应基本到齐,辅材应能满足连续施工需要。常用机具应基本齐备。

(6)与封闭、插接式母线安装位置有关的管道、空调及建筑装修工程施工基本结束,确认扫尾施工不会影响已安装的母线,方可安装母线。

## 二、放线检查

(1)进入现场首先依照图纸进行检查,根据母线沿墙、跨柱、沿梁至屋架敷设的不同情况,核对是否与图纸相符。

(2)放线检查对母线敷设全方向有无障碍物,有无与建筑结构或设备、管道、通风等工程各安装部件交叉矛盾的现象。

(3)检查预留孔洞、预埋铁件的尺寸、标高、方位,是否符合要求。

(4)检查脚手架是否安全及符合操作要求。

## 三、支架安装

支架可以根据用户要求由厂家配套供应,也可以自制。安装支架前,应根据母线路径的走向测量出较准确的支架位置。支架安装时,应注意以下几点。

(1)支架架设安装应符合设计规定。在墙上安装固定时,宜与土建施密切配合,埋入墙内或事先预留安装孔,尽量避免临时凿洞。

(2)支架安装的距离应均匀一致,两支架间距离偏差不得大于 5 cm。当裸母线为水平敷设时,不超过 3 m,垂直敷设时,不超过 2 m。

（3）支架埋入墙内部分必须开叉成燕尾状，埋入墙内深度应大于 150 mm，当采用螺栓固定时，要使用 M12×150 mm 开尾螺栓，孔洞要用混凝土填实，灌注牢固。

（4）支架跨柱、沿梁或屋架安装时，所用抱箍、螺栓、撑架等要紧固，并应避免将支架直接焊接在建筑物结构上。

（5）遇有混凝土板墙、梁、柱、屋架等无预留孔洞时，允许采用锚固螺栓方式安装固定支架；有条件时，也可采用射钉枪。

（6）封闭插接母线的拐弯处以及与箱（盘）连接处必须加支架。直段插接母线支架的距离不应大于 2 m。

（7）封闭插接式母线支架有以下两种安装形式。埋注支架用水泥砂浆的灰砂比 1∶3，所用的水泥为 32.5 级及其以上的水泥。埋注时，应注意灰浆饱满、严实、不高出墙面，埋深不少于 80 mm。

1）母线支架与预埋铁件采用焊接固定时，焊缝应饱满。

2）采用膨胀螺栓固定时，选用的螺栓应适配，连接应固定。同时，固定母线支架的膨胀螺栓不少于两个。

（8）封闭插接式母线的吊装有单吊杆和双吊杆之分，一个吊架应用两根吊杆，固定牢固，螺扣外露 2～4 扣，膨胀螺栓应加平垫圈和弹簧垫，吊架应用双螺母夹紧。

（9）支架及支架与埋件焊接处刷防腐油漆应均匀，无漏刷，不污染建筑物。

**四、绝缘子与穿墙套管的安装**

1. 安装要求

（1）母线绝缘子及穿墙套管安装前应进行检查，要求瓷件、法兰完整无裂纹，胶合处填料完整。绝缘子灌注螺钉、螺母等结合牢固。检查合格后方能使用。

（2）绝缘子及穿墙套管在安装前应按下列项目试验合格：

1）测量绝缘电阻；

2）交流耐压试验。

（3）母线固定金具与支持绝缘子的固定应平整牢固，不应使其所支持的母线受到额外应力。

（4）安装在同一平面或垂直面上的支柱绝缘子或穿墙套管的顶面，应位于同一平面上，中心线位置应符合设计要求，母线直线段的支柱绝缘子安装中心线应在同一直线上。

（5）支柱绝缘子和穿墙套管安装时，其底座或法兰盘不得埋入混凝土或抹灰层内。支柱绝缘子叠装时，中心线应一致，固定应牢固，紧固件应齐全。

2. 绝缘子安装

（1）绝缘子夹板、卡板的安装要紧固。夹板、卡板的制作规格要与母线的规格相适配。

（2）无底座和顶帽的内胶装式的低压绝缘子与金属固定件的接触面之间应垫以厚度不小于 1.5 mm 的橡胶或石棉板等缓冲垫圈。

（3）支柱绝缘子的底座、套管的法兰及保护罩（网）等不带电的金属构件，均应接地。

（4）母线在支柱绝缘子上的固定点应位于母线全长或两个母线补偿器的中心处。

（5）悬式绝缘子串的安装应符合下列要求。

1)除设计原因外,悬式绝缘子串应与地面垂直,当受条件限制不能满足要求时,可有不超过5°的倾斜角。

2)多串绝缘子并联时,每串所受的张力应均匀。

3)绝缘子串组合时,联结金具的螺栓、销钉及锁紧销等必须符合现行国家标准,且应完整,其穿向应一致,耐张绝缘子串的碗口应向上,绝缘子串的球头挂环、碗头挂板及锁紧销等应互相匹配。

4)弹簧销应有足够弹性,闭口销必须分开,并不得有折断或裂纹,严禁用线材代替。

5)均压环、屏蔽环等保护金具应安装牢固,位置应正确。

6)绝缘子串吊装前应清擦干净。

(6)三角锥形组合支柱绝缘子的安装,除应符合上述规定外,并应符合产品的技术要求。

3. 穿墙套管安装

穿墙套管用于变、配电装置中,引导导线穿过建筑物墙壁,作支持导电部分与地绝缘用。其安装要点如下。

(1)电压10 kV及以上时,母线穿墙时应装有穿墙套管。穿墙套管的孔径应比嵌入部分至少大5 mm,混凝土安装板的最大厚度不得超过50 mm。

(2)穿墙套管垂直安装时,法兰应向上,从上向下进行安装。套管水平安装时,法兰应在外,从外向内安装。在同一室内,套管应从供电侧向受电侧方向安装。

(3)安装在潮湿或要求密封的环境中的穿墙套管,其两端应加密封。

(4)充油套管水平安装时,其储油柜及取油样管路应无渗漏,油位指示清晰,注油和取样阀位置应装设于巡回监视侧,注入套管内的油必须合格。

(5)套管接地端子及不同的电压抽取端子应可靠接地。

(6)600 A及以上母线穿墙套管端部的金属夹板(紧固件除外),应采用非磁性材料,其与母线之间应有金属相连,接触应稳固,金属夹板厚度不应小于3 mm,当母线为两片及以上时,母线本身间应予以固定。

(7)额定电流在1 500 A及以上的穿墙套管直接固定在钢板上时,套管周围不应形成闭合磁路。

(8)10 kV穿墙套管安装如图3-39和图3-40所示(括号中的尺寸为室内穿墙套管尺寸)。

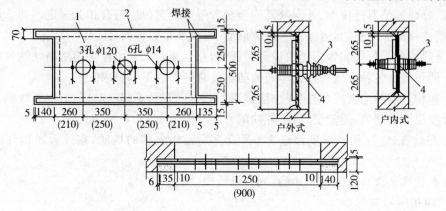

图3-39　CWLB(CLB)—10/500、400型室内外穿墙套管安装图(单位:mm)

1—钢板;2—角钢框;3—穿墙套管;4—螺栓、螺母、垫圈

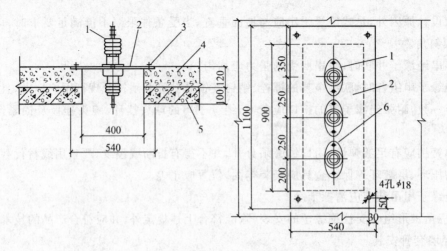

图 3-40　CLB—10/250 型穿墙套管穿楼板安装图(单位:mm)
1—穿墙套管;2—钢板;3—开尾螺栓、螺母;4—垫层;5—楼板;6—螺栓、螺母、垫圈

### 五、母线安装

1. 进场检查

(1)母线。母线应矫正平直,切断面应平整。母线表面应光洁平整,不应有裂纹、折皱、夹杂物及变形和扭曲现象。对于成套供应的封闭插接式母线槽,其各段应标志清晰,附件齐全,外壳无变形,内部无损伤。

当铜、铝母线、铝合金管母线无出厂合格证件或资料不全时以及对材质有怀疑时,应按表3-41 的要求进行检验。

表 3-41　母线的机械性能及电阻率

| 母线名称 | 母线型号 | 最小抗拉强度<br>（N/mm$^2$） | 最小伸长率<br>（%） | 20℃时最大电阻率<br>（Ω·mm$^2$/m） |
|---|---|---|---|---|
| 铜母线 | TMY | 255 | 6 | 0.017 77 |
| 铝母线 | LMY | 115 | 3 | 0.029 0 |
| 铝合金管母线 | LF$_{21}$Y | 137 | — | 0.037 3 |

母线、母线补偿器连接头、外壳及其连接套管等焊接部位应符合相关规定。如采用螺栓固定时,母线搭接面应平整,其镀银层不应有麻面、起皮及未覆盖部分。

(2)金属构件。母线装置采用的设备和器材,在运输与保管中应采用防腐蚀性气体侵蚀及机械损伤的包装。各种金属构件及母线的防腐处理应符合下列要求:

1)金属构件除锈应彻底,防腐漆应涂刷均匀,黏合牢固,不得有起层、皱皮等缺陷。

2)母线涂漆应均匀,无起层、皱皮等缺陷。

3)在有盐雾、空气相对湿度接近 100% 及含腐蚀性气体的场所,室外金属构件应采用热镀锌。

4)在有盐雾及含有腐蚀性气体的场所,母线应涂防腐涂料。

2. 母线相序的确定

母线安装时,首先就确定母线的相序排列,当设计无规定时应符合下列规定:

(1)上、下布置的交流母线,由上到下排列为 A、B、C 相;直流母线正极在上,负极在下;

（2）水平布置的交流母线，由盘后向盘面排列为 A、B、C 相，直流母线应由盘后向盘面排列为正极，负极；

（3）引下线的交流母线由左至右排列为 A、B、C 相，直流母线正极在左，负极在右。

3. 母线安装要求

（1）母线安装时，应首先在支柱绝缘子上安装母线固定金具，然后把母线安装在固定金具上。

母线在支柱绝缘子上的固定方式有螺栓固定、卡板固定、夹板固定（图 3-41）和夹板固定三种。其中，螺栓固定就是用螺柱将母线固定在瓷瓶上。

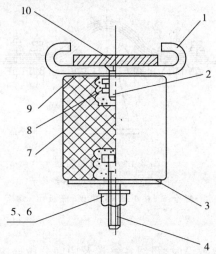

图 3-41　卡板固定母线

1—卡板；2—埋头螺栓；3—红钢纸垫片；4—螺栓；5、6—螺母、垫圈；

7—瓷瓶；8—螺母；9—红钢纸垫片；10—母线

（2）母线水平敷设时，应能使母线在金具内自由伸缩，但是在母线全长的中点或两个母线补偿器的中点要加以固定；垂直敷设时，母线要用金具夹紧。

（3）为了调整方便，线段中间的绝缘子固定螺栓一般是在母线就位放置妥当后才进一步紧固。

（4）母线在支柱绝缘子上的固定死点，每一段应设置一个，并宜位于全长或两母线伸缩节中点。

（5）母线固定装置应无棱角和毛刺，且对交流母线不形成闭合磁路。

（6）管形母线安装在滑动式支持器上时，支持器的轴座与管形母线之间应有 1～2 mm 的间隙。

（7）单片母线安装时，应按下列规定进行：

1）单片母线用螺栓固定平敷在绝缘子上时，母线上的孔应钻成椭圆形，长轴部分应与母线长度平行。

2）用卡板固定时，先将母线放置于卡板内，待连接调整后，将卡板顺时针旋转，以卡住母线。

3）用夹板固定时，夹板上的上压板与母线保持 1～1.5 mm 的间隙。

4）当母线立置时，上部压板应与母线保持 1.5～2 mm 的间隙；水平敷设时，母线敷设后不能使绝缘子受到任何机械应力。

（8）多片矩形母线间，应保持不小于母线厚度的间隙；相邻的间隔垫边缘间距离应大于 5 mm。

4. 补偿器设置

为了使母线热胀冷缩时有可调节的余地，母线敷设应按设计规定装设补偿器（伸缩节）。

设计未规定时,宜每隔下列长度设一个:

铝母线　　　　20~30 m;

铜母线　　　　30~50 m;

钢母线　　　　35~60 m。

补偿器有铜制和铝制两种,其结构如图3-42所示(图中螺栓8不能拧紧)。补偿器间的母线端有椭圆孔,供温度变化时自由伸缩。母线补偿器由厚度为0.2~0.5 mm的薄片迭合而成,不得有裂纹、断股和起皱现象;其组装后的总截面不应小于母线截面的1.2倍。

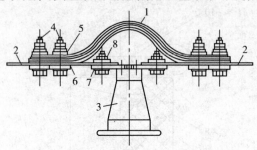

图3-42　母线伸缩器

1—补偿器;2—母线;3—支柱绝缘子;

4—螺栓;5—垫圈;6—补垫;7—盖板;8—螺栓

5. 母线拉紧装置的设置

硬母线跨柱、梁或跨屋架敷设时,母线在终端及中间分段处应分别采用终端及中间拉紧装置,如图3-43所示。终端或中间拉紧固定支架宜装有调节螺栓的拉线,拉线的固定点应能承受拉线张力,且同一挡距内母线的各相弛度最大偏差应小于10%。

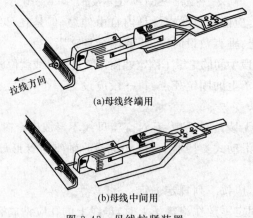

(a)母线终端用

(b)母线中间用

图3-43　母线拉紧装置

当母线长度超过300~400 m而需换位时,换位不应小于一个循环。槽形母线换位段处可用矩形母线连接,换位段内各相母线的弯曲程度应对称一致。

6. 母线搭接连接

(1)母线搭接时,常用的紧固件为镀锌的螺栓、螺母和垫圈。当母线平置时,螺栓应由下向上贯穿,螺栓长度应以能露出螺母螺纹2~3扣为宜;在其他状态下,螺母应置于维护侧。螺栓两侧均应垫有垫圈,相邻垫圈之间应有3 mm以上的净距。螺母侧还应装有弹簧垫圈或锁紧螺母。

(2)母线用螺栓连接时,首先应根据不同材料对其接触面进行处理。母线用螺栓连接,其接触部分的面积应根据母线工作电流而定。

（3）用螺栓连接母线时，母线的连接部分接触面应涂一层中性凡士林油，连接处须加弹簧垫和加厚平垫圈。

（4）母线与设备端子连接时，如果母线是铝的，设备端子是铜的，要采用铜铝过渡板，以大大减弱接头电化腐蚀和热弹性变质。但安装时，过渡板的焊缝应离开设备端子 3～5 mm，以免产生过渡腐蚀。

（5）当不同规格母线搭接时，应按小规格母线要求进行。母线宽度在 63 mm 及以上者，用 0.05 mm×10 mm 塞尺检查时，塞入深度应小于 6 mm；母线宽度在 56 mm 及其以下者，塞入深度应小于 4 mm。

（6）母线搭接时，应使母线在螺母旋紧时受力均匀。通常，母线接头螺孔的直径宜大于螺栓直径 1 mm。螺栓与母线规格对应，见表 3-42。

表 3-42　螺栓与母线规格对应表　　　　　　　　　　　（单位：mm）

| 母线规格 | 125 以下 | 117 以下 | 71 以下 | 35.5 以下 |
|---|---|---|---|---|
| 螺栓规格 | $\phi18$ | $\phi16$ | $\phi12$ | $\phi10$ |
| 孔径 | $\phi19$ | $\phi17$ | $\phi13$ | $\phi11$ |

（7）母线与母线或母线与电器接线端子的螺栓搭接面的安装，应符合下列要求：

1）母线接触面加工后必须保持清洁，并涂以电力复合脂。

2）母线平置时，贯穿螺栓应由下往上穿，其余情况下，螺母应置于维护侧，螺栓长度宜露出螺母 2～3 扣。

3）贯穿螺栓连接的母线两外侧均应有平垫圈，相邻螺栓垫圈间应有 3 mm 以上的净距，螺母侧应装有弹簧垫圈或锁紧螺母。

4）螺栓受力应均匀，不应使电器的接线端子受到额外应力。

5）母线的接触面应连接紧密，连接螺栓应用力矩扳手紧固，其紧固力矩值应符合表 3-43 的规定。

表 3-43　钢制螺栓的紧固力矩值

| 螺栓规格（mm） | 力矩值（N·m） | 螺栓规格（mm） | 力矩值（N·m） |
|---|---|---|---|
| M8 | 8.8～10.8 | M16 | 78.5～98.1 |
| M10 | 17.7～22.6 | M18 | 98.0～127.4 |
| M12 | 31.4～39.2 | M20 | 156.9～196.2 |
| M14 | 51.0～60.8 | M24 | 274.6～343.2 |

（8）母线与螺杆形接线端子连接时，母线的孔径不应大于螺杆形接线端子直径 1 mm。螺纹的氧化膜必须刷净，螺母接触面必须平整，螺母与母线间应加铜质搪锡平垫圈，并应有锁紧螺母，但不得加弹簧垫。

（9）矩形母线采用螺栓固定搭接时，连接处距支柱绝缘子的支持夹板边缘不应小于 50 mm，上片母线端头与下片母线平弯起始处的距离不应小于 50 mm。并应符合表 3-44 的规定。

当母线与设备接线端子连接时，应符合现行国家标准《变压器、高压电器和套管的接线端子》（GB/T 5273—1985）的要求。

表 3-44　矩形母线搭接要求

| 搭接形式 | 类别 | 序号 | 连接尺寸(mm) | | | 钻孔要求 | | 螺栓规格 |
|---|---|---|---|---|---|---|---|---|
| | | | $B$ | $H$ | $A$ | $\phi$(mm) | 个数 | |
| | 直线连接 | 1 | 125 | 125 | $B$ 或 $H$ | 21 | 4 | M20 |
| | | 2 | 100 | 100 | $B$ 或 $H$ | 17 | 4 | M16 |
| | | 3 | 80 | 80 | $B$ 或 $H$ | 13 | 4 | M12 |
| | | 4 | 63 | 63 | $B$ 或 $H$ | 11 | 4 | M10 |
| | | 5 | 50 | 50 | $B$ 或 $H$ | 9 | 4 | M8 |
| | | 6 | 45 | 45 | $B$ 或 $H$ | 9 | 4 | M8 |
| | | 7 | 40 | 40 | 80 | 13 | 2 | M12 |
| | | 8 | 31.5 | 31.5 | 63 | 11 | 2 | M10 |
| | | 9 | 25 | 25 | 50 | 9 | 2 | M8 |
| | 垂直连接 | 10 | 125 | 125 | — | 21 | 4 | M20 |
| | | 11 | 125 | 100～80 | — | 17 | 4 | M16 |
| | | 12 | 125 | 63 | — | 13 | 4 | M12 |
| | | 13 | 100 | 100～80 | — | 17 | 4 | M16 |
| | | 14 | 80 | 80～63 | — | 13 | 4 | M12 |
| | | 15 | 63 | 63～50 | — | 11 | 4 | M10 |
| | | 16 | 50 | 50 | — | 9 | 4 | M8 |
| | | 17 | 45 | 45 | — | 9 | 4 | M8 |
| | | 18 | 125 | 50～40 | — | 17 | 2 | M16 |
| | | 19 | 100 | 63～40 | — | 17 | 2 | M16 |
| | | 20 | 80 | 63～40 | — | 15 | 2 | M14 |
| | | 21 | 63 | 50～40 | — | 13 | 2 | M12 |
| | | 22 | 50 | 45～40 | — | 11 | 2 | M10 |
| | | 23 | 63 | 31.5～25 | — | 11 | 2 | M10 |
| | | 24 | 50 | 31.5～25 | — | 9 | 2 | M8 |
| | | 25 | 125 | 31.5～25 | 60 | 11 | 2 | M10 |
| | | 26 | 100 | 31.5～25 | 50 | 9 | 2 | M8 |
| | | 27 | 80 | 31.5～25 | 50 | 9 | 2 | M8 |
| | | 28 | 40 | 40～31.5 | — | 13 | 1 | M12 |
| | | 29 | 40 | 25 | — | 11 | 1 | M10 |
| | | 30 | 31.5 | 31.5～25 | — | 11 | 1 | M10 |
| | | 31 | 25 | 22 | — | 9 | 1 | M8 |

**7. 母线焊接连接**

(1)母线焊接所用的焊条、焊丝应符合现行国家标准；其表面应无氧化膜、水分和油污等杂物。

(2)母线施焊前，焊工必须经过考试合格，只有经考试合格者才能上岗焊接母线。考试用试样的材料、接头形式、焊接位置、工艺均应与实际施工相同。焊后，还应在其所焊试样中，管形母线取二件，其他母线取一件，按下列项目进行检验，当其中有一项不合格时，应加倍取样重复试验，如仍不合格时，则认为考试不合格。

1)表面及断口检验。焊缝表面不应有凹陷、裂纹、未熔合、未焊透等缺陷。

2)焊缝应采用 X 射线无损探伤，其质量检验应按有关标准的规定。

3)焊缝抗拉强度试验。铝及铝合金母线，其焊接接头的平均最小抗拉强度不得低于原材料的 75%。

4)直流电阻测定。焊缝直流电阻应不大于同截面、同长度的原金属的电阻值。

(3)母线对焊接缝的部位应符合下列要求：离支持绝缘子母线夹板边缘不小于 50 mm，同一片母线上应减少对接焊缝；两焊缝间的距离应不小于 200 mm。同相母线不同片上的直线段的对接焊缝，其错开位置不小于 50 mm，且焊缝处不应揻弯。焊缝与母线弯曲的距离应不小于 50 mm。

(4)焊接前应将母线坡口两侧表面各 50 mm 范围内清刷干净，不得有氧化膜、水分和油污；坡口加工面应无毛刺和飞边。

(5)焊接前对口应平直，其弯折偏移不应大于 0.2%[图 3-44(a)]；对接接口对口时，根部表面偏移不应大于 0.5 mm[图 3-44(b)]。

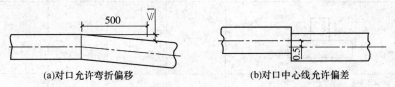

(a)对口允许弯折偏移　　　　　(b)对口中心线允许偏差

图 3-44　对口允许弯折偏移和对口中心线允许偏差（单位：mm）

(6)母线焊接用填充材料，其物理性能和化学性能与原材料应一致。

(7)对口焊接的母线，应有 35°～40°坡口，1.5～2 mm 的钝边；对口应平直，其弯折偏差不应大于 1/500，中心线偏移不得大于 0.5 mm；还应将对口两侧表面各 20 mm 范围内清刷干净，不得有油垢、斑疵及氧化膜等杂物。

(8)焊缝应一次焊完，除瞬时断弧外不准停焊；焊缝焊完未冷却前，不得移动或受外力。

(9)焊缝尺寸应符合下列要求：

1)焊缝外形应呈半圆形。焊缝的宽度：上面焊缝为 15～30 mm，下面焊缝为 8～16 mm；焊缝凸起高度，上面焊缝为 2～4 mm，下面焊缝为 1.5～2.5 mm。但是，气焊、碳弧焊的对接焊缝在其下部也应凸起 2～4 mm；焊口两侧则各凸出 4～7 mm 的高度。

2)对于 330 kV 及以上电压的硬母线，其焊缝应呈圆弧形，但不能有毛刺、凹凸不平之处。引下线母线采用搭接焊时，焊缝的长度不应小于母线宽度的 2 倍。角焊缝的加强高度应为 4 mm。封闭母线及其外壳的焊缝应符合设计要求。

(10)铝及铝合金的管形母线、槽形母线、封闭母线及重型母线应采用氩弧焊。

铝及铝合金硬母线对焊时，焊口尺寸应符合表 3-45 的规定，管形母线的补强衬管的纵向轴线应位于焊口中央，衬管与管母线的间隙应小于 0.5 mm。

表 3-45　对口焊焊口尺寸　　　　　　　　　　（单位：mm）

| 接头类型 | 图形 | 焊件厚度 δ | 焊接结构尺寸 | | | 适用范围 |
|---|---|---|---|---|---|---|
| | | | α(°) | b | p | |
| 对接接头 | | <5 | — | 0.5~2 | — | 板件 |
| | | 5~12 | 35~40 | 2~3 | 1~2 | 板件或管件 |
| | | >10 | 30~35 | 2~3 | 1.3~3 | 板件 |
| | | >5 | 25~30 | 6~8<br>5~6 | 1~2 | 板件或管件 |
| 角接接头 | | 3~12 | — | — | — | 板件 |
| | | >10 | 35~40 | 1~2 | 2~3 | 板件 |
| | | >15 | 35~40 | 1~2 | 2~3 | 板件 |
| 搭接接头 | | >5 | 搭接长度 L≥2δ | | | 板件或管件 |

(11)母线焊接后的检验标准应符合下列要求：

1)焊接接头的对口、焊缝应符合有关规定。铜母线焊缝的抗拉强度不低于 140 MPa,铅母

・ 140 ・

线不应低于 120 MPa。

2）焊接接头表面应无肉眼可见的裂纹、凹陷、缺肉、未焊透、气孔、夹渣等缺陷。

3）咬边深度不得超过母线厚度（管形母线为壁厚）的 10%，且其总长度不得超过焊缝总长度的 20%。

4）直流电阻应不大于截面积和长度均相同的原金属的电阻率。铜母线电阻率：≤0.017 9 Ω·mm²/m，铝母线电阻率：≤0.029 Ω·mm²/m。

（12）仍采用氧-乙炔气体或碳弧焊焊接的接头，焊完后应以 60℃～80℃ 的清水，将残存的焊药和熔渣清洗干净。

8. 母线的固定

（1）母线的固定装置应无显著的棱角，以防尖端放电。

（2）当母线工作电流大于 1 500 A 时，每相交流母线的固定金具或其他支持金具都不应构成闭合磁路，否则应采取非磁性固定金具等措施。

当母线平置时，母线支持夹板的上部压板应与母线保持 1～15 mm 的间隙；当母线立置时，上部压板与母线应保持 1.5～2 mm 的间隙，金属夹板厚度不应小于 3 mm。

当母线为二片以上时，母线本身间还应给予固定。

（3）变电所母线支架间距应不小于 1.5 m，支架与绝缘子瓷件之间应有缓冲软垫片，金属构件应进行镀锌或其他防腐处理，不应有锈及镀层和漆层脱落等缺陷。

（4）多片矩形母线间应保持与厚度相同的间隙；两相邻母线衬垫的垫圈间应有 3 mm 以上的间隙，不得相互碰触。

（5）裸母线相间中心距离为 250 mm，相母线中心距墙为 200 mm。在车间柱、梁、屋架处敷设母线时，支架间距不应超过 6 m，两支架间还应加装固定夹板，夹板应进行绝缘处理。

（6）采用拉紧装置的车间低压母线安装，如设计无规定时，应在终端或中间拉紧支架上装有调节螺栓的拉线。拉线的固定点应能承受拉力或张力，并在每一终端应安装有两个拉紧绝缘子。

9. 封闭插接式母线安装

封闭插接式母线的固定形式有垂直和水平安装两种，其中水平悬吊式分为直立式和侧卧式两种。垂直安装有弹簧支架固定以及母线槽沿墙支架固定两种。

由于封闭、插接式母线是定尺寸按施工图订货和供应的，制造商提供的安装技术要求文件，指明了连接程序、伸缩节设置和连接以及其他说明，所以安装时要注意符合产品技术文件要求。

（1）封闭、插接式母线组装和固定位置应正确，外壳与底座间、外壳各连接部位和母线的连接螺栓应按产品技术文件要求选择正确，连接紧固。

（2）封闭插接母线应按设计和产品技术文件规定进行组装，每段母线组对接续前绝缘电阻测试合格，绝缘电阻值大于 20 MΩ，才能安装组对。

（3）支座必须安装牢固，母线应按分段图、相序、编号、方向和标志正确放置，每相外壳的纵向间隙应分配均匀。

（4）母线槽沿墙水平安装时，安装高度应符合设计要求，无要求时距地面不应小于 2.2 m，母线应可靠固定在支架上。垂直敷设时，距地面 1.8 m 以下部分应采取防止机械损伤措施，但敷设在电气专用房间内（如配电室、电气竖井、技术层等）时除外。

（5）母线槽的端头应装封闭罩，引出线孔的盖子应完整。各段母线槽的外壳的连接应是可拆的,外壳之间应有跨接线,并应接地可靠。

(6)悬挂式母线槽的吊钩应有调整螺栓,固定点间距离不得大于3 m。悬挂吊杆的直径应按产品技术文件要求选择。

(7)母线与设备连接采用软连接。母线紧固螺栓应由厂家配套供应,应用力矩扳手紧固。

(8)母线与外壳同心,允许偏差为±5 mm。当段与段连接时,两相邻段母线及外壳对准,连接后不使母线及外壳受额外应力。

外壳的相间短路板应位置正确,连接良好,相间支撑板应安装牢固,分段绝缘的外壳应做好绝缘措施。

(9)封闭母线不得用裸钢丝绳起吊和绑扎,母线不得任意堆放和在地面上拖拉,外壳上不得进行其他作业,外壳内和绝缘子必须擦拭干净,外壳内不得有遗留物。

(10)橡胶伸缩套的连接头、穿墙处的连接法兰、外壳与底座之间、外壳各连接部位的螺栓应采用力距扳手紧固,各接合面应密封良好。

(11)封闭式母线敷设长度超过40 m时,应设置伸缩节,跨越建筑物的伸缩缝或沉降缝处,宜采取适当的措施(图3-45)。

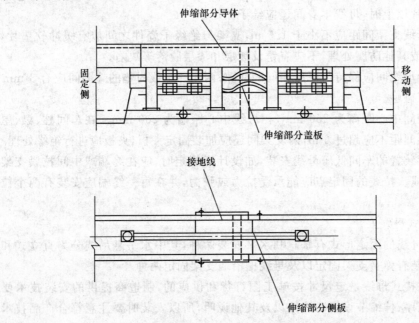

图3-45 封闭式母线伸缩补偿示意

(12)封闭式母线插接箱安装应可靠固定,垂直安装时,安装高度应符合设计要求,设计无要求时,插接箱底口宜为1.4 m。

(13)封闭式母线垂直安装距地面1.8 m以下时应采取保护措施。

(14)母线焊接应在封闭母线各段全部就位并调整误差合格,绝缘子、盘形绝缘子和电流互感器经试验合格后进行。对于呈微正压的封闭母线,在安装完毕后检查其密封性应良好。

10. 重型母线安装

重型母线的安装还须符合下列规定:

(1)母线与设备连接处宜采用软连接,连接线的截面不应小于母线截面。

(2)母线的紧固螺栓。铝母线宜用铝合金螺栓,铜母线宜用铜螺栓,紧固螺栓时应用力矩扳手。

(3)在运行温度高的场所,母线不能有铜铝过渡接头。

(4)母线在固定点的活动滚杆应无卡阻,部件的机械强度及绝缘电阻值应符合设计要求。

11. 铝合金管形母线安装

铝合金管形母线的安装,还应符合下列规定:

(1)管形母线应采用多点吊装,不得伤及母线;

(2)母线终端应有防电晕装置,其表面应光滑、无毛刺或凹凸不平;

(3)同相管段轴线应处于一个垂直面上,三相母线管段轴线应互相平行。

12. 母线刷色

(1)母线安装完毕应按下列规定涂色:

1)三相交流母线。A相为黄色,B相为绿色,C相为红色,单相交流母线与引出相的颜色相同;

2)直流母线。正极为棕色,负极为蓝色;

3)三相电路的零线或中性线及直流电路的接地中线均应为淡蓝色;

4)金属封闭母线。母线外表面及外壳内表面涂无光泽黑漆,外壳外表面涂浅色漆。

(2)母线刷相色漆应符合下列要求:

1)室外软母线、封闭母线应在两端和中间适当部位涂相色漆;

2)单片母线的所有面及多片、槽形、管形母线的所有可见面均应涂相色漆;

3)钢母线的所有表面应涂防腐相色漆;

4)刷漆应均匀,无起皱、起层等缺陷,并应整齐一致。

(3)母线在下列各处不应刷相色漆:

1)母线的螺栓连接及支持连接处,母线与电器的连接处以及距所有连接处10 mm以内的部位;

2)供携带式接地线连接用的接触面上,不刷漆部分的长度应为母线的宽度或直径,且不应小于50 mm。

所有支架、保护网等不带电金属部分都应刷一遍樟丹、一遍灰漆防腐。

### 六、母线的接地保护

母线是供电主干线,凡与其相关的可接近的裸露导体均需接地或接零,以便发生漏电时,可导入接地装置,确保接触电压不危及人身安全,同时也给具有保护或信号的控制回路正确发出信号提供可能。

(1)母线绝缘子的底座、套管的法兰、保护网(罩)及母线支架等可接近裸露导体,应与PE线或PEN线连接可靠。为防止保护线之间的串联连接,不应将其作为PE线或PEN线的接续导体。

(2)封闭插接式母线外壳的接地形式有如下几种:

1)利用壳体本身做接地线,即当母线连接安装后,外壳已连通成一个接地干线,外壳处焊有接地铜垫圈供接地用;

2)母线带有附加接地装置,即在外壳上附加3 mm×25 mm裸铜带,如图3-46所示。每个母线槽间的接地带通过连接组成整体接地带。插接箱通过其底部的接地接触器,自动与接地带接触;

3)半总体接地装置也是一种封闭插接式母线外壳接地形式,如图3-47所示。连接各母线槽时,相邻槽的接地铜带会自动紧密结合。当插接箱各插座与铜排触及时,通过自身的接地插座先与接地带牢靠接触,确保可靠接地。

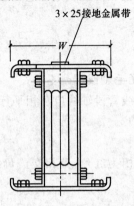

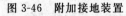

图 3-46 附加接地装置

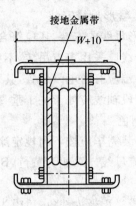

图 3-47 半总体接地装置

对于封闭插接式母线,无论采用什么形式接地,均应接地牢固,防止松动,且严禁外壳受到机械应力。如果母线采用金属外壳作为保护外壳,则外壳必须接地,但外壳不得作保护线(PE)和中性保护共用线(PEN)使用;封闭插接式母线支架等可接近裸露导体应与 PE 线或 PEN 线连接可靠。

### 七、母线试验与试运行

1. 母线试验

母线和其他供电线路一样,安装完毕后,要做电气交接试验。必须注意,6 kV 以上(含6 kV)的硬母线试验时与穿墙套管要断开,因为有时两者的试验电压是不同的。

(1)穿墙套管、支柱绝缘子和母线的工频耐压试验,其试验电压标准如下:

35 kV 及以下的支柱绝缘子,可在母线安装完毕后一起进行。试验电压应符合表 3-46 的规定。

表 3-46 穿墙套管、支柱绝缘子和母线的工频耐压试验

电压标准[1 min 工频耐受电压(kV)有效值] (单位:kV)

| | 额定电压 | 3 | 6 | 10 |
|---|---|---|---|---|
| | 支柱绝缘子 | 25 | 32 | 42 |
| 穿墙套管 | 纯瓷和纯瓷充油绝缘 | 18 | 23 | 30 |
| | 固体有机绝缘 | 16 | 21 | 27 |

(2)母线绝缘电阻。母线绝缘电阻不作规定,也可参照表 3-47 的规定。

表 3-47 常温下母线的绝缘电阻最低值

| 电压等级(kV) | 1 以下 | 3~10 |
|---|---|---|
| 绝缘电阻力(MΩ) | 1/1 000 | >10 |

(3)抽测母线焊(压)接头的直流电阻。对焊(压)接接头有怀疑或采用新施工工艺时,可抽测母线焊(压)接接头的 2%,但不少于 2 个,所测接头的直流电阻值应不大于同等长度母线的

1.2 倍(对软母线的压接头应不大于 1);对大型铸铝焊接母线,则可抽查其中的 20%～30%,同样应符合上述要求。

(4)高压母线交流工频耐压试验必须按现行国家标准《电气装置安装工程 电气设备交接试验标准》(GB 50150－2006)的规定交接试验合格。

(5)低压母线的交接试验应符合下列规定:

1)规格、型号,应符合设计要求;

2)相间和相对地间的绝缘电阻值应大于 0.5 MΩ;

3)母线的交流工频耐压试验电压为 1 kV,当绝缘电阻值大于 10 MΩ 时,可采用 2 500 V 绝缘电阻表摇测替代,试验持续时间 1 min,无击穿现象。

2. 母线试运行

母线试运行的相关内容见表 3-48。

表 3-48 母线的试运行

| 项 目 | 内 容 |
| --- | --- |
| 试运行条件 | 变配电室已达到送电条件,土建及装饰工程及其他工程全部完工,并清理干净。与插接式母线连接设备及连线安装完毕,绝缘良好 |
| 通电准备 | 对封闭式母线进行全面的整理,清扫干净,接头连接紧密,相序正确,外壳接地(PE)或接零(PEN)良好。绝缘摇测和交流工频耐压试验合格,才能通电 |
| 试验要求 | 低压母线的交流耐压试验电压为 1 kV,当绝缘电阻值大于 10 MΩ 时,可用 2 500 V 绝缘电阻表摇测替代,试验持续时间 1 min,无闪络现象;高压母线的交接耐压试验,必须符合现行国家标准《电气装置安装工程 电气设备交接试验标准》(GB 50150—2006)的规定 |
| 结果判定 | 送电空载运行 24 h 无异常现象,办理验收手续,交建设单位使用,同时提交验收资料 |

# 第四章　变(配)电装置安装

## 第一节　电力变压器安装

### 一、安装准备

1. 基础验收

变压器就位前,要先对基础进行验收,并填写"设备基础验收记录"(表 4-1)。基础的中心与标高应符合工程设计需要,轨距应与变压器轮距互相吻合,具体要求如下。

(1)轨道水平误差不应超过 5 mm。

(2)实际轨距不应小于设计轨距,误差不应超过+5 mm。

(3)轨面对设计标高的误差不应超过±5 mm。

表 4-1　设备基础验收记录　　　年　　月　　日

| 工程编号 | | 工程名称 | |
|---|---|---|---|
| 分部分项工程 | | 工程序类别 | |
| 施工单位 | | 交验日期 | 年　月　日 |
| 质量要求 | | | |
| 基础检查实况 | | | |
| 处理意见 | | | |
| | | | |
| 安装技术人员: | 土建单位代表: | | 建设单位代表: |

说明:本表一式五份,填写后分送有关单位。　　　　　　　　　　　填表:

2. 开箱检查

开箱后,应重点检查下列内容,并填写"设备开箱检查记录"(表 4-2)。

(1)设备出厂合格证明及产品技术文件应齐全。

(2)设备应有铭牌,型号规格应和设计相符,附件、备件核对装箱单应齐全。

(3)变压器、电抗器外表无机械损伤,无锈蚀。

(4)油箱密封应良好,带油运输的变压器,油枕油位应正常,油液应无渗漏。

(5)变压器轮距应与设计相符。

(6)油箱盖或钟罩法兰连接螺栓齐全。

(7)充氮运输的变压器及电抗器,器身内应保持正压,压力值不低于 0.01 MPa。

表 4-2　设备开箱检查记录

工程名称：

编　　号：　　　　　　　　　　　　　　　　　　　　　　　年　月　日

| 设备名称 | | | 型号规格 | | | |
|---|---|---|---|---|---|---|
| 安装位号 | | 台(套)数 | | | 净重 | |
| 制造厂 | | 件(个)数 | | | 毛重 | |
| 设备所带资料 | | | | | | |
| 随设备配件和材料明细表 | | | | | | |
| 序号 | 名称 | 规格 | | 单位 | 实收数 | 备注 |
| | | | | | | |
| | | | | | | |
| | | | | | | |
| | | | | | | |

建设单位代表：　　　　　　　　　　　　　　　施工单位代表：

注:此表做施工记录用,交工时附在竣工资料中。

3. 场地要求

(1)屋顶、楼板、门窗等均已施工完毕,并且无渗漏;有可能损坏设备与屏柜,安装后不能再进行施工的装饰工作应全部结束。

(2)室内地面的基层施工完毕,并在墙上标出地面标高。

(3)混凝土基础及构架达到允许安装的强度,焊接构件的质量符合要求。

(4)预埋件及预留孔符合设计,预埋件牢固。

(5)模板及施工设施拆除,场地清理干净。

(6)具有足够的施工用场地,道路畅通。

4. 器身检查

变压器、电抗器到达现场后,应进行器身检查。

器身检查可分为吊罩(或吊器身)或不吊罩直接进入油箱内进行。

(1)免除器身检查的条件。当满足下列条件之一时,可不必进行器身检查:

1)制造厂规定可不作器身检查者;

2)容量为 1 000 kV·A 及以下、运输过程中无异常情况者;

3)就地生产仅作短途运输的变压器、电抗器,如果事先参加了制造厂的器身总装,质量符合要求,且在运输过程中进行了有效的监督,无紧急制动、剧烈震动、冲撞或严重颠簸等异常情况者。

(2)器身检查要求。

1)周围空气温度不宜低于 0℃,变压器器身温度不宜低于周围空气温度。当器身温度低于周围空气温度时,应加热器身,宜使其温度高于周围空气温度 10℃。

2)当空气相对湿度小于 75% 时,器身暴露在空气中的时间不得超过 16 h。

3)调压切换装置吊出检查、调整时,暴露在空气中的时间应符合表 4-3 规定。

表 4-3　调压切换装置露空时间

| 环境温度(℃) | >0 | >0 | >0 | <0 |
|---|---|---|---|---|
| 空气相对湿度(%) | <65 | 65~75 | 75~85 | 不控制 |
| 持续时间不大于(h) | 24 | 16 | 10 | 8 |

4)时间计算规定:带油运输的变压器、电抗器,由开始放油时算起;不带油运输的变压器、电抗器,由揭开顶盖或打开任一堵塞算起,到开始抽真空或注油为止。空气相对湿度或露空时间超过规定时,必须采取相应的可靠措施。

5)器身检查时,场地四周应清洁和有防尘措施;雨雪天或雾天,不应在室外进行。

(3)起吊。钟罩起吊前,应拆除所有与其相连的部件。器身或钟罩起吊时,吊索与铅锤线的夹角不宜大于 30°,必要时可使用控制吊梁。起吊过程中,器身与箱壁不得碰撞。

(4)器身检查的主要项目和要求。

1)运输支撑和器身各部位应无移动现象,运输用的临时防护装置及临时支撑应予拆除,并经过清点作好记录以备查。

2)所有螺栓应紧固,并有防松措施;绝缘螺栓应无损坏,防松绑扎完好。

3)铁心应无变形,铁轮与夹件间的绝缘垫应良好;铁心应无多点接地;铁心外引接地的变压器,拆开接地线后铁心对地绝缘应良好;打开夹件与铁轮接地片后,铁轮螺杆与铁心、铁轮与夹件、螺杆与夹件间的绝缘应良好;当铁轮采用钢带绑扎时,钢带对铁轮的绝缘应良好;打开铁心屏蔽接地引线,检查屏蔽绝缘应良好;打开夹件与线圈压板的连线,检查压钉绝缘应良好;铁心拉板及铁轮拉带应紧固,绝缘良好(无法打开检查铁心的可不检查)。

4)绕组绝缘层应完整,无缺损、变位现象;各绕组应排列整齐,间隙均匀,油路无堵塞;绕组的压钉应紧固,防松螺母应锁紧。

5)绝缘围屏绑扎牢固,围屏上所有线圈引出处的封闭应良好。

6)引出线绝缘包扎紧固,无破损、折弯现象;引出线绝缘距离应合格,固定牢靠,其固定支架应紧固;引出线的裸露部分应无毛刺或尖角,且焊接应良好;引出线与套管的连接应牢靠,接线正确。

7)无励磁调压切换装置各分接点与线圈的连接应紧固正确;各分接头应清洁,且接触紧密,引力良好;所有接触到的部分,用规格为 0.05 mm×10 mm 塞尺检查,应塞不进去;转动接点应正确地停留在各个位置上,且与指示器所指位置一致;切换装置的拉杆、分接头凸轮、小轴、销子等应完整无损;转动盘应动作灵活,密封良好。

8)有载调压切换装置的选择开关、范围开关应接触良好,分接引线应连接正确、牢固,切换开关部分密封良好。必要时抽出切换开关芯子进行检查。

9)绝缘屏障应完好,且固定牢固,无松动现象。

10)检查强油循环管路与下轮绝缘接口部位的密封情况;检查各部位应无油泥、水滴和金属屑末等杂物。

(5)器身检查完后要求。器身检查完毕后,必须用合格的变压器油进行冲洗,并清洗油箱底部,不得有遗留杂物。箱壁上的阀门应开闭灵活、指示正确。导向冷却的变压器还应检查和清理进油管接头和联箱。

(6)充氮的变压器、电抗器检查。充氮的变压器、电抗器需吊罩检查前,必须让器身在空气中暴露 15 min 以上,使氮气充分扩散后方可进行;当须进入油箱中检查时,必须先打开顶部盖板,从油箱下面闸阀向油箱内吹入清洁干燥空气进行排气,待氮气排尽后方可进入箱内,以防窒息。

采用抽真空进行排氮时,排氮口应装设在空气流通处。破坏真空时应避免潮湿空气进入。当含氧量未达到 18% 以上时,人员不得入内。

## 二、变压器干燥

1. 新装变压器、电抗器干燥制定条件

(1)带油运输的变压器及电抗器:

1)绝缘油电气强度及微量水试验合格;

2)绝缘电阻及吸收比(或极化指数)符合现行国家标准《电气装置安装工程 电气设备交接试验标准》(GB 50150—2006)的相应规定;

3)介质损耗角正切值 tan δ(%)符合规定(电压等级在 35 kV 以下及容量在 4 000 kV·A 以下者,可不作要求)。

(2)充气运输的变压器及电抗器:

1)器身内压力在出厂至安装前均保持正压。

2)残油中微量水不应大于 30 ppm。

3)变压器及电抗器注入合格绝缘油后:绝缘油电气强度微量水及绝缘电阻应符合现行国家标准《电气装置安装工程 电气设备交接试验标准》(GB 50150—2006)的相应规定。

(3)当器身未能保持正压,而密封无明显破坏时,则应根据安装及试验记录全面分析作出综合判断,决定是否需要干燥。

2. 设备进行干燥时,必须对各部温度进行监控

(1)当为不带油干燥利用油箱加热时,箱壁温度不宜超过 110℃,箱底温度不得超过 100℃,绕组温度不得超过 95℃。

(2)带油干燥时,上层油温不得超过 85℃。

(3)热风干燥时,进风温度不得超过 100℃。

(4)干式变压器进行干燥时,其绕组温度应根据其绝缘等级而定:

1)A 级绝缘为 80℃;

2)B 级绝缘为 100℃;

3)C 级绝缘为 95℃;

4)D 级绝缘为 120℃;

5)E 级绝缘为 145℃。

(5)干燥过程中,在保持温度不变的情况下,绕组的绝缘电阻下降后再回升,110 kV 及以下的变压器、电抗器持续 6 h 保持稳定,且无凝结水产生时,可认为干燥完毕。

(6)变压器、电抗器干燥后应进行器身检查,所有螺栓压紧部分应无松动,绝缘表面应无过热等异常情况。如不能及时检查时,应先注以合格油,油温可预热至 50℃～60℃,绕组温度应高于油温。

## 3. 铁损干燥

(1)磁化线圈:用耐热绝缘导线缠绕在油箱上;线圈匝数的 60% 分布在油箱的下部,40% 分布在油箱的上部。在线圈上部或中部抽出 10% 作为温度调节之用。两部分线圈的间距约为箱体长度的 1/4。如油箱有保温隔热层,磁化线圈则缠绕在隔热层表面上。

(2)加热电源:磁化线圈宜采用单相电源,电源容量计算见下式:

$$S_g = \frac{P}{\cos\varphi} = \frac{\Delta P \cdot F_0}{\cos\varphi} = \frac{\Delta P \cdot HL}{\cos\varphi} \quad (kV \cdot A)$$

式中　$F_0$——绕有磁化线圈的油箱侧面积($m^2$);

　　　$L$——油箱周长(m);

　　　$H$——绕有磁化线圈的油箱高度(m);

　　　$\Delta P$——有效单位面积(绕有磁化线圈的油箱侧面)的功率消耗($kW/m^2$),见表 4-4。

表 4-4　不保温油箱有效面积的功率消耗($\Delta P$)　　　　　(单位:$kW/m^2$)

| 油箱形式 | 环境温度(℃) | | | | | | | | |
|---|---|---|---|---|---|---|---|---|---|
| | 0 | 5 | 10 | 15 | 20 | 25 | 30 | 35 | 40 |
| 平面油箱 | 2.03 | 1.94 | 1.85 | 1.75 | 1.66 | 1.57 | 1.48 | 1.38 | 1.29 |
| 管式油箱 | 2.70 | 2.58 | 2.46 | 2.34 | 2.22 | 2.09 | 1.97 | 1.85 | 1.72 |

注:$\cos\varphi = 0.7$。

(3)磁化线圈参数计算,见下式:

匝数　　　　$N = a \cdot \dfrac{U}{L}$　　　　(匝)

电流　　　　$I = \dfrac{P}{U \cdot \cos\varphi} \times 10^3$　　　(A)

式中　$a$——系数(电位梯度),按表 4-5 确定。

表 4-5　系数 $a$ 值

| $\Delta P(kW/m^2)$ | 0.8 | 1.0 | 1.2 | 1.4 | 1.6 | 1.8 | 2.0 | 2.2 | 2.4 | 2.6 | 2.8 | 3.0 |
|---|---|---|---|---|---|---|---|---|---|---|---|---|
| $a$ | 2.26 | 2.02 | 1.84 | 1.74 | 1.65 | 1.59 | 1.59 | 1.49 | 1.44 | 1.41 | 1.38 | 1.34 |

(4)升温干燥:开始干燥时,应打开油箱下部放油阀门和顶盖上的人孔盖板,保持油箱里面的空气流通。磁化线圈接通电源后,使芯部绝缘的温度逐渐升高,并限制每小时的升温速度不超过 5℃,最后稳定在 95℃。当绝缘电阻下降后再上升并稳定 6 h 以上,即认为干燥合格。

为了提高干燥效率,在干燥过程中可以采取真空排潮措施,即当变压器芯部绝缘温度达到 80℃ 以上时,开始抽真空,把油箱里蒸发的潮气抽出,冷凝后,加以排除。

(5)温度调节:加热温度可采用下列任一种方法进行调节。

1)增减磁化线圈的匝数。在一定的外加磁化电压下,增、减匝数调温。

2)提高或降低磁化电压。

3)适时开停电源。

4.铜损干燥

(1)电源容量计算,见下式:

$$S_g = 1.25 \, S_e U_d\% \qquad (kV \cdot A)$$

式中 $S_e$——被干燥变压器的额定容量(kV·A);

$U_d\%$——被干燥变压器的短路电压(阻抗电压)的百分值。

(2)电源电压计算,见下式:

$$U_g = U_e \cdot U_d\% \qquad (V)$$

式中 $U_e$——加电源侧线圈的额定电压(V)。

(3)接线:被干燥的变压器一般均由低压侧加压,高压侧线圈短接。

(4)升温操作:干燥开始时,可将电源电压提高,以 125%的额定电流加热,控制温升每小时不大于 5℃,并打开油箱顶盖上的人孔,使潮气蒸发排出。当高压线圈温度达到 80℃±5℃时,保持此温度,持续 24 个小时,如各线圈的绝缘电阻、介质损失角正切值 $\tan\delta$ 及油耐压强度无显著变化,干燥就可以结束。

干燥过程中,如采用真空排潮措施,应将油放出少许,使油面降至顶盖下 200 mm,以免抽真空时将油抽出。

5.零序电流干燥

(1)电源容量计算,见下式:

$$S_g = \frac{P}{\cos\varphi}$$

式中 $P$——干燥时所需功率(kW),按表 4-6 查取;

$\cos\varphi$——功率因数,中小型变压器取 0.4~0.5(大型变压器取 0.5~0.7)。

表 4-6　零序电流干燥法干燥变压器所需功率(环境温度 15℃~20℃)

| 变压器容量(kV·A) | 干燥所需功率(kW) | |
|---|---|---|
| | 油箱不保温 | 油箱保温 |
| 320 以下 | 2~4 | 1.5~3.5 |
| 560~1 800 | 7~10 | 5~7.5 |
| 2 400~5 600 | 12~14 | 8~10 |

(2)电源电压计算,见下式:

三相并联接线 $\qquad U_g = \sqrt{\dfrac{P \cdot X_0}{3\cos\varphi}} \qquad (V)$

开口三角接线 $\qquad U_g = \sqrt{\dfrac{3P \cdot X_0}{3\cos\varphi}} \qquad (V)$

式中 $P$——干燥功率(kW),按表 4-6 查取;

$X_0$——变压器零序电抗(Ω),由设备说明书中查取;

$\cos\varphi$——功率因数,取 0.4~0.5。

(3)干燥电源电流计算,见下式:

三相并联接线 $\qquad I_g = 3I_0 = 3\dfrac{U_0}{X_0}$

开口三角接线 $\qquad I_g = I_0 = \dfrac{U_0}{X_0}$

(4)接线:接电源侧为星形接线时,应将三相的引线端头连接在一起,在它们与中性点之间接进干燥电源;若为三角形接线时,应将角形结线侧的一个连接点拆开,在拆开的端头之间接进干燥电源。干燥时,不通电线圈应开路;当不通电侧为角形接线,且为高压绕组时,宜将三个连接点均拆开。

(5)升温操作:

1)变压器在无油干燥时,干燥过程同铁损操作工艺;

2)变压器在带油干燥时,干燥过程同铜损操作工艺。

(6)烘箱干燥:对小型变压器采用这种方法则很简单。干燥时只要将器身吊入烘箱,控制内部温度为95℃,每小时测一次绝缘电阻,干燥便可顺利进行。干燥过程中,烘箱上部应有出气孔以释放蒸发出来的潮气。

### 三、变压器搬运就位

变压器搬运就位由起重工为主操作,电工配合。搬运最好采用吊车和汽车,如机具缺乏或距离很短而道路又有条件时,也可以用倒链吊装、卷扬机拖运、滚杠运输等。

变压器在吊装时,索具必须检查合格。钢丝绳必须系在油箱的吊钩上,变压器顶盖上盘的吊环只可作吊芯用,不得用此吊环吊装整台变压器。

变压器就位时,应注意其方法和施工图相符,变压器距墙尺寸按施工图规定.允许偏差±25 mm。图纸无标注时,纵向按轨道定位,横向距墙不小于800 mm,距门不小于1 000 mm。并适当照顾到屋顶吊环的铅垂线位于变压器中心,以便于吊芯。

中小型变压器一般可用汽车起重机吊至基础轨道上就位。对于大型变压器,如果起吊设备无法直接吊运,可采用滚动拖运方式将变压器就位于基础上,如图4-1所示。

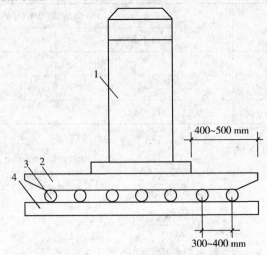

图 4-1 用滚动法拖运电力变压器

1—电力变压器;2—木排;3—滚杠;4—道木

滚动运输变压器所用的木排用硬质木材,也可用钢板或圆钢代替。滚杠一般选用直径 100 mm 左右,壁厚为 8～12 mm 的厚壁钢管。

运输大型变压器的牵引力一般采用慢速牵引机械,如卷扬机。牵引方式可选用图 4-2～图 4-4 的方案,其中用滑轮组牵引的方案仅适用于中小型变压器。

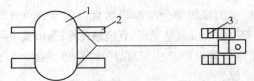

图 4-2　用一台机械直接牵引变压器
1—电力变压器;2—木排;3—牵引机械

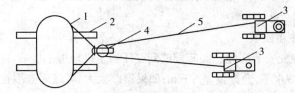

图 4-3　用两台机械直接牵引变压器
1—电力变压器;2—木排;3—牵引机械;4—单滑轮;5—牵引绳

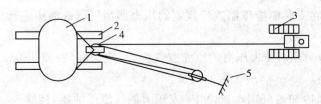

图 4-4　用滑轮组牵引变压器
1—电力变压器;2—木排;3—牵引机械;4—滑轮组;5—地锚

变压器就位后,再安装垫铁和止轮器,并检查变压器油枕侧有 1%～1.5% 的升高坡度,以保证气体继电器(瓦斯继电器)能可靠动作。

**四、变压器安装**

1. 变压器本体及附件安装

(1)变压器、电抗器基础的轨道应水平,轮距与轨距应配合;装有气体继电器的变压器、电抗器,应使其顶盖沿气体继电器气流方向有 1%～1.5% 的升高坡度(制造厂规定不须安装坡度者除外)。当须与封闭母线连接时,其套管中心线应与封闭母线安装中心线相符。

(2)装有滚轮的变压器、电抗器,其滚轮应转动灵活。在设备就位后,应将滚轮用能拆卸的制动装置加以固定。

2. 密封处理

(1)设备的所有法兰连接处,应用耐油密封垫(圈)密封;密封垫(圈)必须无扭曲、变形、裂纹和毛刺;密封垫(圈)应与法兰面的尺寸相配合。

(2)法兰连接面应平整、清洁;密封垫应擦拭干净,安装位置应准确;其搭接处的厚度应与其原厚度相同,橡胶密封垫的压缩量不宜超过其厚度的 1/3。

3. 有载调压切换开关安装

有载调压切换开关的主要部件在制造厂已与变压器装配在一起,安装时只需进行检查和动作试验。如需进行安装应按制造厂说明书进行,并应符合下列要求:

(1)传动机构(包括操动机构、电动机、传动齿轮和杠杆)应固定牢靠,连接位置正确,且操作灵活、无卡阻现象;传动机构的摩擦部分应涂以适合当地气候条件的润滑脂。

(2)切换开关的触头及铜编织线应完整无损,且接触良好;其限流电阻应完整,无断裂现象。

(3)切换装置的工作顺序应符合产品出厂要求;切换装置在极限位置时,其机械联锁与极限开关的电气联锁动作应正确。

(4)位置指示器应动作正常,指示正确。

(5)切换开关油箱内应清洁,油箱应做密封试验且密封良好;注入油箱中的绝缘油,其绝缘强度应符合产品的技术要求。

4. 大中型变压器油箱安装

(1)油箱安装之前应先安装底座。底座推放到变压器基础轨道上以后,应检查滚轮与轨距是否相符合。底座顶面应保持水平,允许偏差 5 mm;如果误差太大,可以调整滚轮轴的高低位置。

(2)调理油箱的位置,使其方向正确并与基础轨道的中心线一致,然后落放到底座上,插入螺栓和压板组装起来。

5. 冷却装置安装

(1)冷却器装置在安装前应按制造厂规定的压力值用气压或油压进行密封试验,并应符合下列要求:

1)散热器可用 0.05 MPa 表压力的压缩空气检查,应无漏气;或用 0.07 MPa 表压力的变压器油进行检查,持续 30 min,应无渗漏现象。

2)强迫油循环风冷却器可用 0.25 MPa 表压力的气压或油压,持续 30 min 进行检查,应无渗漏现象。

3)强迫油循环水冷却器用 0.25 MPa 表压力的气压或油压进行检查,持续 1 h 应无渗漏;水、油系统应分别检查渗漏。

(2)冷却装置安装前应用合格的绝缘油经净油机循环冲洗干净,并将残油排尽。

(3)冷却装置安装完毕后应即注满油,以免由于阀门渗漏造成本体油位降低,使绝缘部分露出油面。

(4)风扇电动机及叶片应安装牢固,并应转动灵活,无卡阻现象;试转时应无震动、过热;叶片应无扭曲变形或与风筒擦碰等情况,转向应正确;电动机的电源配线应采用具有耐油性能的绝缘导线;靠近箱壁的绝缘导线应用金属软管保护;导线排列应整齐;接线盒密封良好。

(5)管路中的阀门应操作灵活,开闭位置应正确;阀门及法兰连接处应密封良好。

(6)外接油管在安装前,应进行彻底除锈并清洗干净;管道安装后,油管应涂黄漆,水管涂黑漆,并应有流向标志。

(7)潜油泵转向应正确,转动时应无异常噪音、震动和过热现象;其密封应良好,无渗油或进气现象。

(8)差压继电器、流速继电器应经校验合格,且密封良好,动作可靠。

(9)水冷却装置停用时,应将存水放尽,以防天寒冻裂。

6. 储油柜(油枕)安装

(1)储油柜安装前应清洗干净,除去污物,并用合格的变压器油冲洗。隔膜式(或胶囊式)

储油柜中的胶囊或隔膜式储油柜中的隔膜应完整无破损,并应和储油柜的长轴保持平行、不扭偏。胶囊在缓慢充气胀开后应无漏气现象。胶囊口的密封应良好,呼吸应畅通。

(2)储油柜安装前应先安装油位表;安装油位表时应注意保证放气孔和导气孔的畅通;玻璃管要完好。油位表动作应灵活,油位表或油标管的指示必须与储油柜的真实油位相符,不得出现假油位。油位表的信号接点位置正确,绝缘良好。

(3)储油柜利用支架安装在油箱顶盖上。油枕和支架、支架和油箱均用螺栓紧固。

7. 套管安装

(1)套管在安装前要按下列要求进行检查:

1)瓷套管表面应无裂缝、伤痕;

2)套管、法兰颈部及均压球内壁应清擦干净;

3)套管应经试验合格;

4)充油套管的油位指示正常,无渗油现象。

(2)当充油管介质损失角正切值 $\tan\delta$(%)超过标准,且确认其内部绝缘受潮时,应干燥处理。

(3)高压套管穿缆的应力锥进入套管的均压罩内,其引出端头与套管顶部接线柱连接处应擦拭干净,接触紧密;高压套管与引出线接口的密封波纹盘结构的安装应严格按制造厂的规定进行。

(4)套管顶部结构的密封垫应安装正确,密封应良好,连接引线时,不应使顶部结构松扣。

8. 升高座安装

(1)升高座安装前,应先完成电流互感器的试验;电流互感器出线端子板应绝缘良好,其接线螺栓和固定件的垫块应紧固,端子板应密封良好,无渗油现象。

(2)安装升高座时,应使电流互感器铭牌位置面向油箱外侧,放气塞位置应在升高座最高处。

(3)电流互感器和升高座的中心应一致。

(4)绝缘筒应安装牢固,其安装位置不应使变压器引出线与之相碰。

9. 气体继电器(又称瓦斯继电器)安装

(1)气体继电器应作密封试验、轻瓦斯动作容积试验、重瓦斯动作流速试验,各项指标合格后,并有合格检验证书方可使用。

(2)气体继电器应水平安装,观察窗应装在便于检查一侧,箭头方向应指向储油箱(油枕),其与连通管连接应密封良好,其内壁应擦拭干净,截油阀应位于储油箱和气体继电器之间。

(3)打开放气嘴,放出空气,直到有油溢出时,将放气嘴关上,以免有空气进入使继电保护器误动作。

(4)当操作电源为直流时,必须将电源正极接到水银侧的接点上,接线应正确,接触良好,以免断开时产生电弧。

10. 安全气道(防爆管)安装

(1)安全气道安装前内壁应清拭干净,防爆隔膜应完整,其材质和规格应符合产品规定。

(2)安全气道斜装在油箱盖上,安装倾斜方向应按制造厂规定,厂方无明显规定时,宜斜向储油柜侧。

(3)安全气道应按产品要求与储油柜连通,但当采用隔膜式储油器和密封式安全气道时,二者不应连接。

(4)防爆隔膜信号接线应正确,接触良好。

11. 干燥器(吸湿器、防潮呼吸器、空气过滤器)安装

(1)检查硅胶是否失效(对浅蓝色硅胶,变为浅红色即已失效;对白色硅胶一律烘烤)。如已失效,应在 115℃～120℃ 温度下烘烤 8 h,使其复原或换新。

(2)安装时,必须将干燥器盖子处的橡皮垫取掉,使其畅通,并在盖子中装适量的变压器油,起滤尘作用。

(3)干燥器与储气柜间管路的连接应密封良好,管道应通畅。

(4)干燥器油封油位应在油面线上;但隔膜式储油柜变压器应按产品要求处理(或不到油封,或少放油,以便胶囊易于伸缩呼吸)。

12. 净油器安装

(1)安装前先用合格的变压器油冲洗净油器,然后同安装散热器一样,将净油器与安装孔的法兰联结起来。其滤网安装方向应正确并在出口侧。

(2)将净油器容器内装满干燥的硅胶粒后充油。油流方向应正确。

13. 温度计安装

(1)套管温度计安装,应直接安装在变压器上盖的预留孔内,并在孔内适当加些变压器油,刻度方向应便于观察。

(2)电接点温度计安装前应进行计量检定,合格后方能使用。油浸变压器一次元件应安装在变压器顶盖上的温度计套筒内,并加适当变压器油;二次仪表挂在压变压器一侧的预留板上。干式变压器一次元件应按厂家说明书位置安装,二次仪表装在便于观测的变压器护网栏上。软管不得有压扁或死弯,富余部分应盘圈并固定在温度计附近。

(3)干式变压器的电阻温度计,一次元件应预埋在变压器内,二次仪表应安装在值班室或操作台上,温度补偿导线应符合仪表要求,并加以适当的附加温度补偿电阻校验调试后方可使用。

14. 压力释放装置安装

(1)密封式结构的变压器、电抗器,其压力释放装置的安装方向应正确,使喷油口不要朝向邻近的设备,阀盖和升高座内部应清洁,密封良好。

(2)电接点应动作准确,绝缘应良好。

15. 电压切换装置安装

(1)变压器电压切换装置各分接点与线圈的连线压接正确,牢固可靠,其接触面接触紧密良好,切换电压时,转动触点停留位置正确,并与指示位置一致。

(2)电压切换装置的拉杆、分接头的凸轮、小轴销子等应完整无损,转动盘应动作灵活,密封良好。

(3)电压切换装置的传动机构(包括有载调压装置)的固定应牢靠,传动机构的摩擦部分应有足够的润滑油。

(4)有载调压切换装置的调换开关触头及铜辫子软线应完整无损,触头间应有足够的压力(一般为 8～10 kg)。

(5)有载调压切换装置转动到极限位置时,应装有机械联锁与带有限开关的电气联锁。

(6)有载调压切换装置的控制箱,一般应安装在值班室或操作台上,联线应正确无误,并应调整好,手动、自动工作正常,挡位指示正确。

16. 注油

(1)绝缘油必须按规定试验合格后,方可注入变压器、电抗器中。

不同牌号的绝缘油或同牌号的新油与旧油不宜混合使用,如必须混合时,应进行混油试验。

(2)绝缘油取样:取样应在晴天、无风沙时进行,温度应在 0℃以上。取油样用的大口玻璃瓶应洗刷干净,取样前用烘箱烘干。

混油试验取样应标明实际比例。油样应取自箱底或桶底。取样时,先开启放油阀,冲去阀口脏物,再将取样瓶冲洗两次,然后取样封好瓶口(如运往外地检验,瓶口宜蜡封)。

(3)绝缘油检验后,如绝缘强度(耐压)不合格,应进行过滤。

(4)为防止注油时在变压器、电抗器的芯部凝结水分,要求注入绝缘油的温度在 10℃左右,芯部的温度与油温之差不宜超过 5℃,并应尽量使芯部温度高于油温。

(5)注油应从油箱下部油阀进油,加补充油时应通过油枕注入。对导向强油循环的变压器,注油应按制造厂的规定执行。

(6)胶囊式储油柜注油应按制造厂规定进行,一般采取油从变压器油箱逐渐注入,慢慢将胶囊内空气排净,然后放油使储油柜内油面下降至规定油位。如果油位计也是带小胶囊结构时,应先向油表内注油,然后进行储油柜的排气和注油。

(7)冷却装置安装完毕后即应注油,以免由于阀门渗漏造成变压器绝缘部分露出油面。

(8)油注到规定油位,应从油箱、套管、散热器、防爆筒、气体继电器等处多次排气,直到排尽为止。

(9)注油完毕,在施加电压前,变压器、电抗器应进行静置,静置时间规定为:110 kV 及以下 24 h。

静置完毕后,应从变压器、电抗器的套管、升高座、冷却装置、气体继电器及压力释放装置等有关部位进行多次放气。

17. 变压器联线

(1)变压器的一、二次联线、地线、控制管线均应符合现行国家施工验收规范的规定。

(2)变压器一、二次引线施工,不应使变压器的套管直接承受应力。

(3)变压器工作零线与中性点接地线,应分别敷设。工作零线宜用绝缘导线。

(4)变压器中性点的接地回路中,靠近变压器处,宜做一个可拆卸的连接点。

(5)油浸变压器附件的控制线,应采用具有耐油性能的绝缘导线。靠近箱壁的导线,应用金属软管保护。

18. 整体密封检查

(1)变压器、电抗器安装完毕后,应在储油柜上用气压或油压进行整体密封试验,所加压力为油箱盖上能承受 0.03 MPa 的压力,试验持续时间为 24 h,应无渗漏。油箱内变压器油的温度不应低于 10℃。

(2)整体运输的变压器、电抗器可不进行整体密封试验。

**五、变压器的接地**

变压器的接地既有高压部分的保护接地,又有低压部分的工作接地;而低压供电系统在建筑电气工程中普遍采用 TN-S 或 TN-C-S 系统,即不同形式的保护接零系统。且两者共用同一个接地装置,在变配电室要求接地装置从地下引出的接地干线,以最近的路径直接引至变压器壳体和变压器的中性母线 N(变压器的中性点)及低压供电系统的 PE 干线或 PEN 干线,中间尽量减少螺栓搭接处,决不允许经其他电气装置接地后,串联连接过来,以确保运行中人身和电气设备的安全。油浸变压器箱体、干式变压器的铁心和金属件,以及有保护外壳的干式变压器金属箱体,均是电气装置中重要的经常为人接触的非带电可接近裸露导体,为了人身及动物和设备安全,其保护接地要十分可靠。

接地装置引出的接地干线与变压器的低压侧中性点直接连接;变压器箱体、干式变压器的支架或外壳应接 PE 线。所有连接应可靠,紧固件及防松零件齐全。

# 第二节　配电装置安装

## 一、配电箱安装

### 1. 盘面柜制作

盘面板在配电箱中主要是用于安装电器电件,其制作应以整齐、美观、安全及便于检修为原则。

(1)组装前,应先核对盘面板与配电箱的尺寸,并使盘面板四周与箱边之间有适当的缝隙。

(2)将盘面板放平,按图纸设计的电器、仪表在上面进行实物排列。一般将仪表放在上方,各回路的开关和熔断器要对应安装,达到便于操作、维修方便、整齐美观的要求。

1)电器在盘面板上排列的最小间距如图 4-5 和表 4-7 所示。

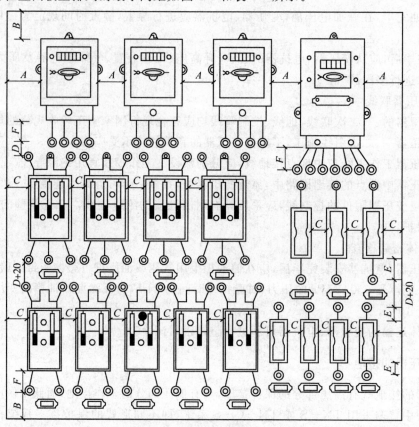

图 4-5　盘面板电器排列尺寸图

表 4-7　盘面板电器排列尺寸表

| 间距 | 电器额定电流（A） | 导线截面积（mm²） | 最小尺寸（mm） |
|---|---|---|---|
| A | — | — | 60 |
| B | | | 50 |
| C | | | 30 |
| D | | | 20 |
| E | 10～15 | — | 20 |
| | 20～30 | | 30 |
| | 60 | | 50 |
| F | — | 10 以下 | 80 |
| | | 16～25 | 100 |

2）对于除图 4-5 和表 4-7 所示电器外的其他电器，如出线口、瓷管头等，其距盘面四边的距离均不得小于 30 mm。

3）在配电箱（板）内，有交、直流或不同电压时，应有明显的标志或分设在单独的板面上。

（3）按电器的实际位置，画出每种电器的安装孔和出线孔（出线孔距要均匀），然后打孔、刷油漆。油漆干后，在出线孔套上瓷管头（适用于木制和塑料盘面）或橡皮护圈（适用于钢板盘面），如图 4-6 所示。再将全部电器摆正，用木螺钉或螺栓固定。

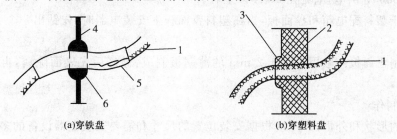

(a)穿铁盘　　　　　　　　(b)穿塑料盘

图 4-6　导线穿过盘面板做法

1—导线；2—塑料板；3—管头；4—钢板；5—绝缘软管；6—橡皮（或塑料）护圈

（4）根据电器和仪表的规格、容量及位置选好导线的截面和长度，盘面板各电器所用导线的截面应由设计确定，但最小截面为：铜芯线为 1.5 mm²，铝芯线为 2.5 mm²，且配线需排列整齐，绑扎成束，并用卡钉固定在盘面板上。盘后引入及引出的导线应留出适当的余度，以利检修。

（5）垂直装设的刀闸及熔断器等设备上端接电源，下端接负荷；如为横装者，面对盘面左侧接电源，右侧接负荷。对螺旋式熔断器，电源线应接在中间端子上，负荷线接在螺纹端子上。

（6）接零系统中的零母线，应由零线端子板分路引至各设备，如图 4-7 所示。零线端子板上分支路排列位置应与熔断器位置相对应。接地保护电路先通过地线柱再用端子板分路。

（7）盘面板上的母线应涂有黄、绿、红色，表示 A、B、C 三相相序，对不接地零线涂紫色，对接地的零线涂紫色带黑色条纹。

(8)盘面板上所有电器下方均安装"卡片框",卡片上标明回路名称,并在适当的部位粘贴接线系统图。

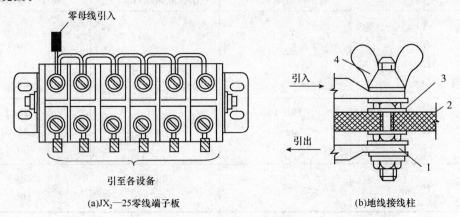

(a)JX$_2$—25零线端子板　　　　　　(b)地线接线柱

图 4-7　零线接线板做法

1—接线端子;2—塑料板;3—镀锌垫圈;4—蝶形螺母

(9)木制盘面板应根据电流值和使用情况不同,按下列情况加包薄钢板:

1)三相四线制供电,电流在 30 A 以上者;

2)单相 220 V 供电,电流在 100 A 以上者;

3)单相 380 V 供电,电流在 50 A 以上者。

(10)对于塑料配电箱和盘面板,当在塑料盘面板上安装电器时,先钻出一个 $\phi$3 小孔,再用木螺钉拧装。

(11)铁制盘面板一般用不小于 2 mm 的薄钢板制成,做好后先表面除锈,再刷樟丹一道,然后涂面漆。

2. 箱体制作

配电箱的形状和外形尺寸,应根据安装位置的尺寸和需要安装电器设备的多少综合考虑。配电箱的材料不同,制作方法也不同。在干燥无尘的场所,可用木制配电板(箱)。制作配电箱(板)应符合下列要求:

(1)应用干燥、不腐朽的、不小于 20 mm 厚的木板制成,外部涂色漆,内部涂绝缘油漆。

(2)配电箱一般有两层底板,底板间不应小于 50 mm。

(3)铁制配电箱应用厚度不小于 2 mm 的薄钢板制成,除锈后涂防锈漆一道,油漆二道。

(4)木底板应包有 0.35~0.5 mm 的镀锌薄钢板,但对不经常操作,并且在 30 A 以下的配电箱底板可以不包薄钢板。

(5)门要向外开,并应考虑加锁。

(6)开关多的配电箱,可以做成前、后开门,两面底板应有一面能活动。

(7)配电盘的金属部分要有接地螺栓。

(8)用于室外的配电箱要做成防水式,门要严密,防止雨水进入。如为木配电箱要包镀锌薄钢板。

3. 自制配电箱安装

自制配电箱的安装应符合以下要求。

(1)配电箱(板)要安装在干燥、明亮、不易受震,便于抄表、操作、维护的场所。不得安装在水池或水道阀门（龙头）的上、下侧。如果必须安装在这些位置左、右侧时，其净距必须在 1 m 以上。

（2）照明配电板底边距地面不应小于 1.8 m；配电箱安装高度，底边距地面为 1.5 m，但住宅用配电箱也应使箱（板）底边距地面不小于 1.8 m。配电箱（板）安装垂直偏差不应大于 3 mm，操作手柄距侧墙面不小于 200 mm。

（3）在 240 mm 厚的墙壁内暗装配电箱时，其后壁需用 10 mm 厚石棉板及直径为 2 mm、孔洞为 10 mm 的钢丝网钉牢，再用 1：2 水泥砂浆抹好，以防开裂。墙壁内预留孔洞大小，应比配电箱外廓尺寸略大 20 mm 左右。

（4）明装配电箱应在土建施工时，预埋好燕尾螺栓或其他固定件。埋入铁件应镀锌或涂油防腐。

（5）工厂车间在用电设备附近的墙上或柱上常用的成套配电箱如图 4-8 所示。

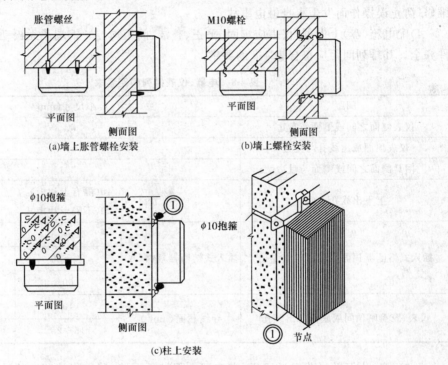

图 4-8　挂式配电箱在墙（柱）上安装图

（6）配电箱（板）安装垂直偏差不应大于 3 mm。安装时，其面板四周边缘应紧贴墙面，箱体与建筑物接触部分应刷防锈漆。

4. 照明配电箱安装

照明配电箱适用于工业及民用建筑在交流 50 Hz、额定电压 500 V 以下的照明和小动力控制回路中，作线路的过载、短路保护以及线路的正常转换之用。

为防止火灾的发生，照明配电箱不应采用可燃材料制作。在干燥无尘的场所，采用的木制配电箱应经阻燃处理。配电箱的箱门（箱盖）应是可拆装的，面板出线孔应光滑、无毛刺，为加强绝缘，金属面板应装设绝缘保护套。

（1）弹线定位。在照明配电箱（盘）安装的施工过程中，配电箱（盘）的设置位置是十分重要的，位置不正确不但会给安装和维修带来不便，安装配电箱还会影响建筑物的结构强度。

根据设计要求找出配电箱(盘)位置,并按照箱(盘)外形尺寸进行弹线定位。配电箱安装底口距地面一般为1.5 m,明装电度表板底口距地面不小于1.8 m。在同一建筑物内,同类箱盘高度应一致,允许偏差10 mm。为了保证使用安全,配电箱与采暖管距离不应小于300 mm;与给排水管道距离不应小于200 mm;与煤气管、表距离不应小于300 mm。

(2)安装要求。照明配电箱(盘)安装还应符合下列规定:

1)箱(盘)不得采用可燃材料制作。

2)箱体开孔与导管管径适配,边缘整齐,开孔位置正确,电源管应在左边,负荷管在右边。照明配电箱底边距地面为1.5 m,照明配电板底边距地面不小于1.8 m。

3)箱(盘)内部件齐全,配线整齐,接线正确无绞接现象。回路编号齐全,标识正确。导线连接紧密,不伤芯线,不断股。垫圈下螺丝两侧压的导线的截面积相同,同一端子上导线连接不多于2根,防松垫圈等零件齐全。箱(盘)内接线整齐,回路编号、标识正确是为方便使用和维修,防止误操作而发生人身触电事故。

4)配电箱(盘)上电器,仪表应牢固、平正、整洁、间距均匀。铜端子无松动,启闭灵活,零部件齐全。其排列间距应符合表4-8的要求。

表4-8  电器、仪表排列间距要求

| 间距 | | 最小尺寸(mm) | |
| --- | --- | --- | --- |
| 仪表侧面之间或侧面与盘边 | | 60 | |
| 仪表顶面或出线孔与盘边 | | 50 | |
| 闸具侧面之间或侧面与盘边 | | 30 | |
| 上下出线孔之间 | | 40(隔有卡片柜) | |
| | | 20(不隔卡片柜) | |
| 插入式熔断器顶面或底面与出线孔 | 插入式熔断器规格(A) | 10~15 | 20 |
| | | 20~30 | 30 |
| | | 60 | 50 |
| 仪表、胶盖闸顶间或底面与出线孔 | 导线截面(mm²) | 10 | 80 |
| | | 16~25 | 100 |

5)箱(盘)内开关动作灵活可靠,带有漏电保护的回路,漏电保护装置的设置和选型由设计确定,保护装置动作电流不大于30 mA,动作时间不大于0.1 s。

6)照明箱(盘)内,分别设置中性线(N)和保护线(PE)汇流排,N线和PE线经汇流排配出。因照明配电箱额定容量有大小,小容量的出线回路少,仅2~3个回路,可以用数个接线柱(如绝缘的多孔瓷或胶木接头)分别组合成PE和N接线排,但决不允许两者混合连接。

7)箱(盘)安装牢固,安装配电箱箱盖紧贴墙面,箱(盘)涂层完整,配电箱(盘)垂直度允许偏差为1.5‰。

(3)照明配电箱(盘)的固定。

1)明装配电箱(盘)的固定。配电箱(盘)在混凝土墙上固定时,有暗配管及暗分线盒和明配管两种方式。如有分线盒,先将分线盒内杂物清理干净,然后将导线理顺,分清支路和相序,按支路绑扎成束。待箱(盘)找准位置后,将导线端头引至箱内或盘上,逐个剥削导线端头,再逐个压接在器具上。同时将保护地线压在明显的地方,并将箱(盘)调整平直后用钢架或金属膨胀螺栓固定。

在电具、仪表较多的盘面板安装完毕后,应先用仪表核对有无差错,调整无误后试送电,并将卡片柜内的卡片填写好部位,编上号。如在木结构或轻钢龙骨护板墙上固定配电箱(盘)时,应采用加固措施。

配管在护板墙内暗敷设并有暗接线盒时,要求盒口应与墙面平齐,在木制护板墙处应做防火处理,可涂防火漆进行防护。

2)暗装配电箱的固定。安装时,首先应在预留孔洞中找好箱体的标高及水平尺寸,稳住箱体后用水泥砂浆填实周边并抹平齐,待水泥砂浆凝固后再安装盘面和贴脸。如箱底与外墙平齐时,应在外墙固定金属网后再做墙面抹灰,不得在箱底板上直接抹灰。盘面安装要求平整,周边间隙应均匀对称,贴脸(门)应平正、不歪斜,螺丝应垂直受力均匀。

(4)配电箱盘的检查与调试。

1)柜内工具、杂物等清理出柜,并将柜体内外清扫干净。

2)电器元件各紧固螺丝牢固,刀开关、空气开关等操作机构应灵活,不应出现卡滞或操作力用力过大现象。

3)开关电器的通断是否可靠,接触面接触良好,辅助接点通断准确可靠。

4)电工指示仪表与互感器的变比,极性应连接正确可靠。

5)母线连接应良好,其绝缘支撑件、安装件及附件应安装牢固可靠。

6)熔断器的熔芯规格选用是否正确,继电器的整定值是否符合设计要求,动作是否准确可靠。

7)绝缘电阻摇测,测量母线线间和对地电阻,测量二次结线间和对地电阻,应符合现行国家施工验收规范的规定。在测量二次回路电阻时,不应损坏其他半导体元件,摇测绝缘电阻时应将其断开。绝缘电阻摇测时应做记录。

## 二、配电柜(盘)安装

### 1. 安装要求

(1)柜(盘)安装在振动场所,应采取防震措施(如开防震沟、加弹性垫等)。

(2)柜(盘)本体及柜(盘)内设备与各构件间连接应牢固。主控制柜、继电保护柜、自动装置柜等不宜与基础型钢焊死。

(3)端子箱安装应牢固,封闭良好,安装位置应便于检查;成列安装时,应排列整齐。

(4)柜(盘)的接地应牢固良好。装有电器的可开启的柜(盘)门,应以软导线与接地的金属构架可靠地连接。成套柜应装有供携带式接地线使用的固定设施(手车式配电柜除外)。

(5)柜(盘)的漆层应完整、无损伤,固定电器的支架等应刷漆。安装于同一室内、且经常监视的盘、柜,其盘面颜色宜和谐一致。

(6)直流回路中,具有水银接点的电器,应使电源正极接到水银侧接点的一端。

(7)在绝缘导线可能遭到油类污浊的地方,应采用耐油的绝缘导线,或采取防油措施。橡胶或塑料绝缘导线应防止日光直射。

(8)柜门、网门及门锁应调整得开闭灵活;检修灯要完好,有门开关的检修灯应能随着门的开闭而正常明灭。

### 2. 柜间隔板和柜侧挡板安装

高低压配电柜的柜间隔板和柜侧挡板安装前必须准备齐全,若不齐全应现场配制完善,并向建设单位办理"技术变更核定(洽商)单"。隔板和挡板的材料一般采用 2 mm 厚的钢板,但

GG-IA 高压柜柜顶母线分段隔板最好采用 10 mm 厚的酚醛层压板。

高压配电柜侧面或背面出线时,应装设保护网,如图 4-9 所示。保护网应全部采用金属结构,当低压柜的侧面靠墙安装时,挡板可以取消。

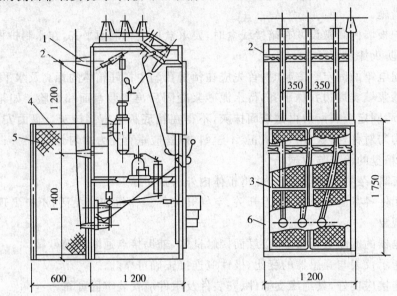

图 4-9　高压配电柜后架空出线及保护网安装图(单位:mm)

1—支柱绝缘子;2—母线;3—保护网门;4—角钢横挡;5—钢丝网;6—角钢立柱

3. 普通配电柜(盘)安装

一般情况下,配电柜(盘)应在土建室内装饰完工后进行安装,并应符合下列规定:

(1)柜(盘)在室内的位置按图施工。如图纸无明确标注时,对于后面或侧面有出线的高压柜,距离墙面不得小于 600 mm;如果后面或侧面无出线的高压柜,距离墙面也不得小于 200 mm;靠墙安装的低压柜,距墙不小于 25 mm;巡视通道宽不小于 1 m。

(2)在距离配电柜顶和底各 200 mm 高处,按一定的位置绷两根尼龙线作为基准线,将柜(盘)按规定的顺序比照基准线安装就位,其四角可采用开口钢垫板找平找正(钢垫板尺寸一般为 40 mm×40 mm×1、2、5 mm)。

(3)找平找正完成后,即可将柜体与基础槽钢、柜体与柜体、柜体与两侧挡板固定牢固。柜体与柜体,柜体与两侧挡板采用螺栓连接。柜体与基础槽钢最好是采用螺栓连接,如果图纸说明是采用点焊时,按图纸制作。

4. 抽屉式配电柜安装

对于抽屉式配电柜的安装,除应满足上述规定之外,还应符合下列要求:

(1)抽屉推拉应灵活轻便,无卡阻、碰撞现象。

(2)动触头与静触头的中心线应一致,触头接触应紧密。

(3)抽屉的机械联锁或电气联锁装置应动作正确可靠,断路器分闸后,隔离触头才能分开。

(4)抽屉与柜体间的接地触头应接触紧密;当抽屉推入时,抽屉的接地触头应比主触头先接触,拉出时程序应相反。

5. 配电柜(盘)上电器安装

(1)规格、型号应符合设计要求,外观应完整,且附件完全、排列整齐,固定可靠,密封良好。

（2）各电器应能单独拆装更换而不影响其他电器及导线束的固定。

（3）发热元件宜安装于柜顶。

（4）熔断器的熔体规格应符合设计要求。

（5）电流试验柱及切换压板装置应接触良好；相邻压板间应有足够距离，切换时不应碰及相邻的压板。

（6）信号装置回路应显示准确，工作可靠。

（7）柜（盘）上的小母线应采用直径不小于 6 mm 的铜棒或铜管，小母线两侧应有标明其代号或名称的标志牌，字迹应清晰且不易脱色。

（8）柜（盘）上 1 kV 及以下的交、直流母线及其分支线，其不同极的裸露载流部分之间及裸露载流部分与未经绝缘的金属体之间的电气间隙和漏电距离应符合表 4-9 的规定。

表 4-9　1 kV 及以下柜（盘）裸露母线的电气间隙和漏电距离　　　　（单位：mm）

| 类别 | 电气间隙 | 漏电距离 |
| --- | --- | --- |
| 交直流低压盘、电容屏、动力箱 | 12 | 20 |
| 照明箱 | 10 | 15 |

**6. 配电柜（盘）内配线**

配电柜、盘（屏）内的配线应采用截面直径不小于 1.5 mm、电压不低于 400 V 的铜芯导线，但对电子元件回路、弱电回路采用锡焊连接时，在满足载流量和电压降及有足够机械强度的情况下，可使用较小截面的绝缘导线。对于引进柜、盘（屏）内的控制电缆及其芯线应符合下列要求：

（1）引进盘、柜的电缆应排列整齐，避免交叉，并应固定牢固，不使所接的端子板受到机械应力。

（2）铠装电缆的钢带不应进入盘、柜内；铠装钢带切断处的端部应扎紧。

（3）用于晶体管保护、控制等逻辑回路的控制电缆，当采用屏蔽电缆时，其屏蔽层应予接地；如不采用屏蔽电缆时，则其备用芯线应有一根接地。

（4）橡胶绝缘芯线应外套绝缘管保护。

（5）柜、盘内的电缆芯线，应按垂直或水平有规律地配置，不得任意歪斜交叉连接，备用芯应留有适当余度。

**7. 二次回路接线**

二次回路接线应按施工图纸施工，接线应当正确，除此之外，还应符合下列要求：

（1）电气回路的连接（螺栓连接、插接、焊接等）应牢固可靠。

（2）电缆芯线和所配导线的端部均应标明其回路编号，编号正确，字迹清晰且不易脱色。

（3）配线整齐、清晰、美观，导线绝缘良好，无损伤。

（4）柜、盘（屏）内的导线不应有接头。

（5）每个端子板的每侧接线一般为一根，不得超过两根。

**8. 配电柜（盘）面装饰**

配电柜（盘）装好后，柜（盘、屏）面油漆应完好，如漆层破坏或成列的屏（柜）面颜色不一致，应重新喷漆，使成列配电柜（盘）整齐。漆面不能出现反光眩目现象。

柜（盘）的正面及背面各电器应标明名称和编号。主控制柜面应有模拟母线，模拟母线的标志漆色应按表 4-10 的规定。

表 4-10　模拟母线的标志漆色的规定

| 序　号 | 电压(kV) | 颜　色 | 备　注 |
|---|---|---|---|
| 1 | 直流 | 褐 | |
| 2 | 交流 0.23 | 深灰 | (1)模拟母线的宽度一般为 6～12 mm。 |
| 3 | 交流 0.4 | 黄褐 | (2)设备模拟的涂色应与相同电压等级的母线颜色一致。 |
| 4 | 交流 3 | 深绿 | (3)不适用于弱电屏以及流程模拟的屏面 |
| 5 | 交流 6 | 深蓝 | |
| 6 | 交流 10 | 绛红 | |

村镇电气安装工程

### 三、高压开关柜安装

**1. 基础预埋**

高压开关柜基础有直埋槽钢、预留槽钢基础及混凝土台基础几种。高压开关柜可根据设计图或产品生产厂家要求的柜体基础几何尺寸进行施工。固定式高压开关柜通常安装在基础上(手车式除外)。几种常见的基础预埋见表 4-11。

表 4-11　几种常见的基础预埋

| 项　目 | 内　容 |
|---|---|
| 基础槽钢直埋 | (1)根据设计图进行基础测量画线。<br>(2)对型钢进行调直、除锈后、下料钻孔、焊接框架。<br>(3)将型钢框架准确地放置在测量位置上,并测出型钢的中心线、标高尺寸等。用水平尺找出误差每米不超过 1 mm,全长不超过 5 mm。水平偏低时,可用铁片垫高,埋设的型钢可高出地表面 10 mm(型钢是否需要高出地面应根据设计规定或产品实物情况而定),水平调好后,可将型钢焊在预埋底座上,以使其固定。<br>(4)一般型钢基础应可靠接地,做法是用扁钢将其与接地网焊接,接地点不应少于两边,焊接面为扁钢宽度的两倍,应三个棱边焊牢。露出地面的型钢部分应涂防腐漆 |
| 混凝土基础台 | 根据设计图确定高压开关柜排列的周围尺寸,先做混凝土台,然后在基础台上面用膨胀螺栓固定开关柜,膨胀螺栓的位置确定,应事先根据设计进行画线定位,其各柜体用螺栓将扁钢与接地网连成整体,其接地固定螺栓应采用镀锌件以防腐蚀,直径不应小于 10 mm 且有可靠的防松措施 |
| 手车柜基础 | 手车柜基础型钢顶面与地面平齐(不铺绝缘橡胶垫时),如果铺绝缘橡胶垫时,应考虑其厚度 |

**2. 立柜**

立柜应在浇注基础型钢的混凝土凝固后进行。

(1)立柜前,先按图纸规定的顺序将配电柜作标记,然后用人力将其搬放在安装位置。

(2)立柜时,可先把每个柜调整到大致的水平位置,然后再精确地调整第一个柜,再以第一个柜为标准将其他柜逐次调整,调整顺序,可以从左到右,或从右到左,也可以先调中间一柜,然后分开调整。

（3）配电柜的水平调整，可用水平尺测量。垂直情况的调整，可在柜顶放一木棒，沿柜面悬挂一线垂，测量柜面上下端与吊线的距离，如果上下的距离相等，表示柜已垂直；如果距离不等，可用薄铁片加垫，使其达到要求。调整好的配电柜，应盘面一致，排列整齐；柜与柜之间应用螺栓拧紧，应无明显缝隙。配电柜的水平误差不应大于 0.1%，垂直误差不应大于其高度的 0.15%。

（4）调整完毕后再全部检查一遍，是否都合乎质量要求，然后用电焊（或连接螺栓）将配电柜底座固定在基础型钢上。

（5）如用电焊，每个柜的焊缝不应少于四处，每处焊缝长约 100 mm 左右。为了美观，焊缝应在柜体的内侧。焊接时，应把垫于柜下的垫片也焊在基础钢上。

基础型钢及盘、柜安装允许偏差值见表 4-12 和表 4-13。

表 4-12　基础型钢安装的允许偏差值

| 项　次 | 项　目 | 允许偏差(mm) | |
| --- | --- | --- | --- |
| 1 | 直度 | 每米 | <1 |
| | | 全长 | <5 |
| 2 | 水平度 | 每米 | <1 |
| | | 全长 | <5 |
| 3 | 位置偏差及平行度 | 全长 | <5 |

注：环形布置按设计要求。

表 4-13　盘、柜安装的允许偏差值

| 项　次 | 项　目 | | 允许偏差(mm) |
| --- | --- | --- | --- |
| 1 | 垂直度(每米) | | <1.5 |
| 2 | 水平偏差 | 相邻两盘顶部 | <2 |
| | | 成列盘顶部 | <5 |
| 3 | 盘面偏差 | 相邻两盘边 | <1 |
| | | 成列盘面 | <5 |
| 4 | 盘间接缝 | | <2 |

## 3. 柜内接线

柜内接线的相关内容见表 4-14。

表 4-14　柜内接线

| 项　目 | 内　容 |
| --- | --- |
| 屏内接线 | （1）屏的内部连接导线，一般采用塑料绝缘铜芯导线。<br>（2）安装在干燥房间里的屏，其内部接线可采用无防护层的绝缘导线，该导线能在表面经防腐处理的金属屏上直接敷设。<br>（3）屏内同一安装单位各设备之间的连线，一般不经过端子排。<br>（4）接到端子和设备上的绝缘导线和电缆芯应有标记 |

| 项　目 | 内　容 |
|---|---|
| 屏外接线 | （1）一般采用整根控制电缆,当控制电缆的敷设长度超过制造长度时,或由于配电屏的迁移而使原有电缆长度不够时,或更换电缆的故障时,可用焊接法连接电缆(在连接处应装设连接盒),也可借用其他屏上的端子来连接。<br>（2）至屏上的控制电缆应接到端子排、试验盒或试验端钮上,至互感器或单独设备的电缆,允许直接接到这些设备上。<br>（3）控制电缆及其控制到端子和设备上的绝缘导线和电缆芯应有标记 |
| 柜内二次接线 | （1）按高压开关柜配线图逐台检查柜内电气元件是否相符,额定电压、控制程序、操作电源、电压相序必须一致。<br>（2）检查各控制线。每根控制线顺序压接到端子板上,端子板处一孔压一根控制线,最多不能超过二根。盘圈压接时,两根导线中间应加平垫圈,并用平垫圈加弹簧垫后用螺母紧固。独根线插接时,应打回头后压牢。多股铜导线盘圈涮锡后,压接牢固 |

4. 柜内外的清扫与调试

（1）高压柜固定好,接线完毕应进行柜内部清扫,用擦布将柜内外擦干净,柜内及室内杂物清理干净。

（2）彻底清扫全部设备及变配电室、控制室的灰尘。用吸尘器清扫电器、仪表元件,清理室内其他物品,室内不得堆放闲置物品。

（3）高压试验应由当地供电部门认可的试验部门进行,试验标准应符合现行国家施工及验收规范的规定,以及当地供电部门的相关规定和产品技术文件中的产品特性要求。试验主要项目有母线、避雷器、高压瓷瓶、电压互感器、电流互感器、高压开关等。试验时应注意向油断路器内注变压器油,未注油前严禁操作。

（4）二次控制线调整试验。利用绝缘电阻表进行绝缘摇测,测试各支路二次线的绝缘电阻值应大于等于 $0.5~M\Omega$。

（5）二次控制线回路进行调整试验时,注意晶体管、集成电路、电子元件回路不允许通过大电流和高电压,因此,该部的检查不准使用绝缘电阻表和试铃测试调整,否则造成元器件损坏。使用万用表测试回路是否接通尽量采用高阻 $1~k\Omega$ 挡进行。

（6）继电保护需要调整的主要内容。过电流继电器、时间继电器、信号继电器以及相关的机械联锁调整。

5. 高压开关柜的空载试运行

（1）由供电部门检查合格,进行电源进线核相确认无误后,按操作程序进行合闸操作。

（2）先合进线柜开关,并检查电压表三相电压指示是否正常,电流表指示是否正常。

（3）再合变压器柜开关,观察电压、电流指示是否正常。

（4）变压器投入运行,再依次将各高压开关合闸,并观察随时电压、电流指示是否正常。如有异常,立即断开进线柜开关,查找原因。

（5）如果有高压联络柜和变压器并联运行要求时,可分别进行合闸调试运行,经调试运行电压、电流应指示正常符合设计规定。变压器并列运行应满足并列运行的技术条件,否则将造成事故。

(6)经过空载运行试验无误后,进行带负载运行试验,并观察电压、电流等指示正常,高压开关柜内无异常情况,运行正常,即可交付使用。在调试过程中应做好调试记录。

# 第三节  低压电气设备安装

## 一、低压电器安装与质量要求

### 1. 低压电器质量要求

(1)电气设备的铭牌、型号、规格,应与被控制线路或设计要求相符。

(2)设备的外壳、漆层、手柄,应无损伤或变形。

(3)内部仪表、灭弧罩、瓷件及附件、胶木电器,应无裂纹或伤痕。

(4)螺丝及紧固件应拧紧。

(5)具有主触头的低压电器,触头的接触应紧密。采用 0.05 mm×10 mm 的塞尺检查,接触两侧的压力应均匀一致。

(6)低压电器的附件应齐全、完好。

(7)进场低压电器具体的质量要求见表 4-15。

**表 4-15  低压电器质量要求**

| 低压电器 | 质量要求 |
| --- | --- |
| 低压电器设备 | (1)部件完整,瓷件清洁,不应有外伤(裂纹、伤痕)。<br>(2)制动部分动作灵活、准确。<br>(3)电器与支架应接触紧密。<br>(4)漆面防腐层应完好 |
| 控制器及主令控制器 | 转动灵活,触头应有足够的压力 |
| 闸刀开关及熔断器 | (1)固定触头的封口应有足够的压力。<br>(2)闸刀开关合闸时刀片的动作应一致。<br>(3)熔断器的熔丝或熔片应压紧,不应有损伤和缩径等缺陷 |
| 接触器、磁力启动器及自动开关 | 接触面应平整,触头应有足够的压力,接触良好 |
| 低压断路器 | (1)衔铁工作面必须洁净,严禁有油污和氧化层。<br>(2)触头的闭合和断开过程中,可动部分与灭弧室的零件不应有卡阻现象。<br>(3)各触头的接触平面应平整。开合顺序、动静触头分闸距离等,应符合设计要求、国家现行技术标准及有关技术文件的规定。<br>(4)灭弧室应保持干燥,严禁受潮。如灭弧室受潮,安装前应烘干,烘干时应监测工作温度 |
| 低压接触器及电机启动器 | (1)衔铁表面应无锈斑、油垢。接触面应平整、清洁。可动部分应灵活无卡阻。灭弧罩之间应有间隙。灭弧线圈绕向应正确。 |

| 低压电器 | 质量要求 |
|---|---|
| 低压接触器及电机启动器 | (2)触头应接触紧密,固定主触头的触头杆应固定可靠。<br>(3)当带有常闭触头的接触器与磁力启动闭合时,应先断开常闭触头,后接通主触头。当断开时应先断开主触头,后接通常闭触头,且三相主触头的动作应一致,其误差应符合技术文件的要求。<br>(4)电磁启动器热元件的规格应与电动机的保护特性相匹配。热继电器的电流调节指示位置应调整在电动机的额定电流值上,并应按设计要求进行定值校正 |
| 变阻器 | (1)变阻器的传动装置、终端开关及信号连锁接点的动作应灵活、准确。<br>(2)滑动触头与固定触头间应有足够的压力,接触良好。<br>(3)充油式变阻器油位应正确 |
| 电磁铁 | (1)制动电磁铁的铁心表面应洁净,无锈蚀。<br>(2)铁心吸至最终端时,不应有剧烈的冲击。<br>(3)交流电磁铁在带电时应无异常的响声。<br>(4)滚动式分离器的进线碳刷与集电环应接触良好 |

2. 低压电器的安装标高和固定要求

(1)低压电器的型号、规格应符合设计要求。

(2)低压电器的安装高度,应依照设计规定;如果设计中没有规定,应符合下列要求:

1)落地安装的低压电器,其底部应高出地面 50～100 mm;

2)操作手柄中心与地面的距离,宜为 1 200～1 500 mm;侧面操作的手柄与建筑物或设备的距离,不宜小于 200 mm。

(3)低压电器安装时,根据其不同的结构,可采用支架、金属板、绝缘板固定在墙、柱或其他建筑结构物上。

(4)安装低压电器的紧固件应采用镀锌制品,规格应适当,固定应牢固。

(5)固定低压电器时,不得使电器内部受额外应力。

(6)低压电器的固定方案及要求应符合表 4-16 的规定。

表 4-16　低压电器固定方案及技术要求

| 固定方式 | 技术要求 |
|---|---|
| 在结构(构件)上固定 | (1)根据不同结构,采用支架、金属板、绝缘板固定在墙、柱或建筑物的构件上。<br>(2)金属板、绝缘板的安装必须平整。<br>(3)采用卡轨支撑安装时,卡轨应与低压电器匹配,并用固定夹或固定螺栓与壁板紧密固定,严禁使用变形或不合格的卡轨。<br>(4)在砖结构上安装固定件时,严禁使用射钉固定 |
| 膨胀螺栓固定 | (1)应根据产品技术要求选择螺栓的规格。<br>(2)钻孔直径和埋设深度应与螺栓规格相符 |

| 固定方式 | 技术要求 |
|---|---|
| 减震装置 | (1)有防震要求的电器应增加减震装置。<br>(2)紧固件螺栓必须采取防松措施 |

(7)低压电器成排或集中安装时排列应整齐,器件间的距离应符合设计要求,并应便于操作及维护。电器的安全作业要求技术数据必须符合技术文件的规定。

3. 低压电器外部接线

(1)接线应按低压电器端头相线标志进行与其电源线匹配的接线。

(2)接线应排列整齐、清晰、美观,导线绝缘应良好、无损伤。

(3)电源侧进线应接在低压电器的进线端,即固定触头接线端;负荷侧出线应接在出线端,即可动触头接线端。

(4)低压电器的接线应采用铜质或者有电镀金属防锈层的螺栓和螺钉,连接时应拧紧,且应有防松装置(弹簧垫片)。

(5)外部接线不得使电器内部受到额外应力。

(6)母线与电器连接时,接触面应洁净,严禁有氧化层,接触面必须严密。连接处不同相的母线最小电气间隙,应符合表 4-17 的要求。

表 4-17　不同相的母线最小电气间隙

| 额定电压(V) | 最小电气间隙(mm) |
|---|---|
| $U \leqslant 500$ | 10 |
| $500 < U \leqslant 1\,200$ | 14 |

4. 低压电器绝缘电阻测试

(1)对额定工作电压不同的电路,应分别进行绝缘电阻测量。

(2)低压电器绝缘电阻测量,应在下列部位进行:

1)主触头断开时,在同极的进线端及出线端之间;

2)主触头闭合时,在不同极的带电部件之间、触头与线圈之间以及主电路与同主电路不直接连接的控制电路和辅助电路(包括线圈)之间;

3)主电路、控制电路、辅助电路等带电部件与金属支架之间。

(3)兆欧表的电压等级及所测量的绝缘电阻值,应符合国家现行标准、规范的相关规定。

5. 低压电器安装要求。

(1)低压电器的试验,应符合国家现行技术标准的相关规定。低压电器在安装前,应先对电器设备进行性能试验,检查其绝缘性能是否合格,制动部分的动作是否灵活、准确。安装后应进行通电运行试验,检查其低压电器的使用功能。

(2)低压电器的安装应与配线工作密切配合,尤其应与土建作业相配合,保证预留与预埋件符合设计位置,使配管(线)到位,满足低压电器与母线连接紧密的要求。

(3)室外安装的非防护型的低压电器,应有防雨、雪和风沙侵入的措施。

(4)电器的金属外壳、框架应可靠地接地或接零。

(5)低压电器设备外观检查完好。

(6)安装的位置正确,牢固、平正,接线正确,符合设计要求。

(7)接地或接零连接可靠,符合要求。

(8)操作时动作灵活、无卡阻,触头接触严密。

(9)电磁系统应无异常响声。

(10)线圈及接线端子温升符合规定。

## 二、保护电器

### 1. 低压熔断器

低压熔断器的安装应符合下列要求。

(1)熔断器及熔体的容量应符合设计要求。熔体的额定电流,只能小于或等于熔断管的额定电流,而不能大于熔断管的额定电流。

(2)低压熔断器安装,应符合施工质量验收规范的规定,低压熔断器宜垂直安装。

(3)各熔断器及熔断器与其他电器的间距应便于更换熔体。要保证熔体与触刀以及触刀与刀座接触良好。

(4)低压断路器与熔断器配合使用时,熔断器应安装在电源一侧。

(5)安装有熔断指示器的熔断器,其指示器应装在便于观察的一侧。

(6)瓷质熔断器在金属底板上安装时,其底座应垫软绝缘垫。

(7)螺旋式熔断器接线时,电源线应接下接线端,用电设备接上接线端。

(8)安装多种规格的熔断器在同一配电板上时,应在底座旁标明熔断器的规格。

(9)对有触及带电部分危险的熔断器,应配齐绝缘抓手。

(10)在单相线路上,中性线必须安装熔断器,而二相三线和三相四线制线路上,绝对不允许在中性线上安装熔断器,以确保用电的安全要求。

(11)安装带有接线标志的熔断器,电源配线应按标志进行接线。

(12)螺旋式熔断器安装时,底座固定必须牢固,电源线的进线应接在熔芯引出的端子上,出线应接在螺纹壳上,以防调换熔体时发生触电事故。

(13)瓷插式熔断器应垂直安装,熔体不允许用多根较小熔体代替一根较大的熔体,否则会影响熔体的熔断时间,造成事故。瓷质熔断器安装在金属板上时应垫软绝缘垫。

装熔丝时,熔丝两端应沿顺时针弯曲,在垫圈下压接良好,还应注意不使熔丝受损伤,以免发生误动作。更换熔丝时,要切断电源,不要带电工作,以免触电。一般情况下,不应带电拔出熔断器。如因工作需要带电调换熔断器时,必须先断开负荷,因为带负荷时若将触刀从刀座中拔出后,由于电弧不能熄灭,会引起事故。

### 2. 继电器

继电器安装与调试的相关内容见表 4-18。

表 4-18　继电器的安装与调试

| 项　目 | 内　容 |
| --- | --- |
| 安装 | (1)继电器的型号、规格应符合设计要求。因为继电器是根据一定的信号(电压、电流、时间)来接通和断开电路的电器,在电路中通常是用来接通和断开接触器的吸引线圈,以达到控制或保护用电设备的目的,所以,继电器有按电压信号动作和电流信号动作之分。电压继电器及电流继电器都是电磁式继电器。常规是按电路要求控制的触头较多,需选用一种多触头的继电器,以其扩大控制工作范围 |

| 项　目 | 内　容 |
|---|---|
| 安装 | （2）继电器可动部分的动作应灵活、可靠。<br>（3）表面污垢和铁心表面防腐剂应清除干净。<br>（4）安装时必须试验端子确保接线相位的准确性。固定螺栓加套绝缘管，安装继电器应保持垂直，固定螺栓应垫橡胶垫圈和防松垫圈紧固 |
| 通电调试 | （1）继电器安装通电调试继电器的选择性、速动性、灵敏性和可靠性，是保证安全可靠供电和用电的重要条件之一，必须符合设计要求。<br>（2）继电器及仪表组装后，应进行外部检查完好无损，仪表与继电器的接线端子应完整，相位连接测试必须符合要求。<br>（3）所属开关的接触面应调整紧密，动作灵活、可靠，安装应牢固 |

### 三、开关电器

1. 低压刀开关

（1）低压刀开关的安装。为了使用安全，刀开关只能垂直安装，不允许水平安装或倒装。安装时一般用螺栓将刀开关的底板固定在支架上或配电盘上。组装后要进行调试，使达到固定触头的钳口应有足够的压力夹住刀片，刀片应与固定触头成一直线。分闸时，三相也应同时断开，用连杆操作的刀开关应调节连杆长度，使合闸时合足，分闸时动刀片与固定触头之间拉开的距离要符合规定。对于双投刀开关分闸时，刀片应可靠地固定，不能有自行合闸的可能。经调试之后，刀开关应动作灵活，牢固可靠。

接线时，电源侧接线应接刀开关的固定触头，负荷侧导线接可动触头，不允许接反。

（2）低压刀开关的安装运行检查。

1）检查负荷电流是否超过刀开关的额定值。

2）检查刀开关的动静触头连接是否结实，开关合闸是否到位。

3）检查进出线端子与开关连接是否压接牢固，有无接触不实等现象。

4）检查绝缘连杆、底座等绝缘部分有无损坏和放电现象。

5）检查动静触头有无烧伤及缺损，灭弧罩是否清洁完好。

6）检查开关三相闸刀在分合闸时，是否同时接触或分开，触头接触是否紧密。

7）操作机构应完好，动作应灵活，分合闸位置应准确到位。

2. 低压断路器

（1）低压断路器安装前的检查，应符合下列要求。

1）衔铁工作面上的油污应擦净。

2）触头闭合、断开过程中，可动部分与灭弧室的零件不应有卡阻现象。

3）各触头的接触平面应平整；开合顺序、动静触头分闸距离等，应符合设计要求或产品技术文件的规定。

4）受潮的灭弧室，安装前应烘干，烘干时应临测温度。

（2）低压断路器的安装，应符合下列要求：

1）低压断路器的安装，应符合产品技术文件的规定。当无明确规定时，宜垂直安装，其倾斜度不应大于 5°。

2)低压断路器与熔断器配合使用时,熔断器应安装在电源侧。

(3)低压断路器作机构的安装,应符合下列要求:

1)操作手柄或传动杠杆的开、合位置应正确,操作力不应大于产品的规定值。

2)电动操作机构接线应正确。在合闸过程中,开关不应跳跃;开关合闸后,限制电动机或电磁铁通电时间的联锁装置应及时动作。电动机或电磁铁通电时间不应超过产品的规定值。

3)开关辅助接点动作应正确可靠,接触应良好。

4)抽屉式断路器的工作、试验、隔离三个位置的定位应明显,并应符合产品技术文件的规定。

5)抽屉式断路器空载时进行抽、拉数次应无卡阻,机械联锁应可靠。

(4)低压断路器的接线,应符合下列要求:

1)塑料外壳断路器在盘、柜外单独安装时,由于接线端子裸露在外部且很不安全,为此在露出的端子部位包缠绝缘带或做绝缘保护罩作为保护。

2)为确保脱扣装置动作可靠,可用试验按钮检查动作情况并做相序匹配调整,必要时应采取抗干扰措施确保脱扣器不误动作。

(5)直流快速断路器的安装、调整和试验要求。

1)安装时应防止断路器倾倒、碰撞和激烈震动,基础槽钢与底座间,应按设计要求采取防震措施。

2)断路器极间中心距离及与相邻设备或建筑物的距离,不应小于 500 mm。当不能满足要求时,应加装高度不小于单极开关总高度的隔弧板。在灭弧室上方应留有不小于 1 000 mm 的空间,当不能满足要求时,在开关电流 3 000 A 以下断路器的灭弧室上方 200 mm 处应加装隔弧板,在开关电流 3 000 A 及以上断路器的灭弧室上方 500 mm 处应加装隔弧板。

3)灭弧室内绝缘衬件应完好,电弧通道应畅通。

4)触头的压力、开距、分断时间及主触头调整后灭弧室支持螺杆与触头间的绝缘电阻,应符合产品技术文件要求。

(6)直流快速断路器的接线,应符合下列要求。

1)与母线连接时,出线端子不应承受附加应力。母线支点与断路器之间的距离,不应小于 1 000 mm。

2)当触头及线圈标有正、负极性时,其接线应与主回路极性一致。

3)配线时应使控制线与主回路分开。

(7)直流快速断路器调整和试验,应符合下列要求:

1)轴承转动应灵活,并应涂以润滑剂。

2)衔铁的吸、合动作应均匀。

3)灭弧触头与主触头的动作顺序应正确。

4)安装后应按产品技术文件要求进行交流工频耐压试验,不得有击穿、闪络现象。

5)脱扣装置应按设计要求进行整定值校验,在短路或模拟短路情况下合闸时,脱扣装置应能立即脱扣。

3. 控制器

控制器的安装,应符合下列要求。

（1）控制器的工作电压应与供电电源电压相符。

（2）凸轮控制器及主令控制器，应安装在便于观察和操作的位置上。操作手柄或手轮的安装高度，宜为 800~1 200 mm。

（3）控制器操作应灵活，挡位应明显、准确。带有零位自锁装置的操作手柄，应能正常工作。

（4）操作手柄或手轮的动作方向，宜与机械装置的动作方向一致。操作手柄或手轮在各个不同位置时，其触头的分、合顺序均应符合控制器的开、合图表的要求。通电后应按相应的凸轮控制器件的位置检查电动机，并应运行正常。

（5）控制器触头压力应均匀，触头超行程不应小于产品技术文件的规定。凸轮控制器主触头的灭弧装置应完好。

（6）控制器的转动部分及齿轮减速机构应润滑良好。

### 四、低压配电屏

1. 低压配电屏安装及投运前检查

安装时，配电屏相互间及其与建筑物间的距离应符合设计和制造厂的要求，且应牢固、整齐美观。若有振动影响，应采取防振措施，并接地良好。两侧和顶部隔板完整，门应开闭灵活，回路名称及部件标号齐全，内外清洁无杂物。

低压配电屏在安装或检修后，投入运行前应进行下列各项检查试验。

（1）检查柜体与基础型钢固定是否牢固，安装是否平直。屏面油漆应完好，屏内应清洁，无积垢。

（2）各开关操作灵活，无卡涩，各触点接触良好。

（3）用塞尺检查母线连接处接触是否良好。

（4）二次回路接线应整齐牢固，线端编号符合设计要求。

（5）检查接地是否良好。

（6）抽屉式配电屏应检查推抽是否灵活轻便，动、静触头应接触良好，并有足够的接触压力。

（7）试验各表计是否准确，继电器动作是否正常。

（8）用 1000 V 兆欧表测量绝缘电阻，应不小于 0.5 MΩ，并按标准进行交流耐压试验，一次回路的试验电压为工频 1 kV，也可用 2 500 V 兆欧表试验代替。

2. 低压配电屏巡视检查

为了保证对用电场所的正常供电，对配电屏上的仪表和电器应经常进行检查和维护，并做好记录，以便随时分析运行及用电情况，及时发现问题和消除隐患。

对运行中的低压配电屏，通常应检查以下内容。

（1）配电屏及屏上的电气元件的名称、标志、编号等是否清楚、正确，盘上所有的操作把手、按钮和按键等的位置与现场实际情况是否相符，固定是否牢靠，操作是否灵活。

（2）配电屏上表示"合""分"等信号灯和其他信号指示是否正确。

（3）隔离开关、断路器、熔断器和互感器等的触点是否牢靠，有无过热、变色现象。

（4）二次回路导线的绝缘是否破损、老化，并摇测其绝缘电阻。

（5）配电屏上标有操作模拟板时，模拟板与现场电气设备的运行状态是否对应。

(6)仪表或表盘玻璃是否松动,仪表指示是否正确,并清扫仪表和其他电器上的灰尘。

(7)配电室内的照明灯具是否完好,照度是否明亮均匀,观察仪表时有无眩光。

(8)巡视检查中发现的问题应及时处理,并记录。

3. 低压配电装置运行维护

(1)对低压配电装置的有关设备,应定期清扫和摇测绝缘电阻(对工作环境较差的应适当增加次数),如用 500 V 兆欧表测量母线、断路器、接触器和互感器的绝缘电阻,以及二次回路的对地绝缘电阻等均应符合规程要求。

(2)低压断路器故障跳闸后,应检修或更换触头和灭弧罩,只有查明并消除跳闸原因后,才可再次合闸动行。

(3)对频繁操作的交流接触器,每三个月进行检查,测试项目有:检查时应清扫一次触头和灭弧栅,检查三相触头是否同时闭合或分断,摇测相间绝缘电阻。

(4)定期校验交流接触器的吸引线圈。在线路电压力额定值的 85%～105% 时,吸引线圈应可靠吸合,而电压低于额定值的 40% 时则应可靠地释放。

(5)经常检查熔断器的熔体与实际负荷是否相匹配,各连接点接触是否良好,有无烧损现象,并在检查时清除各部位的积灰。

(6)注意铁壳开关的机械闭锁是否正常,速动弹簧是否锈蚀、变形。

(7)检查三相瓷底胶盖刀闸是否符合要求,用作总开关的瓷底胶盖刀闸内的熔体是否已更换为铜或铝导线,在开关的出线侧是否加装了熔断器与之配合使用。

### 五、低压电器施工质量检验

1. 低压断路器、低压接触器及启动器安装检查

(1)低压断路器、低压接触器及电动机启动器的检验数量。进线低压断路器按 100% 比例检查、其他低压断路器按 10% 数量抽查。低压接触器及电动机启动器按 10% 数量抽查。

(2)低压断路器、低压接触器及电动机启动器的安装检查见表 4-19。

表 4-19　低压断路器、低压接触器及电动机启动器的安装检查

| 工　序 | 检验项目 | | 性　质 | 质量标准 | 检验方法及器具 |
|---|---|---|---|---|---|
| 外观检查 | 铭牌标志 | | — | 清晰 | 观察检查 |
| | 型号及规格 | | — | 按设计规定 | 对照图纸检查 |
| 电器安装 | 水平及垂直度偏差 | | 主要 | ≤2 mm | 用尺检查 |
| | 固定连接 | | | 牢固 | 扳动检查 |
| | 抽屉式断路器空载时抽、拉试验 | | | 无卡阻、机械联锁可靠 | 操动检查 |
| | 直流快速断路器极间中心距离与相邻设备或建筑物的距离 | | — | ≥500 mm | 用尺检查 |
| | 直流快速断路器接线时母线支点与断路器之间的距离 | | — | ≥1 000 mm | |
| | 导体 | 漏电距离 | 主要 | ≥20 mm | 用尺检查 |
| | | 电气间隙 | 主要 | ≥12 mm | |

| 工序 | 检验项目 | 性质 | 质量标准 | 检验方法及器具 |
|---|---|---|---|---|
| 导电部分检查 | 触头外观 | 主要 | 光洁、无毛刺 | 触摸及观察 |
| | 端子上连接的不同相母线距离 | 主要 | ≥10 mm | 用尺检查 |
| | 合闸时动静触头接触 | 主要 | 紧密 | 观察检查 |
| | 触头动作检查 | — | 对栅片无碰触 | 扳动检查 |
| | 同相两侧、相间及对地绝缘 | 主要 | ≥0.5 MΩ | 用兆欧表检查 |
| 灭弧装置 | 灭弧罩完好度 | — | 无裂纹、损伤 | 观察检查 |
| | 灭弧室检查 | 主要 | 完整、清洁、畅通 | |
| 线圈检查 | 直流有极性快速开关触头线圈极性检查 | — | 和主回路极性一致 | 观察检查 |
| | 线圈对地绝缘值 | 主要 | ≥0.5 MΩ | 用兆欧表检查 |
| | 引线连接 | — | 牢固 | 用扳手或螺丝刀检查 |
| 辅助触点检查 | 固定连接 | | 牢固 | 用螺丝刀检查 |
| | 动作及接触可靠性 | 主要 | 正确、良好 | 导通检查 |
| 电磁铁检查 | 铁心结合面外观 | 主要 | 平整、无尘垢 | 观察检查 |
| | 合闸时铁心吻合 | 主要 | 吻合紧密，无噪声 | |
| 构检查 传动机 | 轴销连接 | — | 可靠 | 观察检查 |
| | 可动部分配合 | | 灵活、无卡阻 | 操动检查 |
| | 半轴与再扣板接触宽度 | 主要 | 1～1.3 mm | 用尺检查 |
| | 脱扣电磁铁与脱扣指间距 | 主要 | 2～3 mm（或按制造厂规定） | |
| | 分合闸可靠性 | 主要 | 无拒动 | 操动试验 |
| | 可逆磁力启动器联锁装置动作 | — | 正确，可靠 | |
| 电动机构 | 合闸过程 | — | 开关无跳跃 | 操动试验 |
| | 线圈或电机通电时间 | — | 按制造厂规定 | |
| | 联锁装置动作 | — | 可靠 | |
| 保护装置 热元件 | 规格 | | 按设计规定 | 对照图纸检查 |
| | 整定值 | 主要 | | |
| | 过流保护动作 | — | 准确、可靠 | 检查试验报告 |
| 接地 | 接地连接 | — | 牢固、可靠 | 扳动及导通检查 |

2. 低压隔离开关、刀开关安装检查

（1）低压隔离开关、刀开关、负荷开关（铁壳开关）安装的质量检验按 10% 的数量抽查。

（2）低压隔离开关、刀开关、负荷开关（铁壳开关）的安装检查见表 4-20。

表 4-20 低压隔离开关、刀开关、负荷开关(铁壳开关)的安装检查

| 工 序 | 检验项目 | | 性 质 | 质量标准 | 检验方法及器具 |
|---|---|---|---|---|---|
| 外观检查 | 铭牌标志 | | — | 清晰 | 观察检查 |
| | 型号及规格 | | — | 按设计规定 | 对照图纸检查 |
| | 安装面垂直度 | | — | 无明显倾斜 | 观察检查 |
| | 安装孔眼横向中心线水平度 | | — | 平直 | |
| | 固定连接 | | 主要 | 牢固 | 扳动检查 |
| 开关检查 | 刀片绞接点弹簧压力 | | 主要 | 充足 | 操动检查 |
| | 固定触头钳口压力 | | 主要 | | |
| | 刀口与触尖钳口中心线相对位置 | | 主要 | 重合 | 观察检查 |
| | 带弹簧的消弧触头动作试验 | | 主要 | 三相一致,且动作迅速 | 操作观察 |
| | 带铁壳的负荷开关绝缘内衬外观 | | — | 完好、无脱损 | 观察检查 |
| | 双投刀开关分闸时刀片位置固定 | | — | 固定可靠 | |
| | 导体 | 漏电距离 | 主要 | ≥20 mm | 用尺检查 |
| | | 电气间隙 | — | ≥12 mm | |
| | 底板及刀片连杆绝缘(MΩ) | | 主要 | 按设计规定 | 用兆欧表检查 |
| | 端子上连接的不同相母线间距离 | | — | ≥10 mm | 用尺检查 |
| | 用连杆操纵的刀开关操动试验 | | — | 灵活、无卡阻 | 操动检查 |
| | 同列布置的操作手柄分合闸位置 | | — | 整齐、一致 | 观察检查 |

## 六、低压电气动力设备安装与试运行

1. 低压电气动力设备的安装

(1)低压电气动力设备的安装,应符合下列要求:

1)用支架或垫板固定在墙或柱子上;

2)落地安装的电器设备,其底面一般应高出地面 50~100 mm;

3)操作手柄中心距离地面一般为 1 200~1 500 mm,侧面操作的手柄距离建筑物或其他设备不宜小于 200 mm;

4)成排或集中安装的低压电器应排列整齐,便于操作和维护;

5)电器内部不应受到额外应力;

6)有防震要求的电器要加设减震装置,紧固螺栓应有防松措施。

(2)设备接线。

1)根据电器接线端头标志接线。

2)电源测导线应连接在进线端(固定触头接线端),负荷侧的导线应接在出线端(可动触头接线端)。

3)电器接线螺栓及螺钉应采取防锈措施,连接时螺钉应拧牢固。

4)母线与电器的连接,连接处不同相母线的最小净距应不小于表 4-17 的规定。

5)铁壳开关的电源进出线不能接反,遵循"60 A 以上开关的电源进线座在上方,60 A 以

下开关的电源进线座在下方"的原则,外壳必须有可靠的接地或接零。

6)电阻器与电阻元件间的连线采用裸导线,保证在电阻元件允许发热条件下,能可靠接触。

(3)操作机构检查。

1)自动开关操作机构的操作手柄或传动杠杆的开、合位置应正确,操作力不应大于产品允许的规定值。

2)电动操作机构的接线应正确,在合闸过程中开关不应跳跃,开关合闸后,限制电动机或电磁铁通电时间的联锁装置应及时动作,使电磁铁或电动机通电时间不超过产品允许规定值。

3)触头接触面应平整,合闸后接触应紧密,在闭合,断开过程中,可动部分与灭弧室的零件不应有卡阻现象。

4)有脱扣装置的自动开关,脱扣装置动作应可靠。

5)铁心表面应无锈斑及油垢,衔铁吸合后无异常响声。

2. 设备试验和试运行

(1)设备的可接近裸露导体接地(PE)或接零(PEN)连接完成,经检查合格,才能进行试验。

(2)动力成套配电(控制)柜、屏、台、箱、盘的交流工频耐压试验、保护装置的动作试验合格,才能通电。

(3)控制回路模拟动作试验合格,盘车或手动操作,电气部分与机械部分的转动或动作协调一致,经检查确认,才能空载试运行。

# 第四节　电动机安装

## 一、直流电动机的安装与运行

### 1. 直流电动机的接线

直流电动机的接线一定要正确,并保证接线牢固可靠,否则,会引起事故。串、并励直流电动机内部接线关系以及在接线板出线端的标记如图 4-10 所示。图中 A1、A2 分别表示电枢绕组的始端和末端;E1、E2 分别表示并励绕组的始端和末端;D1、D2 分别表示串励绕组的始端和末端;B1、B2 分别表示换向磁极绕组的始端和末端。

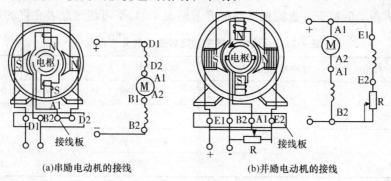

(a)串励电动机的接线　　　　(b)并励电动机的接线

图 4-10　串、并励直流电动机的接线

### 2. 使用前的准备与检查

(1)熟悉电动机的各项技术参数的含义。

(2)清扫电动机内外灰尘和杂物。

(3)拆除与电动机连接的所有多余的接线。用兆欧表测量绕组对机壳的绝缘电阻,若绝缘电阻小于 0.5 MΩ,就应进行干燥处理。

(4)检查换向器表面是否光洁,如发现有烧痕或机械损伤,应进行研磨或车削处理。

(5)检查电刷与换向器的接触情况和电刷磨损情况,如发现接触不够紧密或电刷太短,应调整电刷压力或更换电刷。

**3. 直流电动机启动安全操作**

在启动他励直流电动机时,其要求如下:

(1)必须先接通励磁电源,有励磁电流存在,而后再接通电枢电压。

(2)在启动电动机时要采取限制启动电流的措施,使启动电流控制在额定电流的 1.5~2 倍。

(3)采用手动方式调节外施电枢电压 $U$ 时,电压值不能升得太快,否则电枢电流会发生较大的冲击,所以要小心地调节。

(4)要保证必需的启动转矩,启动转矩不可过大过小。

(5)分级启动时,控制附加电阻值,使每一级最大电流和最小电流大小一致。

**4. 直流电动机运行检查**

(1)运行中观察刷火情况。加强日常维护检查,是保证电动机安全运行的关键,运行维护人员首先应观察电动机刷火变动情况。

(2)换向器表面状态的检查。刷火的变化,同时会引起换向器表面状态的变化。正常的换向器表面因有氧化膜存在,呈现古铜色,颜色分布均匀,有光泽。

(3)电刷工作的检查。对于换向正常的电动机,电刷与换向器表面接触的电刷工作面应呈现平滑、明亮的"镜面"。

(4)通风冷却系统的检查。通风冷却系统出现故障时会使电动机温升增高。要求详细检查过滤器是否堵塞、电动机通风管是否堵塞、电动机内部灰尘是否影响电动机散热、冷却水是否正常,有无漏水现象发生。要求冷却水的水压不低于 $9.8 \times 10^4$ Pa,进水温度不超过 25℃,出口水温差不得超过 10℃。

(5)润滑系统的检查。检查轴承温升,当环境温度在 35℃ 以下时,滚动轴承温升为 60℃,滑动轴承为 45℃。要求轴承无渗漏油现象。

(6)电动机振动的检查。直流机振动标准值见表 4-21,不可超过此表允许的范围。

**表 4-21 直流电动机在额定转速下的允许振动值**

| 电动机转速(r/min) | 容许双振幅(mm) | 电动机转速(r/min) | 容许双振幅(mm) |
|---|---|---|---|
| 500 | 0.16 | 1 500 | 0.085 |
| 600 | 0.14 | 2 000 | 0.07 |
| 750 | 0.12 | 2 500 | 0.06 |
| 1 000 | 0.10 | 3 000 | 0.05 |

(7)按电动机容量、转速和振动值,据表 4-22 判别电动机运行的振动情况是否良好。

**表 4-22 判别电动机振动值优劣情况** (单位:mm)

| 电动机规格 | 最好 | 好 | 允许 |
|---|---|---|---|
| 100 kW 以上 1 000 r/min | 0.04 | 0.07 | 0.10 |

| 电动机规格 | 最好 | 好 | 允许 |
|---|---|---|---|
| 100 kW 以上 1 500 r/min | 0.03 | 0.05 | 0.09 |
| 100 kW 以上 1 500~3 000 r/min | 0.01 | 0.03 | 0.05 |

### 二、三相异步电动机的安装

1. 电动机底座准备

（1）安装地点的选择。电动机的安装地点,应根据电动机要求的环境条件来选择。一般电动机的安装场所应满足以下要求：

1）安装场所干燥、清洁,无灰尘污染和腐蚀性气体侵蚀,无严重震动。电动机一般不露天安装。当必须装于室外时,应搭设简易凉棚,或采取其他防雨雪、防日晒措施。

2）安装地点的四周应留出一定的空间（与其他设备至少保持 1.3 m 距离）,以便电动机的安装、检修、监视和清扫。

3）环境温度适宜。周围空气温度在 40℃ 以下,无强烈的热辐射。

（2）底座尺寸及构造。为了保证电动机能平稳地运转,应将其牢固地安装在固定的底座上。电动机底座的选用原则是：如果配套机械有专供安装电动机用的固定底座,则电动机应装在该底座上；如果无固定底座,一般中小型电动机可用螺栓安装在金属底板或导轨上,或者紧固在地脚螺栓或导轨上。

1）机座尺寸。应按设计要求或电动机底盘尺寸,底座形状如图 4-11 所示。基座埋置深度为电动机底脚螺栓长度的 1.5~2 倍,埋深应超过当地冻结深度 500~1 500 mm。

2）机座构造。机座应置于在原土层上,基底的持力层严禁挠动。如果处在易受震动的地方。机座底盘还应做成锯齿形,以增加抗震性。机座常采用混凝土浇筑,其强度等级为 C20。如果电动机重量超过 1 t,应采用钢筋混凝土机座。

3）首先应按机座设计要求或电动机外形的平面几何尺寸、底盘尺寸、基础轴线、标高、地脚螺栓（螺孔）位置等,标出宽度中心控制线和纵横中心线,并根据这些中心线确定地脚螺栓中心线。

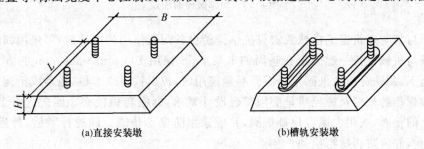

| (a)直接安装墩 | (b)槽轨安装墩 |
|---|---|

图 4-11 电动机的底座

4）按电动机底座和地脚螺栓的位置,确定垫铁放置的位置,在机座表面画出垫铁尺寸范围,并在垫铁尺寸范围内砸出麻面,麻面面积必须大于垫铁面积；麻面呈麻点状,凹凸要分布均匀,表面成水平,最后应用水平尺检查。

（3）底座浇筑。浇筑基础以前,应挖好基坑,夯实坑底,防止基础下沉。接着在坑底铺一层石子,用水淋透并夯实；然后把基础模板放在石子上,或将木板铺设在浇筑混凝土的木框架上,并埋入地脚螺栓。底座浇筑模板如图 4-12 所示。

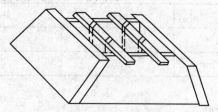

图 4-12　底座浇筑模板

浇筑混凝土时,要保持各地脚螺栓的位置不变和上下垂直。浇筑时速度不宜太快,边浇筑边用铁钎捣实。混凝土浇好后,将草袋覆盖在基础上,经常洒水,保持草袋湿润。养护 7 d 后,便可拆除模板,再继续养护 7～10 d,便可安装电动机。

在易遭受震动的地点,电动机的底座基础应浇筑成锯齿状,以增强抗震性能。

(4)地脚螺栓埋设。

1)为了保证地脚螺栓埋设得牢固,通常将其埋入基础的一端做成人字形或弯钩形,如图 4-13 所示。埋设地脚螺栓时,埋入混凝土的深度一般为螺栓直径的 10 倍左右,人字开口或弯钩的长度约为螺栓埋入混凝土深度的一半。

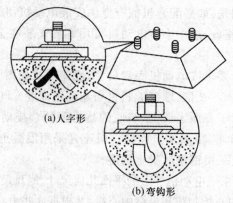

(a)人字形　　(b)弯钩形

图 4-13　地脚螺栓的埋设

2)对于与临时建筑施工机械或农村抗旱排涝设备配套使用的电动机,可采用临时性基础,即将电动机与机械设备一起固定在坚固的木架上,木架用 100 mm×200 mm 的方木制成,把方木埋在地下,用铁钎或木桩固定。需要易地使用时,拔出铁钎或木桩,拖动或抬运木架即可。

3)地脚螺栓的长度及螺栓质量必须符合设计要求,螺帽与螺栓必须匹配。每个螺栓不得垫两个以上的垫圈,或用大螺母代替垫圈,并应采用防松动垫圈。螺栓拧紧后,外露螺纹应不少于 2～3 扣,并应防止螺帽松动。

4)中小型电动机用螺栓安装在金属结构架的底板或导轨上。金属结构架、底板及导轨的材料的品种、规格、型号及其结构形式均应符合设计要求。金属构架、底板、导轨上螺栓孔的中心必须与电动机机座螺栓孔中心相符。螺栓孔必须是机制孔,严禁采用气焊割孔。

(5)垫铁垫放。垫铁应按砸出的麻面标高配制,每组垫铁总数常规不应超过三块,其中包含一组斜垫铁。

1)垫铁加工。垫铁表面应平整,无氧化皮,斜度一般为 1/10、1/12、1/15、1/20。

2)垫铁位置及放法。垫铁布置的原则为:在地脚螺栓两侧各放一组,并尽量使垫铁靠近螺栓。斜垫铁必须斜度相同才能配合成对。将垫铁配制完后要编组作标记,以便对号入座。

3)垫铁与机座、电动机之间的接触面积不得小于垫铁面积的50%;斜铁应配对使用,一组只有一对。配对斜铁的搭接长度不应小于全长的3/4,相互之间的倾斜角不大于30°。垫铁的放置应先放厚铁,后放薄铁。

2. 电动机安装前的检查

电动机出厂后经过运输颠簸、日晒雨淋和受气候的影响,可能出现某些缺陷,因此在安装前,应进行全面检查。

(1)铭牌及外观检查。

1)详细核对电动机铭牌上标出的各项数据(如型号规格、额定容量、额定电压、防护等级等)与图纸规定或现场实际要求是否相符。

2)电动机外壳上的油漆是否剥落,有无锈蚀现象。外壳、风罩、风叶有无损伤。外壳上是否有旋转方向标志和编号。

(2)电动机配件及绕组检查。

1)检查电动机装配是否良好,端盖螺钉是否紧固,轴转动是否灵活,轴向窜动是否超过允许范围。电扇安装是否牢固,旋转方向是否正确。

2)拆开接线盒,用万用表检查三相绕组是否断路,连接是否牢固。必要时可用电桥测量三相绕组的直流电阻,检查阻值偏差是否在允许范围以内(各相绕组的直流电阻与三相电阻平均值之差一般不应超过±2%)。

(3)电动机绕组组端判别。电动机在出厂时,三相绕组的六个接线端都有标记。如果标记脱落,则不能随便接线,否则有烧毁电动机的可能。这时必须判别出哪两个线端是同一相的,并找出它们的首、尾端,才能正确接线。判别定子绕组首、尾端的方法主要有直流法和交流法,具体内容见表 4-23。

表 4-23 电动机绕组组端的判别方法

| 项 目 | 内 容 |
|---|---|
| 直流法(绕组并联法) | 首先用万用表的欧姆挡找出每相绕组的两端,然后把干电池和毫伏表(可用万用表的毫伏挡代替)与定子绕组的端头按图 4-14 所示连接起来。用电池一端的导线分别接触 V2 和 W2 端,在接触的瞬间,如果毫伏表偏转方向一致,由楞次定律可知,V2 与 W2 端极性一致,再将毫伏表一端从 U2 改接到 V2,如图 4-14(b)所示,同样用电池一端的导线分别接触 U2 和 W2,找出它们的同极性端。若 U2 和 W2 端极性一致,则 U2、V2、W2 或 U1、V1、W1 为同极性端。若规定 U1、V1、W1 为首端,那么 U2、V2、W2 即为尾端 |
| 交流法(绕组串联法) | 采用交流法测量三相绕组的首和尾的接线如图 4-15 所示。首先找出每相绕组的两端,然后串联任意两相绕组,如 U1、V1 两相并在一起,其两端加上交流电压(36~220 V),用交流电压表测量 W 相绕组两端电压。如果电压表有指示,则说明 U 和 V 两相是首端和尾端相接;若电压指示为零,则说明 U 和 V 两相是首端和首端或尾端和尾端相接。U、V 两相绕组的首、尾端确定后,同样可将 V 和 W 两相串联,用同样方法判别出 W 相绕组对应的首、尾端。这样,三相绕组的首、尾端就都确定了 |

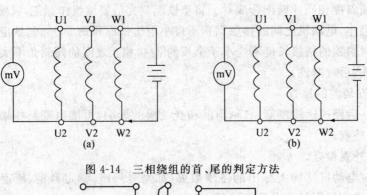

图 4-14　三相绕组的首、尾的判定方法

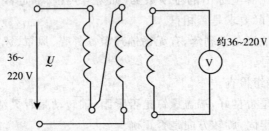

图 4-15　交流法测量绕组首和尾的接线图

（4）电动机的干燥。电动机干燥的目的是把线圈中含有的潮气去除，提高其绝缘性能，保证电动机的安全运行。

1）电动机免干燥的条件。电动机绝缘情况如满足下列条件之一者，可以不经干燥，直接投入运行：

①运输和保管过程中线圈未显著受潮，电压在 1 000 V 以下，线圈绝缘电阻不小于 0.5 MΩ。电压在 1 000 V 以上，在接近运行温度时，定子线圈绝缘电阻不小于每千伏 1 MΩ，转子线圈不小于 0.5 MΩ；

②$R_{60}/R_{15} \geqslant 1.3$。用兆欧表测量绝缘电阻时，兆欧表在 60 s 时所测得的电阻值为 $R_{60}$，兆欧表在 15 s 时所测得的电阻值为 $R_{15}$。$R_{60}/R_{15}$ 称为吸收比，也叫吸收系数；

③对于开始运行时，有可能在低于额定电压下运行一个时间的电动机，如励磁机等，并在静止状态下干燥有困难者，其绝缘电阻值不小于 0.2 MΩ 时，可以先投入运行，在运行中干燥。

2）磁铁感应干燥法。磁铁感应干燥法是在电动机定子上绕线圈，并通以单相交流电，使电动机的定子铁心内产生磁通，而使铁心发热，如图 4-16 所示。

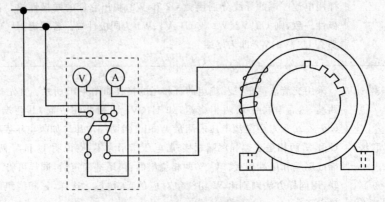

图 4-16　磁铁感应干燥接线图

干燥步骤如下：

①将干燥现场打扫干净，材料工具准备齐全。

②在电动机定子上绕线。所用导线最好用橡皮绝缘线，绕线方向应一致，绕线时不要把电动机的线圈压坏，绕线圈数可按下式计算：

$$N = \frac{45 \times U}{Q \times \frac{B}{1\,000}}$$

式中　$N$——圈数；

　　　$U$——供电电压（220 V 或 380 V）；

　　　$Q$——磁铁横断面积（cm²）；

　　　$B$——磁通密度（0.7～1.1 T）。

所用导线截面，可按下式确定：

$$I = \frac{\pi D (1.5 \sim 2.5)}{N}$$

式中　$I$——电流（A）；

　　　$D$——磁铁平均直径（cm），如图 4-17 所示；

　　　$N$——绕线圈数。

电流 $I$ 确定后，可以根据电流密度，选择导线截面。

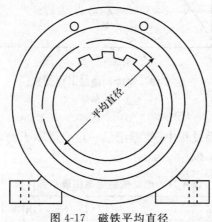

图 4-17　磁铁平均直径

③线圈绕好后，应在电动机的轴承与基础板之间垫以橡皮或青壳纸绝缘。如它们之间已有绝缘板，则可不垫（以免形成回路）。然后再按图 4-16 所示接线。温度计应放在上、左、右三处，其头部要贴紧磁铁，如图 4-18 所示。温度计最好用酒精温度计。为了避免散热，可用帆布或石棉板将电动机遮盖，但要留一小孔通风。

④测量电动机和临时线路的绝缘电阻，并记录下来。

⑤线圈通电。线圈第一次通电时，接通后立即断开电路，检查有无异常情况，如打火、冒烟、电流过大等现象。干燥开始时，要经常检查温度和干燥情况。每隔 10 min 检查一次，2 h 以后，可每隔半小时检查一次，并记录检查时间、温度、绝缘电阻的数据。

⑥温度测定与控制。电动机的温度应缓慢上升，升温不可太快，一般为每小时升温 5℃～8℃，加热温度最高 80℃，最低为 60℃。温度的调节可用增减线圈的办法控制。最高温度在上部，所以要特别注意上部温度。温度稳定后，可以每四小时记录一次。温度和绝缘电阻的变化

情况,如图 4-19 所示。当测得绝缘电阻在 6 h 内无变化(温度不变)时,干燥即可结束。

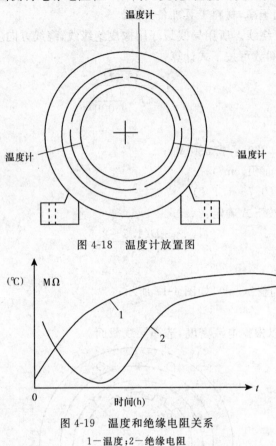

图 4-18　温度计放置图

图 4-19　温度和绝缘电阻关系
1—温度;2—绝缘电阻

⑦干燥注意事项。在干燥过程中,数据记录一定要清晰正确,所用兆欧表不应更换。电动机绝缘电阻最小容许值见表 4-24。

表 4-24　电动机绝缘电阻最小容许值

| 电动机名称 | 绝缘电阻最小容许值(干燥后温度为 60℃) |
| --- | --- |
| 直流机 | 1 MΩ |
| 500 V 以下交流机定子 | 1 MΩ |
| 2 000 V 以上交流机定子 | 1 MΩ |
| 异步机转子 | ≥0.5 MΩ |
| 同步机转子 | ≥0.5 MΩ |

3)直流电干燥法。直流电干燥法是在定子绕组中通入直流电,使绕组自己发热烘干电动机,通常用于带有轴承并带有通风洞的较大交流电动机干燥。方法是将被干燥电动机的三相绕组串联(图 4-20),干燥步骤及注意事项与磁铁感应干燥法基本相同。按图 4-21 所示的接线法将被干燥电动机接入电源。通电前,将变阻器调到最大值(此时发电机电压最小)合上开关,再调变阻器使通入足够的电流(所用电流为被干燥电动机的额定电流的 30%~70%)。停电时,也应把电阻调到最大值,然后断开开关。温度的调节,可用增减电流的办法控制。

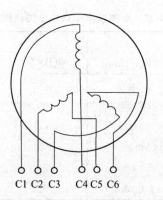

图 4-20　电动机绕组串联

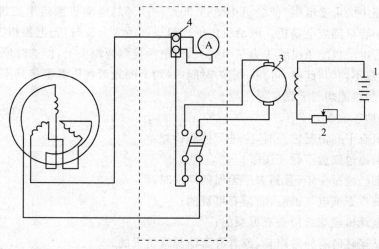

图 4-21　用直流电干燥电动机接线图
1—电池；2—变阻器；3—直流发电机；4—接线端子

4）外壳铁损干燥法。外壳铁损干燥法是在外壳上缠绕励磁线圈，通以单相交流电，使机壳内产生铁损达到加热的目的。干燥接线图，如图 4-22 所示。励磁线圈的匝数可参照表 4-25。

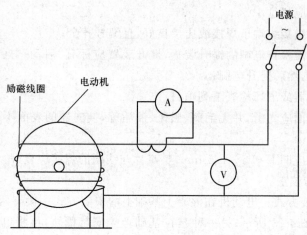

图 4-22　外壳铁损干燥法接线图

表 4-25　外壳铁损干燥法励磁线圈数据

| 电动机数据 | | | 励磁线圈数据 | | |
|---|---|---|---|---|---|
| 电压(V) | 功率(kW) | 转速(r/min) | 电压(V) | 匝数 | 电流(A) |
| 500 | 40 | 960 | 25 | 8 | 120 |
| 6 000 | 260 | 7360 | 65 | 2×15 | 2×34 |
| 6 000 | 500 | 1 000 | 65 | 16 | 90 |
| 6 000 | 1 400 | 990 | 220 | 12 | 118 |
| 6 000 | 1 565 | 3 000 | 25 | 6 | 200 |
| 6 000 | 2 500 | 1 000 | 65 | 26 | 114 |

5)交流电干燥法。交流电干燥法是在电动机定子线圈中通入单相交流电,通过改变接在电动机定子电路中的可变电阻,使绕组中流过 50%～70%的电动机额定电流进行烘干,通常采用此法干燥小容量感应电动机。电动机定子出线头如为六个头时,先把各相线圈串联起来,再接入电源。若电动机定子出线头为三个线头,则电源接到两端头上,但这时流过各相的电流不平衡,绕组加热不均匀;此时,可在一定的时间内(约 1 h)轮流将电源换接到不同的绕组线头上,使定子各相绕组能均匀干燥。

(5)电动机抽芯检查。

1)当电动机有下列情况之一时,应进行抽心检查:

①出厂日期超过制造厂保证期限;

②出厂日期已超过一年,且制造厂无保证期限时;

③进行外观检查或电气试验,质量有可疑的;

④开启式电动机经端部检查有可疑的;

⑤电动机试运转时有异常声音,或者有其他异常情况的。

2)电动机拆卸抽心检查前,应编制抽心工艺。

3)电动机安装时应检查下列各项要求:

①盘动转子不得有卡碰声;

②润滑脂情况应正常,无变色、变质及硬化等现象。其性能应符合电动机工作条件;

③测量滑动轴承电动机的空气间隙,其不均匀度应符合产品的规定;若无规定时,各点空气间隙的相互差值不应超过 10%;

④电动机的引出线接线端子焊接或压接良好,且编号齐全;

⑤绕线式电动机需检查电刷的提升装置,提升装置应标有"启动""运行"的标志。动作顺序应是先短路集电环,然后提升电刷;

⑥电动机的换向器或滑环检查下列项目。

换向器或滑环表面应光滑,并无毛刺、黑斑、油垢等,换向器的表面不平程度达到 0.2 mm时应进行车光。

换向器片间绝缘应凹下 0.5～1.5 mm,整流片与线圈的焊接应良好。

3. 电动机就位与校正

(1)电动机的安装方式。电动机在混凝土基础上的安装方式一般有两种,一种是将基座直接安装在基础上,如图 4-23 所示;另一种是在基础上先安装槽轨,再将电动机装在槽轨上,如图 4-24 所示。后一种安装方式便于更换电动机和进行安装调整。

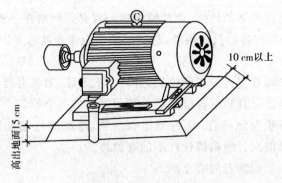

图 4-23　电动机在混凝土基础上安装示意图

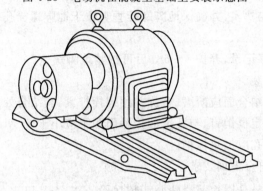

图 4-24　电动机在槽轨上安装示意图

（2）电动机整体安装。

1）基础检查：外部观察，应没有裂纹、气泡、外露钢筋以及其他外部缺陷，然后用铁锤敲打，声音应清脆，不应暗哑。再经试凿检查，水泥应无崩塌或散落现象。然后检查基础中心线的正确性，地脚螺栓孔的位置、大小及深度，孔内是否清洁，基础标高、装定子用凹坑尺寸等是否正确。

2）在基础上放上楔形垫铁和平垫铁，安放位置应沿地脚螺栓的边沿和集中负载的地方，应尽可能放在电动机底板支撑筋的下面。

3）将电动机吊到垫铁上，并调节楔形垫铁使电动机达到所需的位置、标高及水平度。电动机水平面的找正可用水平仪。

电动机安装就位后，应使用水平仪对电动机进行纵向和横向校正。如果不平，可在机座下面垫上 0.5～5.0 mm 厚的钢片进行校正，如图 4-25 所示。禁止用木片、竹片或铝片（如剪开的易拉罐铝片）垫在机座下。

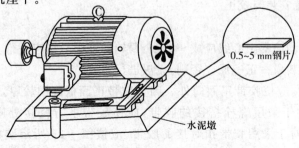

图 4-25　电动机的水平校正

4)调整电动机与连接机器的轴线,此两轴的中心线必须严格在一条直线上。

5)通过上述3)、4)项内容的反复调整,将其与传动装置连接起来。

6)二次灌浆要点如下:

①对电动机及地脚螺栓进行校正验收后,进行二次灌浆,灌浆混凝土的配合比根据设计要求的强度等级以试验为准。其强度等级应高于机座强度的一个等级。

②灌浆前要处理好机座预留孔,孔内不能有杂物,地脚螺栓与孔壁距离须大于 15 mm。用水刷洗孔壁使其干净湿润。地脚螺栓杆不能有油污。

③浇灌的混凝土应采用细石混凝土。

④浇灌时采用人工捣固,并应固定好地脚螺栓以防止螺栓位移,发现位移,应随时扶正。对地脚螺栓的四周应均匀捣实,并确保地脚螺栓垂直位于地脚螺栓孔中心,对垂直度的偏移不得超过 10/1 000。

⑤施工作业时应做好记录,养护 5～6 d 后可拧紧地脚螺栓。

(3)电动机本体的安装。

1)定子为两半者,其结合面应研磨、合拢并用螺栓拧紧,其结合处用塞尺检查应无间隙。

2)定子定位后,应装定位销钉,与孔壁的接触面积不应小于 65%。

3)穿转子时,定子内孔应加垫保护。

4)联轴节的安装应符合下列要求:

①联轴节应加热装配,其内径受热膨胀比轴径大 0.5～1.0 mm 为宜,位置应准确。

②弹性连接的联轴节,其橡皮栓应能顺利地插入联轴节的孔内,并不得妨碍轴的轴向窜动。

③刚性连接的联轴节,互相连接的联轴节各螺栓孔应一致,并使孔与连接螺栓精确配合,螺帽上应有防松装置。

④齿轮传动的联轴节,其轴心距离为 50～100 mm 时,其咬合间隙不大于 0.10～0.30 mm;齿的接触部分应不小于齿宽的 2/3。

⑤联轴节端面的跳动允许值如下。刚性联轴节:0.02～0.03 mm;半刚性联轴节:0.04～0.05 mm。

4. 传动装置的安装与校正

安装传动装置以前,应将电动机的轴端擦洗干净,并将键槽和键用油石打磨,除去毛刺,然后在轴和键上涂抹润滑油(对传动装置的配合内孔和键槽也应作同样处理),随后装上传动装置和拧紧止推螺钉。

(1)皮带传动装置安装与校正。

1)安装要点:

①两个胶带轮传动面的中心线应成一直线,两轮的轴中心线应平行。

②三角胶带必须装成一正一反。否则,无法进行调速。

③套装平胶带时,应使胶带正面向外。因为胶带正面橡胶层较厚,正面接触胶带轮容易使橡胶受热融化。对于采用螺栓搭接的胶带,应使胶带下方搭接处顺着胶带轮的旋转方向,以免发生碰撞。对于采用胶带扣对接的胶带,应按图 4-26 所示装在胶带轮上。胶带轮旋转时,应使胶带的紧边在下,松边在上,以增加胶带与胶带轮的接触面,提高传动效率,如图 4-27 所示。

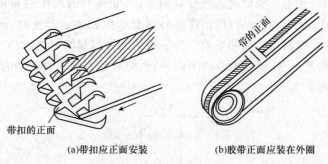

(a)带扣应正面安装　　　　　(b)胶带正面应装在外圈

图 4-26　平胶带的安装

2)皮带传动装置的校正。以皮带作传动时,电动机皮带轮和被驱动的皮带轮的两个轴应平行。两个皮带轮宽度的中心线应在同一条直线上。

①如果两个皮带轮的宽度相同,校正时可在皮带轮的侧面进行。利用一根细绳,一人拿细绳的一端,另一人将细绳拉直,使细绳靠近轮缘,如果两轮已平行,则细绳必然同时碰触到两轮的 $A$、$B$、$C$、$D$ 四点上,如图 4-28 所示,如果两轴不平行,则会成为图中实线所示位置,应进一步进行调整。

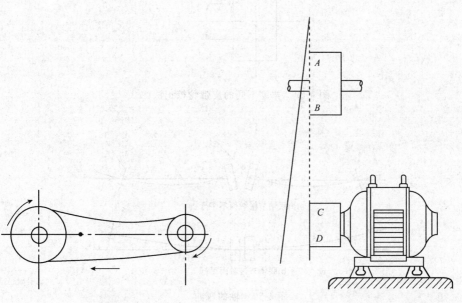

图 4-27　胶带松紧边示意图　　　　图 4-28　宽度相同的皮带轮校正法

②假如皮带轮的宽度不同,可先准确地量出两个皮带轮宽度的中心线,并在轮上用粉笔做出记号,如图 4-29 所示的 1、2 和 3、4 所示的两根线,然后再用细绳对准 1、2 这根线,并将细绳向 3、4 处拉直,如果两轴已平行,则细绳与皮带轮上 3、4 那根线应重合。

③采用皮带传动的电动机轴及传动装置的轴,除了中心线应平行外,电动机及传动装置的皮带轮自身垂直度全高不宜超过 0.5 mm,并且两皮带轮的相对应槽应在同一直线上。

(2)联轴节传动装置的安装与校正。联轴节俗称靠背轮,当电动机与被驱动的机械采用联轴节连接时,用联轴节传动的机组其转轴在转子和轴的自身重量作用下,在垂直平面有一挠度使轴弯曲。如果两相连机器的转轴安装得比较水平,那么联轴节的两接触平面将不会平行,处于图 4-30(a)所示的位置上。如此时连接好联轴节,当联轴节的两接触面相接触后,电动机和机器的两轴承将会产生很大的应力,机组在运转时会产生震动。严重时,能损坏联轴节,甚至会扭弯、扭断电动机或被驱动机械的主轴。为了避免此种现象的发生,在安装时必须使两外端轴承要比中间轴承略高一些,使联轴节两平面平行,同时还要使这时转轴的轴线在联轴节处重合,如图 4-30(b)所示。

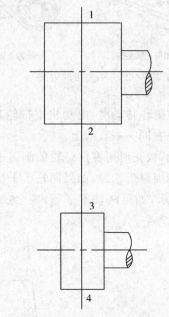

图 4-29　宽度不同的皮带轮校正法

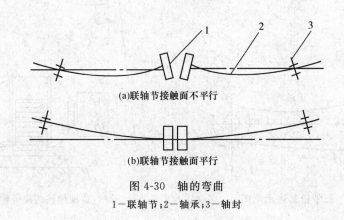

(a)联轴节接触面不平行

(b)联轴节接触面平行

图 4-30　轴的弯曲

1—联轴节;2—轴承;3—轴封

　　检验联轴节安装是否符合要求,通常是利用两个百分表,分别检测它的径向位移和轴向位移。

　　如果精度要求不高,也可用钢板尺校准联轴节,校正时先取下联轴节的连接螺栓,用钢板尺测量转轴器的径向间隙 $a$ 和轴向间隙 $b$,如图 4-31 所示,再把转轴的联轴节转 180°,再测量 $a$ 与 $b$ 的数值。这样反复测量几次,若每个位置上测得的 $a$、$b$ 值的偏差不超过规定的数值,可以认为联轴节两端面平行,且轴的中心对准,否则,要进一步校正。

　　采用联轴节(靠背轮)传动装置,轴向与径向允许偏差,采用弹性连接时,均不应小于0.05 mm,刚性连接的均不应大于0.02 mm。互相连接的联轴节螺栓孔应一致,螺母应有防松装置。

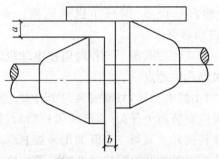

图 4-31 用钢板尺校正联轴节

5. 电动机接线

(1)电动机配管与穿线。电动机配管管口应在电动机接线盒附近,从管口到电动机接线盒的导线应用塑料管或金属软管保护;在易受机械损伤及高温车间,导线必须用金属软管保护,软管可用尼龙接头连接;室外露天电动机进线,管子要做防水弯头,进电动机导线应由下向上翻,要做滴水弯;三相电源线要穿在一根保护管内,同一电动机的电源线、控制线、信号线可穿在同一根保护管内;多股铜芯线在 10 mm² 以上应焊铜接头或冷压焊接头,多股铝芯线 10 mm² 以上应用铝接头与电动机端头连接,电动机引出线编号应齐全。裸露的不同相导线间和导线对地间最小距离应符合下列规定:

1)额定电压在 500~1 200 V 之间时,最小净距应为 14 mm;

2)额定电压小于 500 V 时,最小净距应为 10 mm。

(2)电动机接地。为防止电动机外壳带电或严重漏电,电动机外壳和敷设导线的钢管应可靠接地(接零)。接地线应接在电动机指定标志处;接地线截面通常按电源线截面的 1/3 选择,但最小铜芯线截面不小于 1.5 mm²,铝芯线截面不小于 2.5 mm²,最大铜芯线截面不大于 25 mm²,铝芯线截面不大于 35 mm²。

6. 电动机控制设备的配置与安装

(1)控制器件的配置。

1)每台电动机一般应装设单独的操作开关或启动器,在条件许可或工艺需要时,也可一组电动机共用一套控制器件。

2)对于实行自动控制或联锁控制的电动机,应保证对每台电动机都能够进行单独手动控制。此外,在多点控制的电动机旁边还应装设就地控制和解除远方控制的器件。

3)如果在控制地点看不见电动机所拖动的机械,则宜装设指示电动机工作状态的信号、仪表,同时应在所拖动的机械旁边装设预报启动信号的装置或警铃,以免电动机突然启动而危及人身安全。此外,在所拖动的机械旁边还应装设事故(紧急)断电开关或按钮。

4)0.5 kW 以下的电动机,允许使用插销进行电源通断的直接控制。频繁启动的电动机,则应在插座板上安装一只熔断器。

5)3 kW 以下的电动机,允许采用瓷底胶盖闸刀开关控制,开关的额定电流应为电动机额定电流的 2.5 倍。安装时,将刀开关内的熔体用铜丝接通,在开关的后一级另安装一只熔断器作为过载和短路保护装置。

6)3 kW 以上的电动机,应采用空气断路器、组合开关、接触器等电器控制,各类开关的选用可查阅有关电工手册。

7)容量较大的电动机,启动电流也较大,为不影响同一电网中其他用电设备的正常运行,以及保证线路的安全,应加装启动设备,以减小启动电流。常用的启动设备有星—三角(Y—△)启动器和自耦降压启动器等。

8)电动机的操作开关,一般应装在既便于操作时监视电动机的启动和运转情况,又能保证操作人员安全,且不易产生误动作的地点。

9)对于不需要频繁启动的小型电动机,只需安装一个开关。对于需要频繁启动,或者需要换向和变速操作的电动机,则应安装两个开关(实行两级控制)。第一个开关用来控制电源(常采用铁壳开关、空气断路器或转换开关);第二个开关用来控制电动机。

(2)控制器件安装。电动机的操作开关或启动补偿装置应装在便于操作、运行、维护、检修的地点。开关应装在离地面 1.5 m 左右的墙上,开关和启动补偿装置的接线应正确,引线应采用符合要求的绝缘导线,且有钢管保护,钢管应伸入木台 10 mm 左右,管口应套橡皮圈、木圈,或套一段软塑料管。墙上部分可采用明管配线,地下部分应采用暗管配线。连接电动机一端钢管的管口距地面不得低于 100 mm,并尽量靠近电动机接线盒。这部分导线不可在地上拖来拖去,也不可用钉子挂在墙上,以免发生事故(图 4-32)。其他部分导线按管线敷设方法配线。

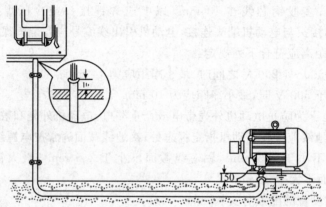

图 4-32 开关控制设备及其连线的安装(单位:mm)

(3)刀开关安装。

1)刀开关应垂直安装在开关板上(或控制屏、箱上),并要使夹座位于上方。如夹座位于下方,刀开关打开时,如果支座松动,闸刀就会在自重作用下向下掉落而发生误动作,可能会造成严重事故。

2)刀开关用作隔离开关时,合闸顺序为先合上刀开关,再合上其他用以控制负载的开关;分闸顺序则相反。

3)严格按照产品说明书规定的分断能力来分断负荷,无灭弧罩的刀开关一般不允许分断负载,否则,有可能导致稳定持续燃弧,使刀开关寿命缩短,严重的还会造成电源短路,开关烧毁,甚至发生火灾。

4)刀片与固定触头的接触良好,大电流的触头或刀片可适量加润滑油(脂);有消弧触头的刀开关,各相的分闸动作应迅速一致。

5)双掷刀开关在分闸位置时,刀片应可靠接地固定,不得使刀片有自行合闸的可能。

6)直流母线隔离开关安装。

①开关无论垂直或水平安装,刀片应垂直于板面;在混凝土基础上时,刀片底部与基础间应有不小于 50 mm 的距离。

②开关动触片与两侧压板的距离应调整均匀。合闸后,接触面应充分压紧,刀片不得摆动。

③刀片与母线直接连接时,母线固定端必须牢固。

(4)开启式负荷开关安装。手柄向上合闸,不得倒装或平装,以防止闸刀在切断电流时,刀片和夹座间产生电弧。

接线时,应把电源接在开关的上方进线接线座上,电动机的引线接下方的出线座。

安装时应使刀片和夹座成直线接触,并应接触紧密,支座应有足够压力,刀片或夹座不应歪扭。

(5)铁壳开关安装。

1)铁壳开关安装应垂直安装。安装的位置应以便于操作和安全为原则。

2)铁壳开关外壳应做可靠接地和接零。

3)铁壳开关进出线孔均应有绝缘垫圈或护帽。

4)接线时,电源线与开关的静触头相连,电动机的引出线与负荷开关熔丝的下桩头相连,开关拉断后,闸刀与熔丝不带电,便于维修和更换熔丝。

(6)熔断器安装。

1)对于变压器、电炉和照明等负载,熔体的额定电流应略大于或等于负载电流。

2)对于输配电线路,熔体的额定电流应略小于或等于线路的安全电流。

3)熔断器的选择:额定电压应大于或等于线路工作电压;额定电流应大于或等于所装熔体的额定电流。

4)安装位置及相互间距应便于更换熔体;更换熔丝时,应切断电源,更不允许带负荷换熔丝,并应换上相同额定电流的熔丝。

5)有熔断指示的熔芯,其指示器应装在便于观察侧。

6)瓷质熔断器在金属底板上安装时,其底座应垫软绝缘衬垫。安装螺旋式熔断器时,应将电源线接至瓷底座的接线端,以保证安全。如是管式熔断器,应垂直安装。

7)安装应保证熔体和插刀以及插刀和刀座接触良好,以免因熔体温度升高而发生误动作。安装熔体时,必须注意不要使它受机械损伤,以免减少熔体截面积,产生局部发热而造成误动作。

(7)接触器与启动器安装。

1)安装前的检查。

①电磁铁的铁心表面应无锈斑及油垢,将铁心板面上的防锈油擦净,以免油垢粘住造成接触器断电不释放。触头的接触面应平整、清洁。

②接触器、启动器的活动部件动作灵活,无卡阻;衔铁吸合后应无异常响声,触头接触紧密,断电后应能迅速脱开。

③检查接触器铭牌及线圈上的额定电压、额定电流等技术数据是否符合使用要求;电磁启动器热元件的规格应按电动机的保护特性选配;热继电器的电流调节指示位置,应调整在电动机的额定电流值上,如设计有要求时,尚应按整定值进行校验。

2)安装时,接触器的底面与地面垂直,倾斜度不超过5°。安装 CJ0 系列接触器时,应使有孔的两面放在上下位置,以利散热,降低线圈的温度。

3)自耦减压启动器的安装。

①启动器应垂直安装。

②油浸式启动器的油面不得低于标定的油面线。

③减压抽头(65％～80％额定电压)应按负荷的要求进行调整,但启动时间不得超过自耦减压启动器的最大允许启动时间。

④连续启动累计或一次启动时间接近最大允许启动时间时,应待其充分冷却后方能再启动。

4)可逆电磁启动器防止同时吸合的联锁装置动作应正确、可靠。

5)星—三角启动器,应在电动机转速接近运行转速时进行切换;自动转换时应按电动机负荷要求正确调节延时装置。

(8)继电器安装。继电器安装的具体内容见表4-26。

表 4-26 继电器安装

| 项 目 | 内 容 |
| --- | --- |
| 热继电器安装 | (1)热继电器的型号、规格应符合设计要求。<br>(2)安装时应清除触头表面尘污,以免因接触电阻太大或电路不通而影响动作性能。<br>(3)热继电器出线端子的连接导线的截面必须符合设计要求,以确保热继电器动作准确 |
| 时间继电器安装 | (1)整定时间范围,取得精确的延时。对断电延时继电器,调节整定延时时间必须在接通离合电磁铁线圈电源时才能进行。<br>(2)安装位置应符合设计要求,固定点应完整齐全,牢固可靠 |
| 中间继电器安装 | (1)中间继电器的型号、规格应根据控制电路的电压等级,所需触头数量、种类、容量等选定。<br>(2)调节触头位置,确保触头到位,活动部件应无卡阻,动作灵活准确,各触头应接触良好。<br>(3)安装的位置应符合设计要求,安装应牢固、稳定。<br>(4)出线端子的连接导线相位准确。<br>(5)安装时应清除触头表面尘污,以防影响动作的功能 |
| 速度继电器安装 | (1)速度继电器的型号、规格选择,必须符合机械转速需要。<br>(2)安装时应控制速度继电器的轴用联轴节与受控制电动机的轴连接和弹性联轴垫圈的间隙,并应整定准确的额定工作转速。<br>(3)触头动作应灵活、准确、可靠,使被驱动机械设备工作正常 |

(9)主令电器安装。主令电器安装的具体内容见表4-27。

表 4-27 主令电器安装

| 项 目 | 内 容 |
| --- | --- |
| 按钮开关安装 | (1)按钮开关的型号、规格和性能必须符合设计要求。<br>(2)安装在面板上时,应布置整齐,排列合理,便于操作和维修。<br>(3)相邻按钮间距为50～100 mm。<br>(4)按钮安装应牢固,接线相位准确,接线螺丝应紧固。 |

| 项　目 | 内　容 |
|---|---|
| 按钮开关安装 | (5)按钮操作应灵活、可靠,无卡阻。<br>(6)主控按钮应有鲜明的标记(红色按钮),安装在醒目且便于操作的位置 |
| 位置开关安装 | (1)位置开关的型号、规格,应符合设计要求。<br>(2)控制滚轮的方向不能装反,挡铁碰撞的位置必须符合控制电路要求。<br>(3)调整挡铁的碰撞的压力要适中。挡铁(碰块)对开关的作用力及开关的动作行程,必须符合设计要求的允许值。<br>(4)安装的位置不得影响机械部件的运作,并能使开关正常准确动作 |

### 三、同步电动机的安全操作

同步电动机安全操作的具体内容见表 4-28。

表 4-28　同步电动机安全操作

| 项　目 | 内　容 |
|---|---|
| 同步电动机启动前的安全操作 | (1)做好励磁装置的调试工作。调试和整定好灭磁、脉冲、投励、移相等装置,调试好之后,要检查各装置环节工作是否正常。<br>(2)检查同步电动机定子回路控制开关、操纵装置是否可靠,各保护系统是否正常。<br>(3)电动机在启动之前,检查绕组绝缘表面、集电环以及各零部件是否正常,清理铜环表面和调整电刷,保证接触良好。<br>(4)清扫和检查启动设备、励磁设备,清查电动机和附属设备有无他人正在工作。<br>(5)异步启动时,励磁绕组不可开路,否则启动时励磁绕组内会感应出危险的高压,击穿绕组绝缘,又会引起人身事故。<br>(6)应按制造厂规定的允许连续启动的次数以及两次启动的最小间隔时间进行启动,以防误操作造成电机温升的超限 |
| 同步电动机运行中的安全操作 | (1)轴承最高温度:滑动轴承为 75℃,滚动轴承为 95℃。<br>(2)用温度计法测量,绕组与铁心的最高温升不应超过 75℃(B级绝缘)。<br>(3)电源频率在 50 Hz 范围内,误差不超过 1%。<br>(4)电源电压在额定电压的±5%范围内,三相电压不平衡不应大于 5%。<br>(5)环境温度:最低为 5℃,最高为 35℃。长期停用的电动机要保存在温度为5℃～15℃的环境中。空气相对湿度应在 75%以下,风道应保持清洁、无水。<br>(6)电动机允许的最大振动值见表 4-29。<br>(7)电动机的轴承间隙不应超过电动机轴颈的 2% |
| 同步电动机停机后的安全操作 | (1)同步电动机停转后,要进行吹风清扫工作,详细检查绕组绝缘有无损伤。<br>(2)检查各部绝缘绑扎和垫片有无松动,转子支架和机械零部件是否有开焊和裂缝现象,磁轭紧固磁极螺栓、穿芯螺栓是否松动。 |

| 项　目 | 内　容 |
|---|---|
| 同步电动机停机后的安全操作 | 　　最后检查轴承状态和电刷装置是否正常，如刷盒应与集电环保持平行、对准，电刷在刷盒内要间隙合适（一般为 0.1～0.2 mm），刷压符合规定，刷盒底边与集电环表面距离为 2～3 mm |

表 4-29　同步电动机允许的最大振动值

| 同步电动机转速(r/min) | 3 000 | 1 500 | 1 000 | 750 及以下 |
|---|---|---|---|---|
| 双振幅振动值(mm) | 0.05 | 0.09 | 0.10 | 0.12 |

# 第五章　室内布线和接地装置

## 第一节　室内布线基本要求

### 一、导线的选择与布置

1. 导线的选择

室内布线用电线、电缆应按低压配电系统的额定电压、电力负荷、敷设环境及其与附近电气装置、设施之间能否产生有害的电磁感应等要求,选择合适的型号和截面。

(1)对电线、电缆导体的截面大小进行选择时,应按其敷设方式、环境温度和使用条件确定,其额定载流量不应小于预期负荷的最大计算电流,线路电压损失不应超过允许值。

单相回路中的中性线应与相线等截面。

(2)室内布线若采用单芯导线作固定装置的 PEN 干线时,其截面面积对铜材不应小于 10 mm²,对铝材不应小于 16 mm²;当用多芯电缆的线芯作 PEN 线时,其最小截面可为 4 mm²。

(3)当 PE 线所用材质与相线相同时,按热稳定要求,截面不应小于表 5-1 所列规定。

表 5-1　保护线的最小截面　　　　　　　　　　　(单位:mm²)

| 装置的相线截面 S | 接地线及保护线最小截面 |
|---|---|
| S≤16 | S |
| 16＜S≤35 | 16 |
| S＞35 | S/2 |

(4)同一建筑物、构筑物的各类电线绝缘层颜色选择应一致,并应符合下列规定。

1)保护地线(PE)应为绿、黄相间色。

2)中性线(N)应为淡蓝色。

3)相线应符合下列规定:

①L1 应为黄色;

②L2 应为绿色;

③L3 应为红色。

(5)当用电负荷大部分为单相用电设备时,其 N 线或 PEN 线的截面不宜小于相线截面;以气体放电灯为主要负荷的回路中,N 线截面不应小于相线截面;采用可控硅调光的三相四线或三相三线配电线路,其 N 线或 PEN 线的截面不应小于相线截面的 2 倍。

2. 导线的布置要求

导管与热水管、蒸汽管平行敷设时,宜敷设在热水管、蒸汽管的下面。导管与热水管、蒸汽管间的最小距离宜符合表 5-2 规定。

表 5-2　导管与热水管、蒸汽管间的最小距离　　　　　（单位：mm）

| 导管敷设位置 | 管道种类 | |
|---|---|---|
| | 热水 | 蒸汽 |
| 在热水、蒸汽管道上面平行敷设 | 300 | 1000 |
| 在热水、蒸汽管道下面或水平平行敷设 | 200 | 500 |
| 与热水、蒸汽管道交叉敷设 | 100 | 300 |

注：1. 导管与不含易燃易爆气体的其他管道的距离，平行敷设不应小于 100 mm 交叉敷设处不应小于 50 mm。

　　2. 导管与易燃易爆气体不宜平行敷设，交叉敷设处不应小于 100 mm。

　　3. 达不到规定距离时应采取可靠有效的隔离保护措施。

### 3. 导线的连接

(1)在割开导线绝缘层进行连接时，不应损伤线芯；导线的接头应在接线盒内连接；不同材料导线不准直接连接；分支线接头处，干线不应受到来自支线的横向拉力。

(2)绝缘导线除芯线连接外，在连接处应用绝缘带（塑料带、黄蜡带等）包缠均匀、严密，绝缘强度不低于原有强度。

在接线端子的端部与导线绝缘层的空隙处，也应用绝缘带包缠严密，最外层处还得用黑胶布扎紧一层，以防机械损伤。

(3)单股铝线与电气设备端子可直接连接；多股铝芯线应采用焊接或压接鼻子后再与电气设备端子连接，压模规格同样应与线芯截面相符。

(4)单股铜线与电气器具端子可直接连接。

截面面积超过 2.5 mm² 多股铜线连接应采用焊接或压接端子再与电气器具连接，采用焊接方法应先将线芯拧紧后，经搪锡后再与器具连接，焊锡应饱满，焊后要清除残余焊药和焊渣，不应使用酸性焊剂。用压接法连接，压模的规格应与线芯截面相符。

### 二、管材的验收与加工

#### 1. 进场验收

电气安装用导管在进场验收时，除应按批查验其合格证外，还应注意以下几点：

(1)硬质阻燃塑料管（绝缘导管）。凡所使用的阻燃型（PVC）塑料管，其材质均应具有阻燃、耐冲击性能，其氧指数不应低于 27% 的阻燃指标，并应有检定检验报告单和产品出厂合格证。阻燃型塑料管外壁应有间距不大于 1 m 的连续阻燃标记和制造厂厂标，管子内、外壁应光滑、无凸棱、凹陷、针孔及气泡，内外径的尺寸应符合国家统一标准，管壁厚度应均匀一致。

(2)塑料阻燃型可挠（波纹）管。塑料阻燃型可挠（波纹）管及其附件必须阻燃，其管外壁应有间距不大于 1 m 的连续阻燃标记和制造厂标，产品有合格证。管壁厚度均匀，无裂缝、孔洞、气泡及变形现象。管材不得在高温及露天场所存放。管箍、管卡头、护口应使用配套的阻燃型塑料制品。

(3)钢管。镀锌钢管（或电线管）壁厚均匀，焊缝均匀规则，无劈裂、沙眼、棱刺和凹扁现象。除镀锌钢管外其他管材的内外壁需预先除锈防腐处理，埋入混凝土内可不刷防锈漆，但应进行除锈处理。镀锌钢管或刷过防腐漆的钢管表层完整，无剥落现象。管箍螺纹要求是通丝，螺纹清晰，无乱扣现象，镀锌层完整无剥落，无劈裂，两端光滑无毛刺。护口有用于薄、厚壁管之区别,护口要完整无损。

(4)可挠金属电线管。可挠金属电线管及其附件,应符合国家现行技术标准的有关规定,并应有合格证。同时还应具有当地消防部门出示的阻燃证明。可挠金属电线管配线工程采用的管卡、支架、吊杆、连接件及盒箱等附件,均应镀锌或涂防锈漆。可挠金属电线管及配套附件器材的规格型号应符合国家规范的规定和设计要求。

(5)线槽。应查验其合格证,外观应部件齐全,表面光滑、不变形。塑料线槽有阻燃标记和制造厂标。

**2. 管子弯曲**

(1)外观。管路弯曲处不应有起皱、凹穴等缺陷,弯扁程度不应大于管外径的 10%,配管接头不宜设在弯曲处,埋地管不宜把弯曲部分表露地面,镀锌钢管不准用热撼弯使锌层脱落。

(2)弯曲半径。明配管弯曲半径一般不小于管外径的 6 倍;如两个接线盒只有一个弯时,则可不小于管外径的 4 倍。暗配管埋设于混凝土内时,弯曲半径一般不小于管外径的 6 倍;埋设于地下时,则不应小于管外径的 10 倍。

**3. 配管连接**

配管连接的具体内容见表 5-3。

表 5-3 配管连接

| 项 目 | 内 容 |
|---|---|
| 塑料管连接 | 硬塑料管采用插入法连接时,插入深度为管内径的 1.1～1.8 倍;采用套接法连接时,套管长度为连接管管口内径的 1.5～3 倍,连接管的对口处应位于套管的中心。用胶粘剂黏结接口并须牢固、密封。半硬塑料管用套管黏结法连接,套管长度不小于连接管外径的 2 倍 |
| 薄壁管连接 | 薄壁管严禁对口焊接连接,也不宜采用套筒连接,如必须采用螺纹连接,套丝长度一般为束节长度的 1/2 |
| 厚壁管连接 | 厚壁管在 2″及 2″以下应用套丝连接,对埋入泥土或暗配管宜采用套筒焊接,焊口应焊接牢固、严密,套筒长度为连接管外径的 1.5～3 倍,连接管的对口应处在套管的中心 |

### 三、管内线路的检查与试验

**1. 检查内容**

电气工程的竣工检查,应包括以下几项内容。

(1)工程施工与设计是否符合,包括电气设备规格及安装是否满足设计要求。

(2)对需要控制的相隔距离,如配线与各种管路、建筑物等设施的距离是否符合标准。

(3)安装线路的支持物和穿墙瓷管应牢固可靠,配线与线路设备的接头应接触良好。

(4)线路中的回路要正确,相线与中性线不能搞错,应接地的不能漏接。

**2. 导线通电试验**

导线通电试验主要是为了检查导线是否有折断、接触不良以及误接等现象。试验时,可用万用表先将导线的一端全部短接,然后在导线的另一端,用万用表的欧姆挡每两个端头测试一次,看是否正确。

### 3. 绝缘电阻的测量

(1)选用绝缘电阻表注意电压等级。测 500 V 以下的低压设备绝缘电阻时,应选用 500 V 的绝缘电阻表;500~1 000 V 的设备用 1 000 V 绝缘电阻表;1 000 V 以上的设备用 2 500 V 绝缘电阻表。

(2)使用绝缘电阻表时应水平放置。在接线前先摇动手柄,指针应在"∞"处,再把"L"、"E"两接线柱瞬时短接,再摇动手柄,指针应指在"0"处。

(3)测量时,先切断电源,把被测设备清扫干净,并进行充分放电。放电方法是将设备的接线端子用绝缘线与大地接触(电荷多的如电力电容器则须先经电阻与大地接触,而后再直接与大地接触)。

(4)使用绝缘电阻表时,摇动手柄应由慢渐快,读取额定转速下 1 min 指示值。接线柱上电压很高,勿用手触摸。当指针指零时,不要再继续摇动手柄,以防表内线圈烧坏。

### 4. 检查相位与耐压试验

(1)检查相位。线路敷设完工后,始端与末端相位应一致,测法参考电缆相位检查部分。

(2)耐压试验。重要场所对主动力装置应做交流耐压试验,试验电压标准为 1 000 V。当回路绝缘电阻值在 10 MΩ 以上时,可用 2 500 V 级绝缘电阻表代替,时间为 1 min。

## 四、进户装置的安装

进户装置是户内外线路的衔接装置,是低压用户内部线路的电源引接点。进户装置通常由进户杆或角钢支架、进户线及进户管等部分组成。

### 1. 进户杆的安装

(1)木质长进户杆埋入地面前,应将其地面以上 300 mm 和地面以下 500 mm 的一段,采用涂水柏油等方法进行防腐处理。

(2)混凝土进户杆安装前应检查有无弯曲、裂缝和松酥等情况。

(3)进户杆杆顶应安装横担,横担上安装低压 ED 型瓷瓶。常用的横担由镀锌角钢制成,用来支持单相两线,一般规定角钢规格不应小于 40 mm×40 mm×5 mm;用来支持三相四线,不应小于 50 mm×50 mm×6 mm。两瓷瓶在角钢上的距离不应小于 150 mm。用进户杆来支持接户线和进户线的安装形式如图 5-1 所示。

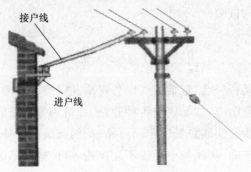

接户线

进户线

图 5-1　进户杆的安装

### 2. 进户角钢支架的安装

除采用进户杆外,也可采用在外墙上安装进户角钢支架的办法来支持进户线,进户角钢支架的形式如图 5-2 所示。

图 5-2　进户角钢支架的形式

3. 进户线的安装

(1)进户线必须采用绝缘良好的铜芯或铝芯绝缘导线,铜芯线最小截面不得小于 1.5 mm²,铝芯线截面不得小于 2.5 mm²,进户线中间不准有接头。

(2)进户线穿墙时,应套上瓷管、钢管或塑料管。

(3)进户线在安装时应有足够的长度,户内一端一般接于总熔丝盒,户外一端与接户线连接后应保持 200 mm 的弛度,户外一段进户线不应小于 800 mm。

4. 进户管的安装

用来保护进户线常用的进户管有瓷管、钢管和塑料管三种,瓷管又分弯口和反口两种。瓷管管径以内径标称,常用的有 13 mm、16 mm、19 mm、25 mm、32 mm 等多种。安装进户管时应注意以下内容:

(1)进户管的管径应根据进户线的根数和截面来决定,管内线(包括绝缘层)的总截面应不大于管子有效截面的 40%,最小管内径应不小于 15 mm。

(2)进户瓷管必须每线一根,进户瓷管应采用弯头瓷管,户外的一端弯头向下。当进户线截面在 50 mm² 以上时,宜用反口瓷管,户外一端应稍低。

(3)当一根瓷管的长度不能满足进户墙壁的厚度时,可用两根瓷管紧密连接,或用硬塑料管代替瓷管。

(4)进户钢管须用白铁管或经过涂漆的黑铁管,钢管两端应装护圈,户外一端必须有防雨的弯头,进户线必须全部穿于一根钢管内。进户线和进户管的安装如图 5-3 所示。

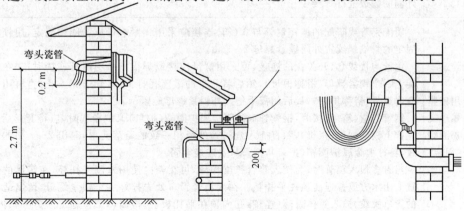

图 5-3　进户线和进户管的安装示意图

## 第二节　管线敷设

### 一、钢管敷设

#### 1. 钢管的连接

钢管连接的具体内容见表5-4。

表 5-4　钢管的连接

| 项　目 | | 内　容 |
|---|---|---|
| 管与管的连接 | 螺纹连接 | 　　钢管与钢管间用螺纹连接时,管端螺纹长度不应小于管接头的1/2;连接螺纹宜外露2～3扣。螺纹表面应光滑、无缺损。螺纹连接应使用全扣管接头,连接管端部套丝,两管拧进管接头长度不可小于管接头长度的1/2,使两管端之间吻合 |
| | 套管连接 | 　　钢管之间的连接,一般采用套管连接。而套管连接宜用于暗配管,套管长度为连接管外径的1.5～3倍;连接管的对口处应在套管的中心,焊口应焊接牢固、严密。当没有合适管径做套管时,也可将较大管径的套管顺口冲开一条缝隙,将套管缝隙处用手锤击打对严做套管。施工中严禁不同管径的管直接套接连接 |
| | 对口焊接 | 　　当暗配黑色钢管管径在 φ80 及其以上时,使用套管连接较困难时,也可将两连接管端打喇叭口再进行管与管之间采取对口焊的方法进行焊接连接。钢管在采取打喇叭口对口焊时,在焊接前应除去管口毛刺,用气焊加热连接管端部,边加热边用手锤沿管内周边,逐点均匀向外敲打出喇叭口,再把两管喇叭口对齐,两连接管应在同一条管子轴线上,周围焊严密,应保证对口处管内光滑,无焊渣 |
| 管与盒（箱）的连接 | 焊接连接 | 　　当钢管与盒(箱)采用焊接连接时,管口宜高出盒(箱)内壁3～5 mm,且焊后应补涂防腐漆。<br>　　管与盒在焊接连接时,应一管一孔顺直插入与管相吻合的敲落(或连接)孔内,伸进长度宜为3～5 mm。在管与盒的外壁相接触处焊接,焊接长度不宜小于管外周长的1/3,且不应烧穿盒壁。<br>　　钢管与箱连接时,不宜把管与箱体焊在一起,应采用圆钢作为跨接接地线。在适当位置,应对入箱管作横向焊接。焊接应保证在箱体放置后管口能高出箱壁3～5 mm。当有多根管入箱时长度应保持一致、管口平齐。待安装箱体以后再把连接钢管的圆钢与箱体外侧的棱边进行焊接 |
| | 用锁紧螺母或护圈帽固定 | 　　明配钢管或暗配的镀锌钢管与盒(箱)连接应采用锁紧螺母或护圈帽固定,用锁紧螺母固定的管端螺纹宜外露锁紧螺母2～3扣。<br>　　钢管与接线盒、开关盒的连接,可采用螺母连接或焊接。采用螺母连接时,先在管子上旋上一个锁紧螺母(俗称根母),然后将盒上的敲落孔打掉,将管子穿入孔内,再用手旋上盒内螺母(俗称护口),最后用扳手把盒外锁紧螺母旋紧。<br>　　钢管与盒(箱)连接时,钢管管口使用金属护圈帽(护口)保护导线时,应将套丝后的管端先拧上锁紧螺母(根母),顺直插入盒与管外径一相的敲落孔内,露出 2～3 扣的管口螺纹,再拧上金属护圈帽(护口),把管与盒连接牢固。<br>　　当有多根入箱管时,为使入箱管长度一致,可在箱内使用木制平托板,在箱体的适当位置上用木方或普通砖顶住平托板。在入箱管管口处先拧好一个锁紧螺母,留出适当长度的管口螺纹,插入箱体敲落(连接)孔内顶在平托板上,待墙体工程施工后拆去箱内托板,在管口处拧上锁紧螺母和护圈帽 |

| 项　目 | 内　容 |
|---|---|
| 钢管与设备连接 | (1)钢管与设备直接连接时,应将钢管敷设到设备的接线盒内。<br>(2)当钢管与设备间接连接时,对室内干燥场所,钢管端部宜增设电线保护软管或可挠金属电线保护管(即普利卡金属套管)后引入到设备的接线盒内,且钢管管口应包扎紧密;对室外或室内潮湿场所,钢管端部应增设防水弯头,导线应加套保护软管,经弯成滴水弧状后,再引入到设备的接线盒 |
| 钢管的接地连接 | 钢管之间及钢管与盒(箱)之间连接时,必须与 PE 或 PEN 线连接,且应连接可靠。通常,在管接头的两端及管与盒(箱)连接处,用相应的圆钢或扁钢焊接好跨接接地线,使整个管路连成一个导电整体,以防止导线绝缘可能损伤或发生电击现象。<br>钢管接地连接时,应符合下列相关规定。<br>(1)当镀锌钢管之间采用螺纹连接时,连接处的两端应采用专用接地卡固定。通常,以专用的接地卡跨接的跨接线为黄绿色相间的铜芯导线,截面积不小于 4 mm²。对于镀锌钢管和壁厚 2 mm 及以下的薄壁钢管,不得采用熔焊跨接接地线。<br>(2)当非镀锌钢导管之间采用螺纹连接时,连接处的两端可采用专用接地卡固定跨接线,也可以采用焊接跨接接地线。焊接跨接接地线的做法,如图 5-4 所示。当非镀锌钢导管与配电箱箱体采用间接焊接连接时,可利用导管与箱体之间的跨接接地线固定管、箱。连接管与盒(箱)的跨接接地线,应在盒(箱)的棱边上焊接,跨接接地线在箱棱边上焊接的长度不小于跨接接地线直径的 6 倍,在盒上焊接不应小于跨接接地线的截面积。<br>(3)跨接接地线直径应根据钢导管的管径来选择,见表 5-5。管接头两端跨接接地线焊接长度,不小于跨接接地线直径的 6 倍,跨接接地线在连接管焊接处距管接头两端不宜小于 50 mm。<br>(4)对于套接压扣式或紧定式薄壁钢管及其金属附件组成的导管管路,当管与管及管与盒(箱)连接符合规定时,连接处可不设置跨接接地线,管路外壳应有可靠接地;导管管路不应作为电气设备接地线使用 |

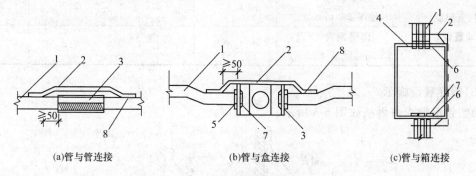

(a)管与管连接　　　　(b)管与盒连接　　　　(c)管与箱连接

图 5-4　焊接跨接接地线做法(单位:mm)

1—非镀锌钢导管;2—圆钢跨接接地线;3—器具盒;4—配电箱;

5—全扣管接头;6—根母;7—护口;8—电气焊处

表 5-5　跨接接地线选择表

| 公称直径(mm) | | 跨接接地线(mm) | | |
|---|---|---|---|---|
| 电线管 | 厚壁钢管 | 圆钢 | 扁钢 |
| ≤32 | ≤25 | φ6 | — |
| 38 | ≤32 | φ8 | — |
| 51 | 40~50 | φ10 | — |
| 64~76 | ≤65~80 | φ10 及以上 | 25×4 |

### 2. 钢管明敷设

钢管明敷设是指沿建筑物的墙壁、梁或支、吊架进行的敷设,一般在生产厂房中应用得较多。明配钢管应配合土建施工安装好支架、吊架的预埋件,土建室内装饰工程结束后再配管。在吊顶内的配管,虽属暗配管,但一般常按明配管的方法施工。

(1)施工步骤。钢管明敷设时,其施工步骤如下:

1)确定电器设备的安装位置;

2)划出管路中心线和管路交叉位置;

3)埋设木砖;

4)量管线长度;

5)把钢管按建筑结构形状弯曲;

6)根据测得管线长度锯切钢管(先弯管再锯管容易掌握尺寸);

7)铰制管端螺纹;

8)将管子、接线盒、开关盒等装配连接成一整体进行安装;

9)做接地。

(2)安装间距。明管用吊装、支架敷设或沿墙安装时,固定点的距离应均匀,管卡与终端、转弯中点、电气器具或按线盒边缘的距离为 150~500 mm。中间固定点间的最大允许距离应符合表 5-6 的规定。

表 5-6　钢导管管卡间最大间距

| 敷设方式 | 钢管名称 | 导管直径(mm) | | | |
| --- | --- | --- | --- | --- | --- |
| | | 15~20 | 25~32 | 40~50 | 65 以上 |
| | | 最大允许距离(m) | | | |
| 吊架、支架或沿墙敷设 | 厚壁钢管 壁厚≥2 mm | 1.5 | 2.0 | 2.5 | 3.5 |
| | 薄壁钢管 1.5 mm≤壁厚<2 mm | 1.0 | 1.5 | 2.0 | — |

(3)钢管敷设施工。

1)明管沿墙拐弯做法如图 5-5 所示。

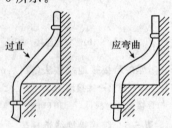

图 5-5　明管沿墙拐弯

2)钢管引入接线盒等设备如图 5-6 所示。

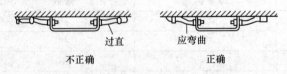

图 5-6　钢管引入接线盒做法

3)电线管在拐角时要用拐角盒,其做法如图 5-7 所示。

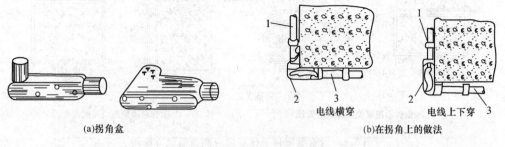

(a)拐角盒        (b)在拐角上的做法

图 5-7   电线管在拐角处做法

1—管箍;2—拐角盒;3—钢管

4)钢管沿墙敷设采用管卡直接固定在墙上或支架上如图 5-8 所示。

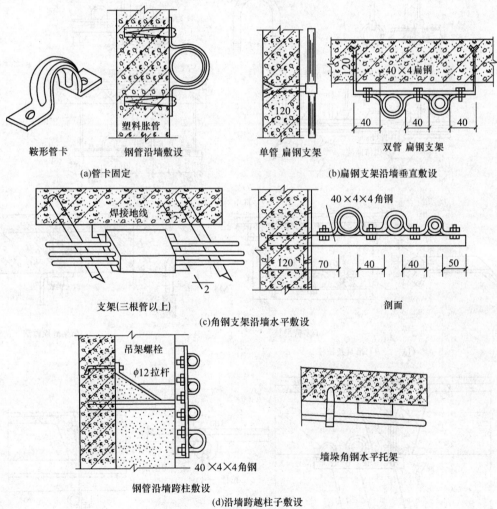

鞍形管卡    钢管沿墙敷设     单管 扁钢支架     双管 扁钢支架

(a)管卡固定          (b)扁钢支架沿墙垂直敷设

支架(三根管以上)        剖面

(c)角钢支架沿墙水平敷设

钢管沿墙跨柱敷设         墙垛角钢水平托架

(d)沿墙跨越柱子敷设

图 5-8   钢管沿墙敷设的做法(单位:mm)

5)钢管沿屋面梁底及侧面敷设方法如图 5-9(a)所示,钢管沿屋架底面及侧面的敷设方法如图 5-9(b)所示。

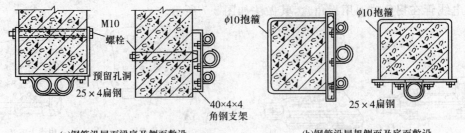

(a)钢管沿屋面梁底及侧面敷设      (b)钢管沿屋架侧面及底面敷设

图 5-9 钢管沿屋顶下弦底面及侧面敷设方法图

6)多根钢管或管组可用吊装敷设如图 5-10 所示。

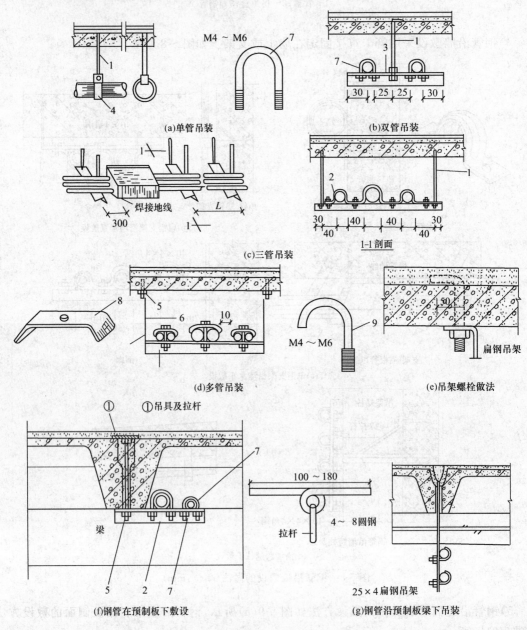

(a)单管吊装

(b)双管吊装

(c)三管吊装

(d)多管吊装

(e)吊架螺栓做法

(f)钢管在预制板下敷设

(g)钢管沿预制板梁下吊装

图 5-10

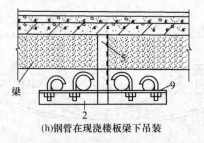

(h)钢管在现浇楼板梁下吊装

图 5-10 钢管在楼板下安装(单位:mm)

1—圆钢($\phi$10);2—角钢支架(∟40×4);3—角钢支架(∟30×3);

4—吊管卡;5—吊架螺栓(M8);6—扁钢吊架(—40×4);7—螺栓管卡;

8—卡板(2~4 mm钢板);9—管卡

7)钢管沿钢屋架敷设如图 5-11 所示。

图 5-11 钢管沿钢屋架敷设

8)钢管采用管卡槽的敷设。管卡槽及管卡由钢板或硬质尼龙塑料制成,做法如图 5-12 所示。

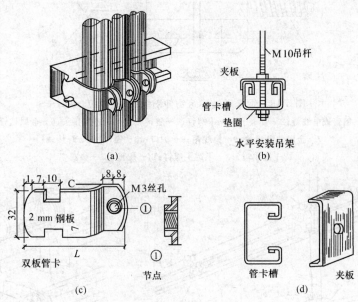

图 5-12 钢管在卡槽上安装(单位:mm)

9)钢管通过建筑物的伸缩缝(沉降缝)时的做法如图 5-13 所示。拉线箱的长度一般为管径的 8 倍。当管子数量较多时,拉线箱高度应加大。

10)钢管在龙骨上安装如图 5-14 所示。

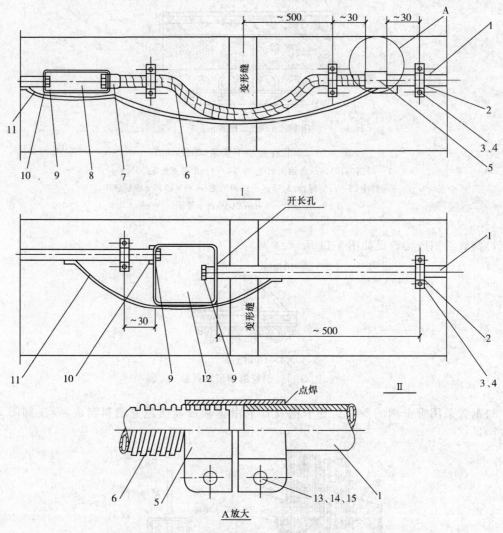

图 5-13　钢管通过建筑物伸缩缝做法（单位：mm）

1—钢管或电线管；2—管卡子；3—木螺钉；4—塑料胀管；5—过渡接头；6—金属软管；

7—金属软管接头；8—拉线箱；9—护口；10—锁母；11—跨接线；

12—拉线箱；13—半圆头螺钉；14—螺母；15—垫圈

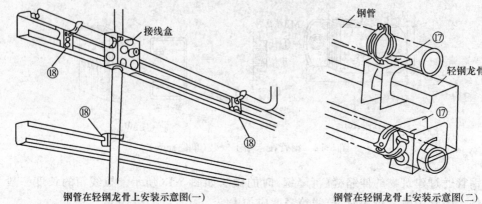

钢管在轻钢龙骨上安装示意图(一)　　　钢管在轻钢龙骨上安装示意图(二)

图　5-14

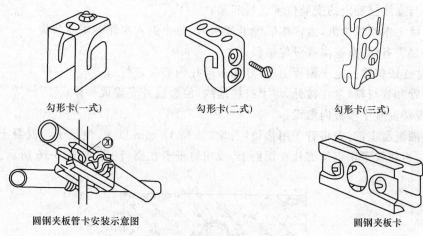

勾形卡(一式)　　勾形卡(二式)　　勾形卡(三式)

圆钢夹板管卡安装示意图　　　　　　　　圆钢夹板卡

图 5-14　钢管在龙骨上安装

11)钢管进入灯头盒、开关盒、接线盒及配电箱时,露出锁紧螺母的螺纹为 2～4 扣。当在室外或潮湿房屋内,采用防潮接线盒、配电箱时,配管与接线盒、配电箱的连接应加橡胶垫,做法如图 5-15 所示。

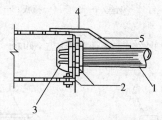

图 5-15　配管与防潮接线盒连接
1—钢管;2—锁紧螺母;3—管螺母;
4—橡胶垫;5—接地线

12)钢管配线与设备连接时,应将钢管敷设到设备内,钢管露出地面的管口距地面高度应不小于 200 mm。如不能直接进入时,可按下列方法进行连接:

①在干燥房间内,可在钢管出口处加保护软管引入设备;

②在室外潮湿房间内,可采用防湿软管或在管口处装设防水弯头。当由防水弯头引出的导线接至设备时,导线套绝缘软管保护,并应有防水弯头引入设备;

③金属软管引入设备时,软管与钢管、软管与设备间的连接应用软管接头连接。软管在设备上应用管卡固定,其固定点间距应不大于 1 m,金属软管不能作为接地导体。

3. 钢管暗敷设

钢导管暗敷设,首先要确定好导管进入设备及器具盒(箱)的位置,在计算好管路敷设长度,进行导管加工后,再配合土建施工中将管与盒(箱)按已确定的安装位置连接起来。

暗敷的电线管路宜沿最近的路线敷设,并应尽量减少弯头;埋入墙或混凝土内的管子,其离表面的净距不应小于 15 mm。

(1)施工步骤。钢管暗敷设时,其施工步骤如下:

1)确定设备(灯头盒、接线盒和配管引上引下)的位置;

2)测量敷设线路长度;

3)配管加工(弯曲、锯割、套螺纹);

4)将管与盒按已确定的安装位置连接起来;

5)管口墙上木塞或废纸,盒内填满废纸或木屑,防止进入水泥砂浆或杂物;

6)检查是否有管、盒遗漏或设位错误;

7)管、盒连成整体固定于模板上(最好在未绑扎钢筋前进行);

8)管与管和管与箱、盒连接处,焊上跨接地线,使金属外壳连成一体。

(2)在现浇混凝土楼板内敷设。

1)在浇灌混凝土前,先将管子用垫块(石块)垫高 15 mm 以上,使管子与混凝土模板间保持足够距离,再将管子用钢丝绑扎在钢筋上,或用钉子卡在模板上。如图 5-16 所示。

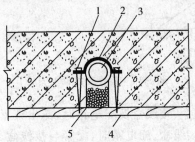

图 5-16 钢管在模板上固定

1—铁钉;2—钢丝;3—钢管;4—模板;5—垫块

2)灯头盒可用铁钉固定或用钢丝缠绕在铁钉上,如图 5-17 所示,其安装方法如图 5-18 所示。

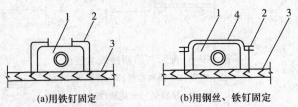

(a)用铁钉固定  (b)用钢丝、铁钉固定

图 5-17 灯头盒在模板上固定

1—灯头盒;2—铁钉;3—模板;4—钢丝

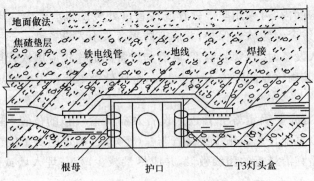

图 5-18 灯头盒在现浇混凝土楼板内安装

3)接线盒可用钢丝或螺钉固定,方法如图 5-19 所示。待混凝土凝固后,必须将钢丝或螺钉切断除掉,以免影响接线。

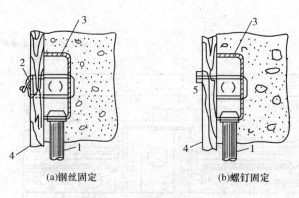

(a)钢丝固定　　　　　　　　(b)螺钉固定

图 5-19　接线盒在模板上固定

1—钢管;2—钢丝;3—接线盒;4—模板;5—螺钉

4)钢管敷设在楼板内时,管外径与楼板厚度应配合。当楼板厚度为 80 mm 时,管外径不应超过 40 mm;厚度为 120 mm 时,管外径不应超过 50 mm。若管径超过上述尺寸,则钢管改为明敷或将管子埋在楼板的垫层内,此时,灯头盒位置需在浇灌混凝土前预埋木砖,待混凝土凝固后再取出木砖进行配管,如图 5-20 所示。

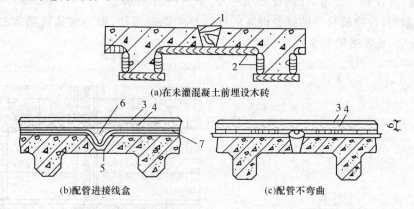

(a)在未灌混凝土前埋设木砖

(b)配管进接线盒　　　　　　　　　(c)配管不弯曲

图 5-20　钢管在楼板垫层内敷设(单位:mm)

1—木砖;2—模板;3—地面;4—焦碴垫层;5—接线盒;6—水泥砂浆保护;7—钢管

(3)在预制板中敷设。暗管在预制板中的敷设方法同"暗管在现浇混凝土楼板内的敷设",但灯头盒的安装需在楼板上定位凿孔,做法如图 5-21 所示。

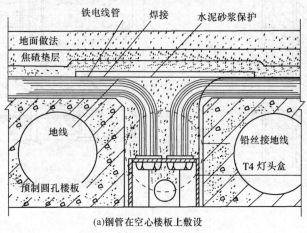

(a)钢管在空心楼板上敷设

图　5-21

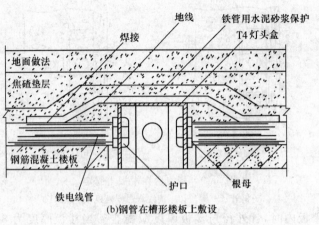

(b)钢管在槽形楼板上敷设

图 5-21　暗管在预制板中的敷设

　　(4)通过建筑物伸缩缝敷设。钢管暗敷时,常会遇到建筑物伸缩缝,其通常的作法是在伸缩缝(沉降缝)处设置接线箱,且钢管必须断开,如图 5-22 所示。

　　钢管暗敷时,在建筑物伸缩缝处设置的接线箱主要有两种,即一式接线箱和二式接线箱,如图 5-23 所示,其规格见表 5-7。

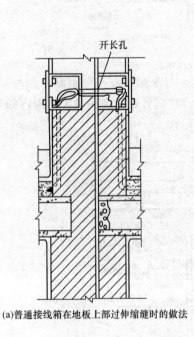

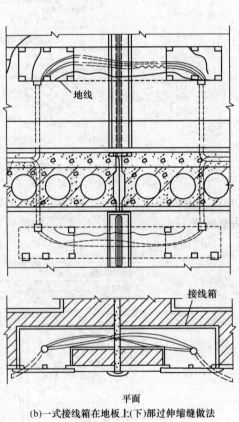

平面

(a)普通接线箱在地板上部过伸缩缝时的做法　　　　(b)一式接线箱在地板上(下)部过伸缩缝做法

图　5-22

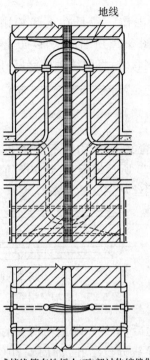

地线

(c)二式接线箱在地板上(下)部过伸缩缝做法

图 5-22　暗管通过建筑物伸缩缝做法

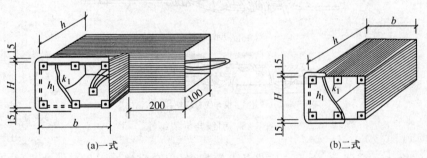

(a)一式　　　　　　　　　　　(b)二式

图 5-23　接线箱做法(单位:mm)

表 5-7　钢管与接线箱配用规格尺寸　　　　　　　　(单位:mm)

| 每侧入箱电线管规格和数量 | | 接线箱规格 | | | 箱厚 | 固定盖板螺丝规格数量 |
|---|---|---|---|---|---|---|
| | | $H$ | $b$ | $h$ | $h_1$ | |
| 一式 | 40 以下二支 | 150 | 250 | 180 | 1.5 | M5×4 |
| | 40 以上二支 | 200 | 300 | 180 | 1.5 | M5×6 |
| 二式 | 40 以下二支 | 150 | 200 | 同墙厚 | 1.5 | M5×4 |
| | 40 以上二支 | 200 | 300 | 同墙厚 | 1.5 | M5×6 |

(5)钢管埋地敷设。钢管埋地敷设时,钢管的管径应不小于 20 mm,且不宜穿过设备基础;如必须穿过,且设备基础面积较大时,钢管管径应不小于 25 mm。在穿过建筑物基础时,应再加保护管保护。

### 4. 钢管内导线的敷设

(1)引线钢丝的穿入。穿线工作一般是在土建粉刷工程结束后进行。引线一般采用 $\phi 1.2 \sim \phi 1.6$ 的钢丝,头部弯成如图 5-24 所示形状,以防止在管内遇到管接头时被卡住。如管路较长或弯曲较多时,可在敷设钢管时,将引线钢丝穿好,以免穿引困难。

图 5-24　引线钢丝端头

当管内有异物或钢管较长且弯又多时,引线不易穿通,可采用两端同时穿引线的办法。将两根引线钢丝的头部弯成如图 5-25 所示的形状,其中 $D$ 值约为钢管内径的 $1/2 \sim 3/4$,使两根引线钢丝互相钩住,穿线时先将钢丝从钢管的两端穿入。

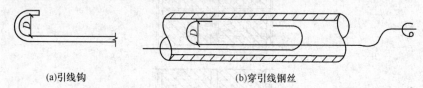

(a)引线钩　　　　　　　　(b)穿引线钢丝

图 5-25　两端穿引线

(2)导线放线。引线钢丝穿通后,引线一端应与所穿的导线结牢,如图 5-26(a)所示。如所穿导线根数较多且较粗时,可将导线分段结扎,如图 5-26(b)所示。外面再稀疏地包上包布,分段数可根据具体情况确定。对整盘绝缘导线,必须从内圈抽出线头进行放线。

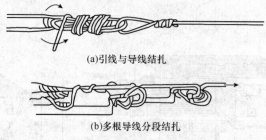

(a)引线与导线结扎

(b)多根导线分段结扎

图 5-26　引线与导线结扎

(3)导线穿入。穿线前,钢管口应先装上管螺母,以免穿线时损伤导线绝缘层。穿线时,需两人各在管口一端,一人慢慢抽拉引线钢丝,另一人将导线慢慢送入管内。如钢管较长,弯曲较多穿线困难时,可用滑石粉润滑。但不可使用油脂或石墨粉等作润滑物,因前者会损坏导线的绝缘层(特别是橡胶绝缘),后者是导电粉末,易于粘附在导线表面,一旦导线绝缘略有微小缝隙,便会渗入线芯,造成短路事故。

(4)剪断导线。导线穿好后,剪除多余的导线,但要留出适当余量,便于以后接线。预留长度为:接线盒内以绕盒内一周为宜;开关板内以绕板内半周为宜。

由于钢管内所穿导线的作用不同,为了在接线时能方便地分辨各种作用,可在导线的端头绝缘层上做记号。如管内穿有 4 根同规格同颜色导线,可把 3 根导线用电工刀分别削一道、两道、三道刀痕标出,另一根不标,以免接线错误。

(5)垂直钢管内导线的支持。在垂直钢管中,为减少管内导线本身重量所产生的下垂力,保证导线不因自重而折断,导线应在接线盒内固定,如图 5-27 所示。接线盒距离,按导线截面不同的规定,见表 5-8。

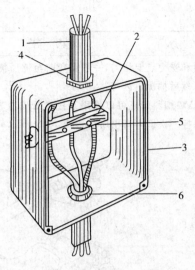

图 5-27　垂直配管导线的支持

1—钢管；2—线夹；3—接线盒；

4—锁紧螺母；5—M6 螺栓；6—护口

表 5-8　钢管垂直敷设接线盒间距

| 导线截面(mm²) | 50 及以下 | 70～95 | 120～240 |
|---|---|---|---|
| 接线盒间距(m) | 30 | 20 | 18 |

## 二、塑料管敷设

### 1. 硬质塑料管敷设

硬塑料管有一定的机械强度，可明敷也可暗敷。明敷设塑料管壁厚度不应小于 2 mm，暗敷设的不应小于 3 mm。

敷设前，硬质塑料管应根据线管的埋设位置和长度进行切断、弯曲，做好部分管与盒的连接，然后在配合土建施工敷设时进行管与管及管与盒(箱)的预埋和连接。

(1)管子的切断。配管前，应根据管子每段所需长度进行切断。

1)硬质聚氯乙烯塑料管的切断多用电工刀或钢锯条，切口应整齐。

2)硬质 PVC 塑料管用锯条切断时，应直接锯到底，否则管子切口不整齐。如使用厂家配套供应的专用截管器进行裁剪时，应边稍转动管子边进行裁剪，使刀口易于切入管壁，刀口切入管壁后，应停止转动 PVC 管(以保证切口平整)，继续裁剪，直至管子切断为止。

(2)管子的弯曲。硬质塑料管的弯曲有冷弯法和热搣法两种，具体内容见表 5-9。

表 5-9　硬质塑料管的弯曲方法

| 方　法 | 内　容 |
|---|---|
| 冷弯法 | 冷弯法只适用于硬质 PVC 塑料管在常温下的弯曲。在弯管时，将相应的弯管弹簧插入管内需弯曲处，两手握住管弯曲处弹簧的部位，用手逐渐弯出需要的弯曲半径来，如图 5-28 所示。<br>当在硬质 PVC 塑料管端部冷弯 90°弯曲或鸭脖弯时，如用手冷弯管有一定困难，可在管口处外套一个内径略大于管外径的钢管，一手握住管子，一手扳动钢管即可弯出管端长度适当的 90°弯曲。 |

| 方　法 | 内　容 |
|---|---|
| 冷弯法 | 弯管时,用力和受力点要均匀,一般需弯曲至比所需要弯曲角度要小,待弯管回弹后,便可达到要求,然后抽出管内弯簧。<br><br>此外,硬质 PVC 塑料管还可以使用手扳弯管器冷弯管,将已插好弯簧的管子插入配套的弯管器,手扳一次即可弯出所需弯管 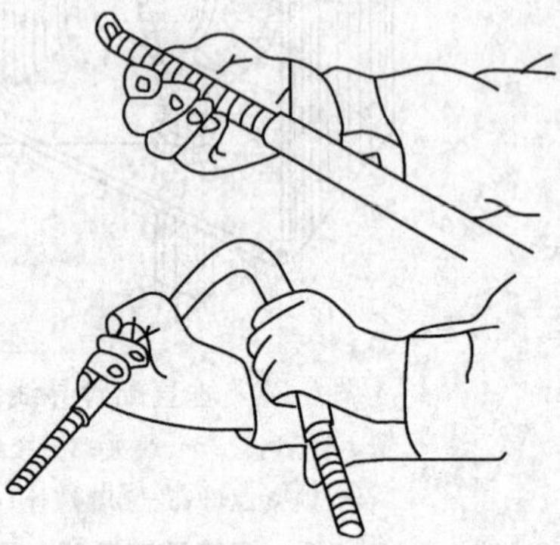<br><br><br>图 5-28　冷弯管 |
| 热搣法 | 采用热搣法弯曲塑料管时,可用喷灯、木炭或木材来加热管材,也可用水煮、电炉子或碘钨灯加热等等。但是,应掌握好加热温度和加热长度,不能将管烤伤、变色。<br><br>(1)对于管径 20 mm 及以下的塑料管,可直接加热搣弯。加热时,应均匀转动管身,达到适当温度后,应立即将管放在平木板上搣弯,也可采用模型搣弯。如在管口处插入一根直径相适宜的防水线或橡胶棒或氧气带,用手握住需搣弯处的两端进行弯曲,当弯曲成型后将弯曲部位插入冷水中冷却定型。<br><br>1)弯 90°曲弯时,管端部应与原管垂直,有利于瓦工砌筑。管端不应过长,应保证管(盒)连接后管子在墙体中间位置上,如图 5-29(a)所示。<br><br>2)在管端部搣鸭脖弯时,应一次搣成所需长度和形状,并注意两直管段间的平行距离,且端部短管段不应过长,防止预埋后造成砌体墙通缝,如图 5-29(b)所示。<br><br>(2)对于管径在 25 mm 及以上的塑料管,可在管内填砂搣弯。弯曲时,先将一端管口堵好,然后将干砂子灌入管内碰实,将另一端管口堵好后,用热砂子加热到适当温度,即可放在模型上弯制成型。 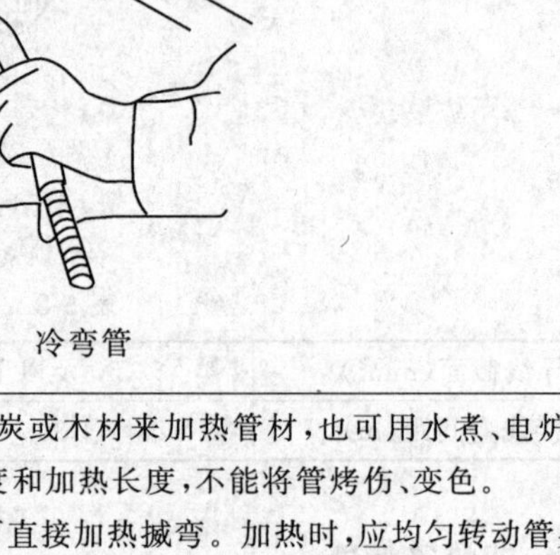<br><br><br>(a)管端90°　　　(b)管端鸭脖弯<br>图 5-29　管端部的弯曲(单位:mm)<br><br>塑料管弯曲完成后,应对其质量进行检查。管子的弯曲半径不应小于管外径的 6 倍;埋于地下或混凝土楼板内时,不应小于管外径的 10 倍。为了防止渗漏、穿线方便及穿线时不损坏导线绝缘,并便于维修,管的弯曲处不应有折皱、凹穴和裂缝现象,弯扁程度不应大于管外径的 10% |

（3）管与管的连接。管与管的连接一般均在施工现场管子敷设的过程中进行,硬质塑料管的连接方法较多,下面主要介绍承插法及套管连接法,具体内容见表 5-10。

表 5-10　管与管的连接

| 项　目 | | 内　容 |
|---|---|---|
| 插接法 | 加热直接插接法 | 对于 $\phi50$ 及以下的硬塑料管多采用加热直接插接法。<br>塑料管连接时,应先将管口倒角,外管倒内角,内管倒外角,如图 5-30 所示。然后将内、外管插接段的尘埃等污垢擦净,如有油污时可用二氯乙烯、苯等溶剂擦净。插接长度应为管径的 1.1～1.8 倍,可用喷灯、电炉、炭化炉加热,也可浸入温度为 130℃ 左右的热甘油或石蜡中加热至软化状态。此时,可在内管段涂上胶合剂(如聚乙烯胶合剂),然后迅速插入外管,待内外管线一致时,立即用湿布冷却,如图 5-31 所示 |
| | 模具胀管插接法 | 模具胀管插接法与加热直接插接法相似,也是先将管口倒角,再清除插接段的污垢,然后加热外管插接段。待塑料管软化后,将已被加热的金属模具插入(图 5-32),冷却(可用水冷)至 50℃ 后脱模。模具外径应比硬管外径大 2.5% 左右;当无金属模具时,可用木模代替。<br>在内、外插接面涂上胶合剂后,将内管插入外管插入深度为管内径的 1.1～1.8 倍,加热插接段,使其软化后急速冷却(可浇水),收缩变硬即连接牢固 |
| 套管连接法 | | 采用套管连接时,可用比连接管管径大一级的塑料管做套管,长度宜为连接管外径的 1.5～3 倍(管径为 50 mm 及以下者取上限值;50 mm 以上者取下限值)。将需套接的两根塑料管端头倒角,并涂上胶合剂,再将被连接的两根塑料管插入套管,并使连接管的对口处于套管中心,且紧密牢固。套管加温度宜取 130℃ 左右。塑料管套管连接,如图 5-33 所示。<br>在暗配管施工中常采用不涂胶合剂直接套接的方法,但套管的长度不宜小于连接管外径的 4 倍,且套管的内径与连接管的外径应紧密配合才能连接牢固 |

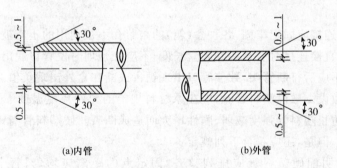

(a)内管　　　　　　　　(b)外管

图 5-30　管口倒角(塑料管)(单位:mm)

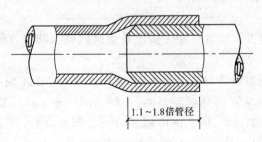

图 5-31　塑料管插接

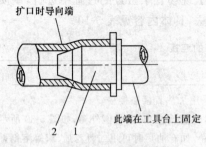

图 5-32　模具胀管
1—成型模；2—硬聚氯乙烯管

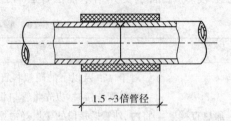

1.5～3倍管径

图 5-33　塑料管套管连接

（4）管与盒（箱）的连接。硬质塑料管与盒（箱）连接，有的需要预先进行连接，有的则需要在施工现场配合施工过程管子敷设时进行连接。

1）硬塑料管与盒连接时，一般把管弯成 90°曲弯，在盒的后面与盒子的敲落孔连接，尤其是埋在墙内的开关、插座盒可以方便瓦工的砌筑。

如果撅成鸭脖弯，在盒上方与盒的敲落孔连接，预埋砌筑时立管不易固定。

2）硬质塑料管与盒（箱）的连接，可以采用成品管盒连接件（图 5-34）。连接时，管插入深度宜为管外径的 1.1～1.8 倍，连接处结合面应涂专用胶合剂。

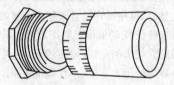

图 5-34　管盒连接件

3）连接管外径应与盒（箱）敲落孔相一致，管口平整、光滑，一管一孔顺直进入盒（箱），在盒（箱）内露出长度应小于 5 mm，多根管进入配电箱时应长度一致，排列间距均匀。

4）管与盒（箱）连接应固定牢固，各种盒（箱）的敲落孔不被利用的不应被破坏。

5）管与盒（箱）直接连接时要掌握好入盒长度，不应在预埋时使管口脱出盒子，也不应使管插入盒内过长，更不应后打断管头，致使管口出现锯齿或断在盒外出现负值。

（5）塑料管的敷设。敷设塑料管时，应在原材料规定的允许环境温度下进行，一般温度不宜低于 −15℃，以防止塑料管强度减弱、脆性增大而造成断裂。硬塑料管与钢管的敷设方法基本相同，可予参照。但是，还应符合下列规定：

1）固定间距。明配硬塑料管应排列整齐，固定点的距离应均匀；管卡与终端、转弯中点、电气器具或接线盒边缘的距离为 150～500 mm；中间的管卡最大间距可参照表 5-6 的规定。

2）易受机械损伤的地方。明管在穿过楼板易受机械损伤的地方应用钢管保护，其保护高度距楼板面不应低于 500 mm。

3）与蒸汽管距离。硬塑料管与蒸汽管平行敷设时，管间净距不应小于 500 mm。

4）热膨胀系数。硬塑料管的热膨胀系数[0.08 mm/(m·℃)]要比钢管大 5～7 倍。如 30 m 长的塑料管，温度升高 40℃，则长度增加 96 mm。因此，塑料管沿建筑物表面敷设时，直线部分每隔 30 m 要装设补偿装置（在支架上架空敷设除外），如图 5-35 所示。

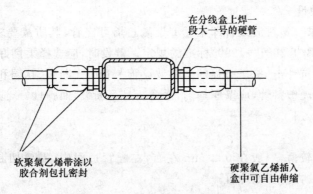

在分线盒上焊一
段大一号的硬管

硬聚氯乙烯插入
盒中可自由伸缩

软聚氯乙烯带涂以
胶合剂包扎密封

图 5-35　塑料管补偿装置

5)配线。塑料管配线,必须采用塑料制品的配件,禁止使用金属盒。塑料线入盒时,可不装锁紧螺母和管螺母,但暗配时须用水泥注牢。在轻质壁板上采用塑料管配线时,管入盒处应采用胀扎管头绑扎,如图 5-36 所示。

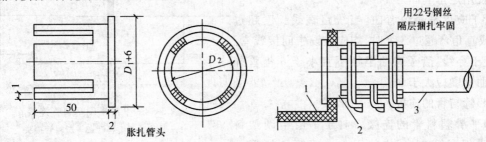

用22号钢丝
隔层捆扎牢固

胀扎管头

图 5-36　胀扎管头绑扎(单位:mm)
1—塑料连接盒;2—胀扎管头;3—聚氯乙烯管

6)使用保护管。硬塑料管埋地敷设(在受力较大处,宜采用重型管)引向设备时,露出地面200 mm 段,应用钢管或高强度塑料管保护。保护管埋地深度不少于 50 mm,如图 5-37 所示。

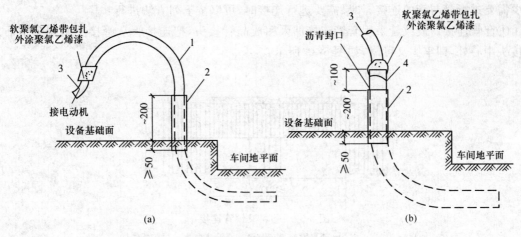

软聚氯乙烯带包扎
外涂聚氯乙烯漆

接电动机

设备基础面

车间地平面

软聚氯乙烯带包扎
外涂聚氯乙烯漆

沥青封口

设备基础面

车间地平面

(a)

(b)

图 5-37　硬塑料管暗敷引至设备做法(单位:mm)
1—聚氯乙烯塑料管(直径 15～40 mm);2—保护钢管;
3—软聚氯乙烯管;4—硬聚乙烯管(直径 50～80 mm)

## 2.半硬塑料管敷设

（1）管材质量要求。塑料波纹管即难燃型聚氯乙烯可挠管，其质量要求应符合《聚氯乙烯塑料波纹电线管》(QB/T 3631—1999)标准的规定。敷设时，应选择柔韧好、阻燃性好、耐腐蚀等较好的电气性能和抗冲击、抗压力强的塑料波纹管。管应无断裂、孔洞和变形。

对于难燃平滑半硬塑料管，应壁厚均匀，易弯折且不断裂，回弹性好，应无气泡及管身变形等现象。

（2）管子的切断。

1）波纹管的管壁较薄，一般在 0.2 mm 左右，在配管过程中，需要切断时，应根据每段长度，用电工刀垂直波纹方向切断即可。

2）平滑塑料管也可在敷设过程中，根据每段所需长度，用电工刀或钢锯条与管的垂直方向切断或锯断。

（3）管子的弯曲。在配管时可根据弯曲方向的要求，用手随时弯曲。平滑塑料管在 90°弯曲时，可使用定弯套固定。

管子应尽量避免弯曲，当线路直线长度超过 15 m 或直角弯超过 3 个时，均应装设中间接线盒。为了便于穿线，管子弯曲半径不宜小于 6 倍管外径，弯曲角度应大于 90°。

（4）管与管的连接。

1）平滑塑料管的连接。对于平滑半硬塑料管，多采用套管连接，应使用大一级管径的管子

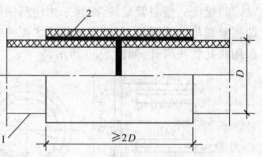

图 5-38　平滑半硬塑料管连接
1—平滑半硬塑料管；2—塑料管接头

且长度不应小于连接管外径的 2 倍做套管，也可采用专用管接头。两连接管端部应涂好胶合剂，将连接管插入套管内黏结牢固，不使连接处脱落，连接管对口处应在套管中心，如图 5-38所示。

2）波纹管的连接。波纹管由于成品管较长（φ20 以下为每盘 100 m），在敷设过程中，一般很少需要进行管与管的连接，如果需要进行连接时，可以按下列方法进行：

①套管连接。波纹管采用套管连接即采用成品管接头，把连接管从管接头两端分别插入管接头中心处，即牢固又可靠，如图 5-39 所示。

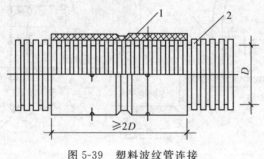

图 5-39　塑料波纹管连接
1—塑料管接头；2—聚氯乙烯波纹管

②绑接连接。用大一级管径的波纹管做套管，套管长度不宜小于连接管外径的 4 倍，将套管顺长向切开，把连接管插入套管内。应注意连接管的管口应平齐，对口处在套管中心，在套

管外用铁(铝)绑线斜向绑扎牢固、严密。

(5)管与盒(箱)的连接。

1)终端连接。塑料波纹管与盒(箱)做终端连接时,应使用专用的管卡头和塑料卡环。配管时,先把管端部插入管卡头上,将管卡头插入盒(箱)敲落孔中,拧牢管卡头螺母将管与盒(箱)固定牢固。

平滑塑料管与盒(箱)做终端连接时,可以用砂浆直接加以固定。也可以使用胀扎管头和盒接头或塑料束接头固定。

2)中间串接。半硬塑料管与盒做中间串接时,不必切断管子,可将管子直接穿过盒内,待穿线前扫管时将管子切断。

(6)管子的敷设。半硬质塑料管敷设的相关内容见表5-11。

表 5-11  半硬质塑料管的敷设

| 项　目 | 内　容 |
| --- | --- |
| 敷设要求 | (1)根据设计图,按管路走向进行敷设,注意敷设路径按照最近的路线敷设,并尽可能地减少弯曲。<br>(2)管子的弯曲不应大于90°,弯曲半径不应小于管外径的6倍,弯曲处不应有褶皱、凹陷和裂缝,弯扁度不应大于管外径的0.1倍。<br>(3)管路不得有外露现象,埋入墙或混凝土内管子外壁与墙面的净距不应小于15 mm。<br>(4)敷设半硬塑料管宜减少弯曲,当线路直线段的长度超过15 m或直角弯超过3个时,均应装设接线盒。<br>(5)半硬塑料管敷设于现场捣制的混凝土结构中,应有预防机械损伤的措施。否则,易将管子戳穿,使水泥浆进入管内,干涸后将管子堵塞而不能穿入导线。<br>(6)管路经过建筑物变形缝处,应设置补偿装置。<br>(7)管入盒、箱处的管口应平齐,管口露出盒、箱应小于5 mm,并应一管一孔,孔径应与管外径相匹配 |
| 在砌体墙内配管 | (1)楼(屋)面板为现浇混凝土板,在墙体内的半硬塑料管配管时,可以将敷设在墙内的管子,按敷设至另一墙体或楼(屋)面板上灯位的最近长度留足后切断,待楼(屋)面板施工后直接把余下的管子敷设至楼(屋)面板上的灯位盒内。<br>(2)楼(屋)面板为预制空心板时,如沿板缝暗配管,则墙体内的管路要与灯位盒相连,垂直配管还须对准板缝,以防楼板安装时把管子压在楼板下面。如在板孔配管或板孔穿线时,其施工方法如下:<br>1)半硬塑料管在墙体内敷设,在敷设到墙(或圈梁)顶部以下的适当位置上设置接线盒(或称断接盒、过路盒),盒上方至墙体(或圈梁)平口处可在其表面上留槽,用接线盒连接套体与楼(屋)面板上的管子;<br>2)半硬塑料管在墙体内敷设至墙(或圈梁)的顶部时,在墙内管子上预先连接好连接套管,套管上口与墙(或圈梁)相平,待楼(屋)面板施工时连接管路;<br>3)在墙体内敷设半硬塑料管时,管子按进入板孔内灯位处的长度切断,待墙体砌筑后,楼(屋)面板安装时,把管子穿入板孔内。<br>在墙体砌筑中,半硬塑料管垂直配管应将管子与盒上或下方敲落孔连接好;水平敷设时管应与盒侧面敲落孔连接,把管路预埋在墙体中间,与墙表面净距应不小于15 mm |

| 项　目 | 内　容 |
|---|---|
| 在现浇混凝土工程中配管 | （1）半硬塑料管穿过梁、柱时，敷设方法同硬质塑料管相同，半硬塑料管应穿在钢保护管内敷设。<br>（2）半硬塑料管在梁、柱、墙内敷设，水平与垂直方向应采取不同的方法。<br>　　垂直方向敷设时，在墙内管路应放在钢管网片的侧面，在柱内顺主筋靠屋内侧；在墙内水平方向敷设时，管路应顺列在钢筋网片的一侧，在梁内，应顺上方主筋靠下侧防止承受混凝土冲击。<br>（3）半硬塑料管在现浇混凝土楼（屋）面板上敷设，管路敷设在钢筋网中间，单层筋时，应在底筋上侧，应先把管子沿敷设的路径用混凝土先加以保护。<br>（4）半硬塑料管在现浇混凝土工程中敷设，应用铁绑线与钢筋绑扎，绑扎间距不宜大于 30 cm。在管进入盒（箱）处，绑扎点应适当缩短，防止管口脱出盒（箱）。<br>（5）半硬塑料管敷设时，由楼（屋）面板引至墙（梁）上，应使用定弯套加以固定 |
| 轻质空心石膏板隔墙内配管 | （1）在楼（地）面工程配管时，管子应敷设到隔墙的墙基内。在管口处应先连接好套管，再与空心石膏板隔墙内待敷设的管子进行连接。连接套管应尽量对准石膏板隔墙的板孔。<br>（2）在空心石膏板上开孔时，可用单相手电钻。开孔时，应先在板孔处画出盒位的框线图，然后用手电钻在框线四角钻 $\phi$12 的穿透孔，并用锯条穿过所钻的孔，沿划好的轮廓进行锯割，以便在墙上开个穿透的方洞。洞口应按盒的尺寸两侧各放大 5 mm，上下各放大 10 mm，并在顺着盒位洞口垂直的上（或下）方石膏板底部（或顶部）再开一孔口，准备连接敷设管子时使用。<br>（3）敷设隔墙内管子时，应在盒的开孔处向下穿入一根适当长度的半硬平滑难燃塑料管，其前端伸入墙基顶面预留套管内与楼（地）面内管子连接，末端留在插座盒内。如电源管由上引来，管应由盒孔处向上穿与上方的套管进行连接。管子的连接管的管端接头处均应用胶合剂黏结牢固。<br>（4）管子敷设后进行堵孔固定盒体先从盒孔处往下 20～30 mm 处塞一纸团，用已配制好的填料堵孔，使管上部及左右填料与墙体黏结牢固。<br>（5）如果轻质空心石膏板隔墙在同一墙体上设有多个插座时，盒体不应并列安装，中间应最少空 2～3 个墙孔，插座盒也不应装在墙板的拼合处。连接同一墙体上多个插座盒之间的链式配管，其水平部分应敷设在墙板的墙基内或在墙板底部锯槽，严禁在墙体中部水平开槽敷设管子 |
| 在预制空心楼板板孔内配管 | （1）墙体内有接线盒且在盒上方留槽时，应在楼板就位后，在配管前沿槽与楼板板孔相接触，由下向上打板洞。打穿板孔后，把管子沿墙槽敷设至板孔中心的灯位处露出为止，另一端与盒敲落孔连接。<br>（2）墙体（或圈梁）顶部有连接套管时，应在楼板就位后，在与套管相接近的板孔处，板端的上下侧打出豁口，将管子一端由上部豁口处穿至中心板孔的灯位孔处，管另一端插入到连接套管内与墙体内管子相连接。<br>（3）在墙体内已预留好的管子，应在吊装楼板就位前，在楼板端部适当的板孔处先打好豁口，防止楼板就位时损伤出墙管，同时也方便管子向板孔内插入。当楼板基本就位后，直接由豁口处将管子向板孔内敷设，直到板孔中心露出灯位洞口处为止。 |

| 项 目 | 内 容 |
|---|---|
| 在预制空心楼板板孔内配管 | 楼板板孔上打洞,洞口直径不宜大于$\phi$30,且不宜打透眼,打洞时应不伤筋、不断肋。管子敷设完后,对墙槽内的管子应用 M10 水泥砂浆抹面保护,管保护层不应小于 15 mm |

3. 塑料管配线

塑料波纹管室内配线,用于额定电压 500 V 以下的交直流配电线路和控制线路。铜线线芯的截面积不应小于 1.0 mm²,铝线不应小于 2.5 mm²。

(1)塑料波纹管配线必须配合土建施工顺序先配管后穿线,并应保证能够顺利更换相同数量、规格的导线。

严禁预先穿好线再埋入建筑物内,造成日后检修困难。

(2)配塑料波纹管时,接头、接线盒、灯头盒等均应使用配套的配件。

(3)两个接线盒之间的塑料波纹管,宜用一根整管。如果必须采用接头,应采用与塑料波纹管的配套接头。

对接两管的连接端口,在切口时应保证不影响穿线。

(4)钢索配塑料波纹管应符合下列要求:

1)支持点间距应小于或等于 600 mm,支持点距灯头盒、接线盒的距离不应大于 150 mm。

2)吊装接线盒和管路的扁钢卡的宽度不小于 20 mm,吊接线盒的卡子不应小于 2 个。

(5)塑料波纹管内穿线,必须在土建抹灰及地坪工程结束以后进行。穿线前应清扫管内壁,对积水必须用干燥的棉纱扎结在钢丝上穿入管内将其拖动擦干。

(6)用塑料管布线时,如用电设备需接零装置时,在管内必须穿入接零保安线。

利用带接地线型塑料电线管时,管壁内的 1.5 mm² 铜接地导线要可靠接通。

# 第三节　线槽布设

## 一、金属线槽的敷设

1. 线槽的选择

金属线槽内外应光滑平整、无棱刺、扭曲和变形现象。选择时,金属线槽的规格必须符合设计要求和有关规范的规定,同时,还应考虑到导线的填充率及载流导线的根数,同时满足散热、敷设等安全要求。

金属线槽及其附件应采用表面经过镀锌或静电喷漆的定型产品,其规格和型号应符合设计要求,并有产品合格证等。

2. 测量定位

(1)金属线槽安装时,应根据施工设计图,用粉袋沿墙、顶棚或地面等处,弹出线路的中心线并根据线槽固定点的要求分出匀挡距,标出线槽支、吊架的固定位置。

(2)金属线槽吊点及支持点的距离,应根据工程具体条件确定,一般在直线段固定间距不应大于 3 m,在线槽的首端、终端、分支、转角、接头及进出接线盒处应不大于 0.5 m。

（3）线槽配线在穿过楼板及墙壁时，应用保护管，而且穿楼板处必须用钢管保护，其保护高度距地面不应低于 1.8 m。

（4）过变形缝时应做补偿处理。

（5）地面内暗装金属线槽布线时，应根据不同的结构形式和建筑布局，合理确定线路路径及敷设位置：

1）在现浇混凝土楼板的暗装敷设时，楼板厚度不应于 200 mm；

2）当敷设在楼板垫层内时，垫层厚度不应小于 70 mm，并应避免与其他管路相互交叉。

3. 线槽的固定

线槽的固定可分为木砖固定、塑料胀管固定及伞形螺栓固定，具体内容见表 5-12。

| 项　　目 | 内　　容 |
|---|---|
| 木砖固定线槽 | 配合土建结构施工时预埋木砖。加气砖墙或砖墙应在剔洞后再埋木砖，梯形木砖较大的一面应朝洞里，外表面与建筑物的表面齐，然后用水泥砂浆抹平，待凝固后，再把线槽底板用木螺钉固定在木砖上 |
| 塑料胀管固定线槽 | 混凝土墙、砖墙可采用塑料胀管固定塑料线槽。根据胀管直径和长度选择钻头，在标出的固定点位置上钻孔，不应歪斜、豁口，应垂直钻好孔后，将孔内残存的杂物清净，用木锤把塑料胀管垂直敲入孔中，直至与建筑物表面平齐，再用石膏将缝隙填实抹平 |
| 伞形螺栓固定线槽 | 在石膏板墙或其他护板墙上，可用伞形螺栓固定塑料线槽。根据弹线定位的标记，找好固定点位置，把线槽的底板横平竖直地紧贴建筑物的表面。钻好孔后将伞形螺栓的两伞叶掐紧合拢插入孔中，待合拢伞叶自行张开后，再用螺母紧固即可，露出线槽内的部分应加套塑料管。固定线槽时，应先固定两端再固定中间 |

4. 线槽在墙上安装

（1）金属线槽在墙上安装时，可采用塑料胀管安装。当线槽的宽度 $b \leqslant 100$ mm 时，可采用一个胀管固定；如线槽的宽度 $b > 100$ mm 时，应采用两个胀管并列固定。

1）金属线槽在墙上固定安装的固定间距为 500 mm，每节线槽的固定点不应少于两个。

2）线槽固定螺钉紧固后，其端部应与线槽内表面光滑相连，线槽槽底应紧贴墙面固定。

3）线槽的连接应连续无间断，线槽接口应平直、严密，线槽在转角、分支处和端部均应有固定点。

（2）金属线槽在墙上水平架空安装时，既可使用托臂支承，也可使用扁钢或角钢支架支承。托臂可用膨胀螺栓进行固定，当金属线槽宽度 $b \leqslant 100$ mm 时，线槽在托臂上可采用一个螺栓固定。

制作角钢或扁钢支架时，下料后，长短偏差不应大于 5 mm，切口处应无卷边和毛刺。支架焊接后应无明显变形，焊缝均匀平整，焊缝处不得出现裂纹、咬边、气孔、凹陷、漏焊等缺陷。

5. 线槽在吊顶上安装

（1）吊装金属线槽在吊顶内安装时，吊杆可用膨胀螺栓与建筑结构固定。当在钢结构固定时，可进行焊接固定，将吊架直接焊在钢结构的固定位置处；也可以使用万能吊具与角钢、槽钢、工字钢等钢结构进行安装,如图 5-40 所示。

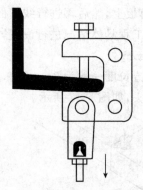

图 5-40　用万能吊具固定

（2）吊装金属线槽在吊顶下吊装时,吊杆应固定在吊顶的主龙骨上不允许固定在副龙骨或辅助龙骨上。

6. 线槽在吊架上安装

线槽用吊架悬吊安装时,可根据吊装卡箍的不同形式采用不同的安装方法。当吊杆安装完成后,即可进行线槽的组装。

（1）吊装金属线槽时,可根据不同需要,选择口向上安装或开口向下安装。

（2）吊装金属线槽时,应先安装干线线槽,后装支线线槽。

（3）线槽安装时,应先拧开吊装器,把吊装器下半部套入线槽上,使线槽与吊杆之间通过吊装器悬吊在一起。如在线槽上安装灯具时,灯具可用蝶形螺栓或蝶形夹卡与吊装器固定在一起,然后再把线槽逐段组装成形。

（4）线槽与线槽之间应采用内连接头或外连接头连接,并用沉头或圆头螺栓配上平垫和弹簧垫圈用螺母紧固。

（5）吊装金属线槽在水平方向分支时,应采用二通接线盒、三通接线盒、四通接线盒进行分支连接。

在不同平面转弯时,在转变处应采用立上弯头或立下弯头进行连接,安装角度要适宜。

（6）在线槽出线口处应利用出线口盒[图 5-41（a）]进行连接;末端要装上封堵[图 5-41（b）]进行封闭,在盒箱出线处应采用抱脚[图 5-41（c）]进行连接。

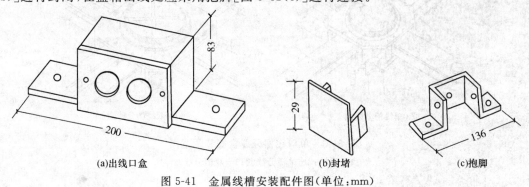

(a)出线口盒　　　　　　　(b)封堵　　　　　　　(c)抱脚

图 5-41　金属线槽安装配件图(单位:mm)

7. 线槽在地面内安装

金属线槽在地面内暗装敷设时,应根据单线槽或双线槽不同结构形式选择单压板或双压板,与线槽组装好后再上好卧脚螺栓。然后,将组合好的线槽及支架沿线路走向水平放置在地面或楼(地)面的抄平层或楼板的模板上,然后再进行线槽的连接。

(1)线槽支架的安装距离应视工程具体情况进行设置,一般应设置于直线段大于 3 m 或在线槽接头处、线槽进入分线盒 200 mm 处。

(2)地面内暗装金属线盒的制造长度一般为 3 m,每 0.6 m 设一个出线口。当需要线槽与线槽相互连接时,应采用线槽连接头,如图 5-42 所示。

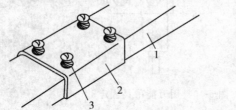

图 5-42　线槽连接头示意图
1-线槽;2-线槽连接头;3-紧定螺钉

线槽的对口处应在线槽连接头中间位置上,线槽接口应平直,紧定螺钉应拧紧,使线槽在同一条中心轴线上。

(3)地面内暗装金属线槽为矩形断面,不能进行线槽的弯曲加工,当遇有线路交叉、分支或弯曲转向时,必须安装分线盒,如图 5-43 所示。当线槽的直线长度超过 6 m 时,为方便线槽内穿线也宜加装分线盒。

线槽与分线盒连接时,线槽插入分线盒的长度不宜大于 10 mm。分线盒与地面高度的调整依靠盒体上的调整螺栓进行。双线槽分线盒安装时,应在盒内安装便于分开的交叉隔板。

(4)组装好的地面内暗装金属线槽,不明露地面的分线盒封口盖,不应外露出地面;需露出地面的出线盒口和分线盒口不得突出地面,必须与地面平齐。

(5)地面内暗装金属线槽端部与配管连接时,应使用线槽与管过渡接头。当金属线槽的末端无连接管时,应使用封端堵头拧牢堵严。

线槽地面出线口处,应用不同需要零件与出线口安装好。

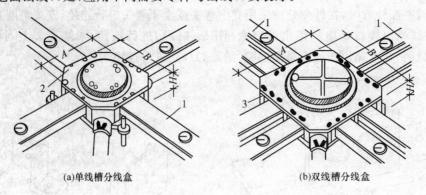

(a)单线槽分线盒　　　(b)双线槽分线盒

图 5-43　单双线槽分线盒安装示意图
1-线槽;2-单槽分线盒;3-双槽分线盒

8. 线槽附件安装

线槽附件如直通、三通转角、接头、插口、盒和箱应采用相同材质的定型产品。槽底、槽盖与各种附件相对接时,接缝处应严实平整,无缝隙。

盒子均应两点固定,各种附件角、转角、三通等固定点不应少于两点(卡装式除外)。接线盒,灯头盒应采用相应插口连接。线槽的终端应采用终端头封堵。在线路分支接头处应采用相应接线箱。安装铝合金装饰板时,应牢固平整严实。

9. 金属线槽接地

金属的线槽必须与 PE 或 PEN 线有可靠电气连接,并符合下列规定:

(1)金属线槽不得熔焊跨接接地线。

(2)金属线槽不应作为设备的接地导体,当设计无要求时,金属线槽全长不少于 2 处与 PE 或 PEN 线干线连接。

(3)非镀锌金属线槽间连接板的两端跨接铜芯接地线,截面积不小于 4 mm²,镀锌线槽间连接板的两端不跨接接地线,但连接板两端不少于 2 个有防松螺帽或防松垫圈的连接固定螺栓。

**二、塑料线槽的敷设**

塑料线槽敷设应在建筑物墙面、顶棚抹灰或装饰工程结束后进行。敷设场所的温度不得低于－15℃。

1. 线槽的选择

选用塑料线槽时,应根据设计要求和允许容纳导线的根数来选择线槽的型号和规格。选用的线槽应有产品合格证件,线槽内外应光滑无棱刺,且不应有扭曲、翘边等现象。塑料线槽及其附件的耐火及防延燃应符合相关规定,一般氧指数不应低于 27%。

电气工程中,常用的塑料线槽的型号有 VXC2 型、VXC25 型线槽和 VXCF 型分线式线槽。其中,VXC2 型塑料线槽可应用于潮湿和有酸碱腐蚀的场所。弱电线路多为非载流导体,自身引起火灾的可能性极小,在建筑物顶棚内敷设时,可采用难燃型带盖塑料线槽。

2. 弹线定位

塑料线槽敷设前,应先确定好盒(箱)等电气器具固定点的准确位置,从始端至终端按顺序找好水平线或垂直线。用粉线袋在线槽布线的中心处弹线,确定好各固定点的位置。在确定门旁开关线槽位置时,应能保证门旁开关盒处在距门框边 0.15～0.2 m 的范围内。

3. 线槽固定

塑料线槽敷设时,宜沿建筑物顶棚与墙壁交角处的墙上及墙角和踢脚板上口线上敷设。线槽槽底的固定应符合下列规定。

(1)塑料线槽布线应先固定槽底,线槽槽底应根据每段所需长度切断。

(2)塑料线槽布线在分支时应做成"T"字分支,线槽在转角处槽底应锯成 45°角对接,对接连接面应严密平整,无缝隙。

(3)塑料线槽槽底可用伞形螺栓固定或用塑料胀管固定,也可用木螺丝将其固定在预先埋入在墙体内的木砖上,如图 5-44 所示。

(4)塑料线槽槽底的固定点间距应根据线槽规格而定。固定线槽时,应先固定两端再固定中间,端部固定点距槽底终点不应小于 50 mm。

(5)固定好后的槽底应紧贴建筑物表面,布置合理,横平竖直,线槽的水平度与垂直度允许偏差均不应大于 5 mm。

(6)线槽槽盖一般为卡装式。安装前,应比照每段线槽槽底的长度按需要切断,槽盖的长度要比槽底的长度短一些,如图 5-45 所示,其 A 段的长度应为线槽宽度的一半,在安装槽盖时供做装饰配件就位用。塑料线槽槽盖如不使用装饰配件时,槽盖与槽底应错位搭接。槽盖安装时,应将槽盖平行放置,对准槽底,用手一按槽盖,即可卡入槽底的凹槽中。

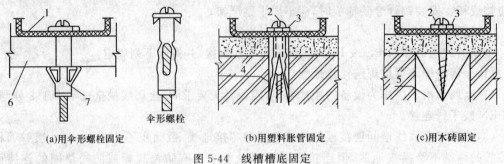

(a)用伞形螺栓固定　　　　　(b)用塑料胀管固定　　　　(c)用木砖固定

图 5-44　线槽槽底固定

1—槽底;2—木螺丝;3—垫圈;4—塑料胀管;5—木砖;6—石膏壁板;7—伞形螺栓

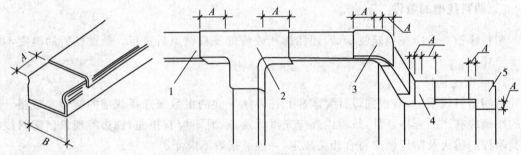

图 5-45　线槽沿墙敷设示意图

1—直线线槽;2—平三通;3—阳转角;4—阴转角;5—直转角

(7)在建筑物的墙角处线槽进行转角及分支布置时,应使用左三通或右三通。分支线槽布置在墙角左侧时使用左三通,分支线槽布置在墙角的右侧时应使用右三通。

(8)塑料线槽布线在线槽的末端应使用附件堵头封堵。

### 三、线槽内导线敷设

线槽内导线敷设的相关内容见表 5-13。

表 5-13　线槽内导线敷设

| 项　目 | 内　容 |
| --- | --- |
| 金属线槽内导线的敷设 | (1)金属线槽内配线前,应清除线槽内的积水和杂物。清扫线槽时,可用抹布擦净线槽内残存的杂物,使槽内外保持清洁。<br>清扫地面内暗装的金属线槽时,可先将引线钢丝穿通至分线盒或出线口,然后将布条绑在引线一端送入线槽内,从另一端将布条拉出,反复多次即可将槽内的杂物和积水清理干净。也可用压缩空气或氧气将线槽内的杂物积水吹出。<br>(2)放线前应先检查导线的选择是否符合要求,导线分色是否正确。<br>(3)放线时应边放边整理,不应出现挤压背扣、扭结、损伤绝缘等现象。并应将导线按回路(或系统)绑扎成捆,绑扎时应采用尼龙绑扎带或线绳,不允许使用金属导线或绑线进行绑扎。导线绑扎好后,应分层排放在线槽内并做好永久性编号标志。 |

| 项 目 | 内 容 |
|---|---|
| 金属线槽内导线的敷设 | (4)穿线时,在金属线槽内不宜有接头,但在易于检查(可拆卸盖板)的场所,可允许在线槽内有分支接头。电线电缆和分支接头的总截面(包括外护层),不应超过该点线槽内截面的75%;在不易于拆卸盖板的线槽内,导线的接头应置于线槽的接线盒内。<br>(5)电线在线槽内有一定余量。线槽内电线或电缆的总截面(包括外护层)不应超过线槽内截面积的20%,载流导线不宜超过30根。当设计无此规定时,包括绝缘层在内的导线总截面积不应大于线槽截面积的60%。<br>控制、信号或与其相类似的线路,电线或电缆的总截面不应超过线槽内截面的50%,电线或电缆根数不限。<br>(6)同一回路的相线和中性线,敷设于同一金属线槽内。<br>(7)同一电源的不同回路无抗干扰要求的线路可敷设于同一线槽内,由于线槽内电线有相互交叉和平行紧挨现象,敷设于同一线槽内有抗干扰要求的线路用隔板隔离,或采用屏蔽电线且屏蔽护套一端接地等屏蔽和隔离措施。<br>(8)在金属线槽垂直或倾斜敷设时,应采取措施防止电线或电缆在线槽内移动,使绝缘造成损坏,拉断导线或拉脱拉线盒(箱)内导线。<br>(9)引出金属线槽的线路,应采用镀锌钢管或普利卡金属套管,不宜采用塑料管与金属线槽连接。线槽的出线口应位置正确、光滑、无毛刺。<br>引出金属线槽的配管管口处应有护口,电线或电缆在引出部分不得遭受损伤 |
| 塑料线槽内导线的敷设 | (1)线槽内电线或电缆的总截面(包括外护层)不应超过线槽内截面的20%,载流导线不宜超过30根(控制、信号等线路可视为非载流导线)。<br>(2)强、弱电线路不应同时敷设在同一根线槽内。同一路径无抗干扰要求的线路,可以敷设在同一根线槽内。<br>(3)放线时先将导线放开抻直,从始端到终端边放边整理,导线应顺直,不得有挤压、背扣、扭结和受损等现象。<br>(4)电线、电缆在塑料线槽内不得有接头,导线的分支拉头应在接线盒内进行。从室外引进室内的导线在进入墙内一段应使用橡胶绝缘导线,严禁使用塑料绝缘导线 |

# 第四节　护套线的布线

## 一、布线间距

塑料护套线的固定间距,应根据导线截面积的大小加以控制,一般应控制在150~200 mm之间。在导线转角两边、灯具、开关、接线盒、配电板、配电箱进线前50 mm处,还应加木榫将轧头固定;在沿墙直线段上每隔600~700 mm处,也应加木榫固定。

同时,塑料护套线布线时,应尽量避开烟道和其他发热物体的表面。若与其他各类管道相遇时,应加套保护管并尽量绕开,其与其他管道之间的最小距离应符合表5-14的规定。

表 5-14　塑料护套线与其他管道的布线间距

| 管道类型 | 最小间距(mm) | |
|---|---|---|
| 蒸汽管道 | 平行 | 1 000 |
| | 下边 | 500 |
| 外包有隔热层的蒸汽管道 | 平行 | 300 |
| | 交叉 | 200 |
| 电气开关和导线接头与煤气管道之间最小距离 | | 150 |
| 暖热水管道 | 平行 | 300 |
| | 下边 | 200 |
| | 交叉 | 100 |
| 煤气管道 | 同一平面 | 500 |
| | 不同平面 | 20 |
| 通风上下水、压缩空气管道 | 平行 | 200 |
| | 交叉 | 100 |
| 配电箱与煤气管道之间最小距离 | | 300 |

## 二、施工作业条件

(1)配线工程施工前,土建工程应具备下列条件:

1)对配线施工有妨碍的模板、脚手架应拆除,杂物应清除干净;

2)会使线路发生损坏或严重污染的建筑物装饰作业,应全部结束。

(2)与配线工程有关的建筑物和构筑物的土建工程质量,应符合现行的建筑工程有关规定。

(3)电线、电缆及器材,应符合国家或部颁现行技术标准,并有合格证件,同时能按施工进度计划供应。

## 三、布线施工

### 1. 施工要求

(1)护套线宜在平顶下 50 mm 处沿建筑物表面敷设。多根导线平行敷设时,一只轧头最多夹三根双芯护套线。

(2)护套线之间应相互靠紧,穿过梁、墙、楼板、跨越线路、护套线交叉时都应套有保护管,护套线交叉时保护管应套在靠近墙的一根导线上。

塑料护套线穿过楼板采用保护管保护时,必须用钢管保护,其保护高度距地面不应低于1.8 m,如在装设开关的地方,可到开关所在位置。

(3)护套线过伸缩缝处,线两端应固定牢固,并放有适当余量。暗配在空心楼板孔内的导线,洞孔口处应加护圈保护。

(4)塑料护套线在终端、转弯和进入电气器具、接线盒处,均应装设线卡固定,线卡与终端、转弯中点、电气器具或接线盒边缘的距离为 50～100 mm。

(5)塑料护套线明配时。导线应平直,不应有松弛、扭绞和曲折的现象。弯曲时,不应损伤护套线的绝缘层,弯曲半径应大于导线外径的 3 倍。

(6)在接地系统中,接地线应沿护套线同时明敷,并应平整、牢固。

### 2. 画线定位

用粉线袋按照导线敷设方向弹出水平或垂直线路基准线,同时标出所有线路装置和用电设备的安装位置,均匀地画出导线的支持点。导线沿门头线和线脚敷设时,可不必弹线,但线卡必须紧靠门头线和线脚边缘线上。支持点间的距离应根据导线截面大小而定,一般为150～200 mm。在接近电气设备或接近墙角处间距有偏差时,应逐步调整均匀,以保持美观。

### 3. 固定线卡

在安装好的木砖上,将线卡用铁钉钉在弹线上,勿使钉帽凸出,以免划伤导线的外护套。在木结构上,可直接用钉子钉牢。

在混凝土梁或预制板上敷设时,可用胶黏剂粘贴在建筑物表面上,如图 5-46 所示。黏结时,一定要用钢丝刷将建筑物上黏结面上的粉刷层刷净,使线卡底座与水泥直接黏结。

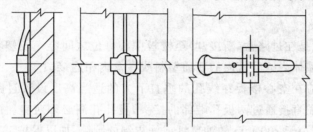

图 5-46  线卡黏结固定

### 4. 放线

放线是保证护套线敷设质量的重要一步。整盘护套线,不能搞乱,不可使线产生扭曲。所以,放线时需要操作者合作,一人把整盘线按图 5-47 所示套入双手中,另一人握住线头向前拉。放出的线不可在地上拖拉,以免擦破或弄脏电线的护套层。线放完后先放在地上,量好长度,并留出一定余量后剪断。

如果不小心将电线弄乱或扭弯,需设法校直,其方法如下:

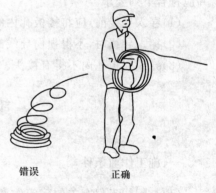

错误　　　　正确

图 5-47  手工放线

(1)把线平放在地上(地面要平),一人踩住导线一端,另一人握住导线的另一端拉紧,用力在地上甩直。

(2)将导线两端拉紧,用木柄沿导线全长来回刮(赶)直。

(3)将导线两端拉紧,再用破布包住导线,用手沿电线全长捋直。

### 5. 导线敷设工艺

为使线路整齐美观,必须将导线敷设得横平竖直。几条护套线成排平行敷设时,应上下左右排列紧密,不能有明显空隙。敷线时,应将线收紧。

(1)短距离的直线部分先把导线一端夹紧,然后再夹紧另一端,最后再把中间各点逐一固定。

(2)长距离的直线部分可在其两端的建筑构件的表面上临时各装一副瓷夹板,把收紧的导线先夹入瓷夹中,然后逐一夹上线卡。

(3)在转角部分,戴上手套用手指顺弯按压,使导线挺直平顺后夹上线卡。

(4)中间接头和分支连接处应装置接线盒,接线盒固定应牢固。在多尘和潮湿的场所应使用密闭式接线盒。

(5)护套线应置于线卡的钉孔位(或粘贴部分)中间,然后按图 5-48 所示的步骤进行夹持操作。每夹持 4～5 个线卡后,应目测进行一次检查,如有偏斜,可用锤敲线卡纠正。

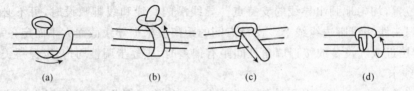

(a)      (b)      (c)      (d)

图 5-48　线卡夹持的步骤

(6)塑料护套线在同一墙面上转弯时,必须保持垂直。导线弯曲半径 $R$ 应不小于护套线宽度的 3 倍。弯曲时不应损伤护套和芯线外的绝缘层。铅皮护套线弯曲半径不得小于其外径的 10 倍。

### 6. 护套线暗敷设

护套线暗敷设就是在过路盒(断接盒)至楼板中心灯位之间穿一段塑料护套线,并在盒内留出适当余量,以和墙体内暗配管内的普通塑料线在盒内相连接。

暗敷设护套线,应在空心楼板穿线孔的垂直下方的适当高度设置过路盒(也称断接盒)。板孔穿线时,护套线需直接通过两板孔端部的接头,板孔孔洞必须对直。此外,还须穿入与孔洞内径一致长度不宜小于 200 mm 的油毡纸或铁皮制的圆筒,加以保护。

对于暗配在空心楼板板孔内的导线,必须使用塑料护套线或加套塑料护层的绝缘的导线,并应符合下列要求。

(1)穿入导线前,应将楼板孔内的积水、杂物清除干净。

(2)穿入导线时,不得损伤导线的护套层,并能便于日后更换导线。

(3)导线在板孔内不得有接头。分支接头应放在接线盒内连接。

# 第五节　槽板布线

### 一、施工作业条件

(1)与配线工程有关的建筑物和构筑物的土建工程质量,应符合现行的建筑工程的有关规定。

(2)配线工程施工前,土建工程应具备下列条件:

1)对施工有影响的模板、脚手架应拆除,杂物清除干净;

2)会使电气线路发生损坏或严重污染建筑物装饰的工作,应全部结束;

3)预留孔、预埋件的位置和尺寸应符合设计要求,预埋件埋设牢固;

4)抹灰和涂(喷)层完成,并已干燥。

(3)各种材料符合设计要求,并且能保证按施工进度计划供应。

(4)槽板配线只适于在干燥房屋内明敷设,不得在潮湿和易燃的场所使用。所敷设的导线的绝缘等级应不低于 500 V。

(5)敷设塑料槽板时,环境温度不应低于 -15℃。

## 二、槽板安装

### 1. 安装要求

(1)槽板通常用于干燥较隐蔽的场所,导线截面积不大于 10 mm²;排列时应紧贴着建筑物,整齐、牢靠,表面色泽均匀,无污染。

(2)木槽板线槽内应涂刷绝缘漆,与建筑物接触部分应涂防腐漆。

(3)线槽不要太小,以免损伤芯线。线槽内导线间的距离不小于 12 mm,导线与建筑物和固定槽板的螺钉之间应有不小于 6 mm 的距离。

(4)槽板不要设在顶棚和墙壁内,也不能穿越顶棚和墙壁。

(5)槽板配线和绝缘子配线接续外,由槽板端部起 300 mm 以内的部位,须设绝缘子固定导线。

(6)槽板底板固定间距不应大于 500 mm,盖板间距不应大于 300 mm,底板、盖板距起点或终点 50 mm 与 30 mm 处应加以固定。

底板宽狭槽连接时应对口;分支接口应做成"T"字三角叉接;盖板接口和底板接口应错开,距离不小于 100 mm;盖板无论在直接段和 90°转角时,接口都应锯成 45°斜口连接;直立线段槽板应用双钉固定;木槽板进入木台时,应伸入台内 10 mm;穿过楼板时,应有保护管,并离地面高度大于 1 200 mm;穿过伸缩缝处,应用金属软保护管作补偿装置,端头固定,管口进槽板。

### 2. 槽板定位画线

槽板配线施工,应在室内装修工程结束后进行,槽板安装前应进行定位画线。

槽板布线定位画线时,应根据设计图纸,并结合规范的相关规定,确定较为理想的线路布局。定位时,槽板应紧贴在建筑物的表面上,排列整齐、美观,并应尽量沿房屋的线脚、横梁、墙角等较隐蔽的部位敷设,且与建筑物的线条平行或垂直。槽板在水平敷设时,至地面的最小距离应不小于 2.5 m;垂直敷设时,不应小于 1.8 m。

为使槽板布线线路安装得整齐、美观,可用粉线袋沿槽板水平和垂直敷设路径的一侧弹浅色粉线。

### 3. 槽板底板的固定

槽板布线应先固定槽板底板。槽板底板可根据不同的建筑结构及装饰材料,采用不同的固定方法。

在木结构上,槽板底板可以直接用木螺丝或钉子固定;在灰板条墙或顶棚上,可用木螺丝将底板钉在木龙骨上或龙骨间的板条上。在砖墙上,可以用木螺丝或钉子把槽板底板固定在预先埋设好的木砖上,也可用木螺丝将其固定在塑料胀管上。在混凝土上,可以用水泥钉或塑料胀管固定。

无论何种方法,槽板应在距底板端部 50 mm 处加以固定,三线槽槽板应交错固定或用双钉固定,且固定点不应设在底槽的线槽内。特别是固定塑料槽板时,底板与盖板不能颠倒使用。盖板的固定点间距应小于 300 mm,在离终点(或起点)30 mm 处,均应固定。

### 4. 槽板连接

由于每段槽板的长度各有不同,在整条线路上,不可能各段都一样,尤其在槽板转弯和端部更为明显,同时,还要受到建筑物结构的限制。

(1)槽板对接。槽板底板对接时,接口处底板的宽度应一致,线槽要对准,对接处斜角角度为 45°,接口应紧密,如图 5-49(a)所示。在直线段对接时,两槽板应在同一条直线上,其盖板对接,如图 5-49(b)所示。底板与盖板对接时,底板和盖板均应锯成 45°角,以斜口相接。拼接要紧密,底板的线槽要对正;盖板与底板的接口应错开,且错开距离不小于 20 mm,如图 5-49(c)所示。

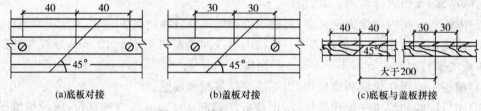

图 5-49 槽板对接图(单位:mm)

(2)拐角连接。槽板在转角处应呈 90°角,连接时,可将两根连接槽板的端部各锯成 45°斜口,并把拐角处线槽内侧削成圆弧状,以免碰伤电线绝缘,如图 5-50 所示。

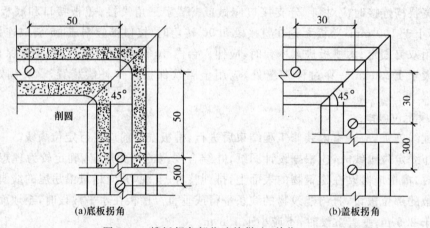

图 5-50 槽板拐角部位连接做法(单位:mm)

(3)分支拼接。在槽板分支处做"T"字接法时,在分支处应把底板线槽中部分用小锯条锯断铲平,使导线能在线槽中无阻碍地通过,如图 5-51 所示。

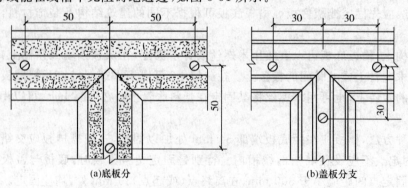

图 5-51 槽板分支拼接做法(单位:mm)

(4)槽板封端。槽板在封端处应全斜角。在加工底板时应将底板坡向底部锯成斜角。线槽与保护管呈 90°连接时,可在底板端部适当位置上钻孔与保护管进行连接,把保护管压在槽板内,槽板盖板的端部也应呈斜角封端。

### 三、槽板配线

1. 导线敷设要求

(1)槽板内敷设导线应一槽一线,同一条槽板内只应敷设同一回路的导线,不准嵌入不同回路的导线。在宽槽内应敷设同一相位导线。

(2)导线在穿过楼板或墙壁(间壁)时,应用保护管保护;但穿过楼板必须用钢管保护,其保护高度距地面不应低于 1.8 m,如在装设开关的地方,可到开关的所在位置。保护管端伸出墙面 10 mm。

(3)导线在槽板内不得有接头或受挤压;接头应设在接线盒内。

(4)导线接头应使用塑料接线盒(图 5-52)进行封盖。

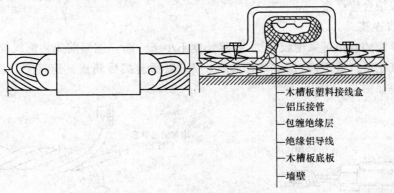

木槽板塑料接线盒
铝压接管
包缠绝缘层
绝缘铝导线
木槽板底板
墙壁

图 5-52 槽板接线盒安装图

(5)导线在槽板内不得有接头或受挤压,接头应设在槽板外面的接线盒内或电器内,如图 5-52 所示。

(6)槽板配线不要直接与各种电器相接,而是通过底座(如木台,也叫做圆木或方木)后,再与电器设备相接。底座应压住槽板端部,做法如图 5-53 所示。

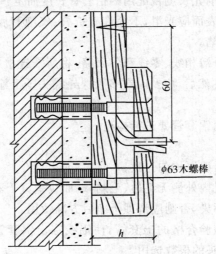

φ63木螺棒

60

h

图 5-53 槽板进入木台(单位:mm)

(7)导线在灯具、开关、插座及接头处,应留有余量,一般以 100 mm 为宜。配电箱、开关板等处,则可按实际需要留出足够的长度。

(8)槽板在封端处的安装是将底部锯成斜口,盖板按底板斜度折覆固定,如图 5-54 所示。

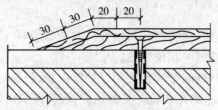

图 5-54　槽板封端做法(单位:mm)

(9)跨越变形缝。槽板跨越建筑物变形缝处应断开,导线应加套软管,并留有适当裕度,保护软管与槽板结合应严密。

**2. 铜导线连接**

单芯铜导线的连接可采用绞接法,绞接长度不小于 5 圈。连接前先将铜线拉直,用砂布将接头表面的氧化层打磨干净,用克丝钳拧在一起,以便连接后涮锡。连接完后应包缠绝缘胶布。连接方法如图 5-55 所示。

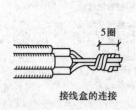

图 5-55　铜单芯导线接线盒内连接图　　　图 5-56　单芯铝导线槽板配线裸线头拼拢绞扭图

**3. 单芯铝导线冷压接**

(1)用电工刀或剥线钳削去单芯铝导线的绝缘层,并消除裸铝导线上的污物和氧化铅,使其露出金属光泽。铝导线的削光长度视配用的铝套管长度而定,一般约 30 mm。

(2)削去绝缘层后,铝线表面应光滑,不允许有折叠、气泡和腐蚀点,以及超过允许偏差的划伤、碰伤、擦伤和压陷等缺陷。

(3)按预先规定的标记分清相线、零线和各回路,将所需连接的导线拼拢并绞扭成合股线(图 5-56),但不能扭结过度。然后,应及时在多股裸导线头子上涂一层防腐油膏,以免裸线头子再度被氧化。

(4)对单芯铝导线压接用铝套管要进行检查:

1)要有铝材材质资料;

2)铝套管要求尺寸准确,壁厚均匀一致;

3)套管管口光滑平整,且内外侧无毛边、毛刺,端面应垂直于套管轴中心线;

4)套管内壁应清洁,无污染,否则应清理干净后方准使用。

(5)将合股的线头插入检验合格的铝套管,使铝线穿出铝套管端头 1～3 mm。套管应依据单芯铝导线拼拢成合股线头的根数选用。

(6)根据套管的规格,使用相应的压接钳对铝套管施压。每个接头可在铝套管同一边压三道坑(图 5-57),一压到位,如 $\phi8$ 铝套管施压后窄向为 6～6.2 mm。压坑中心线必须在纵向同一直线上。一般情况下,尽量采用正反向压接法,且正反向相差180°,不得随意错向压接,如图5-58所示。

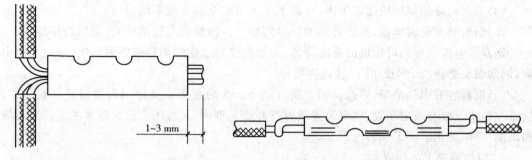

图 5-57　单芯铝导线接头同向压接图　　　　图 5-58　单芯铝导线接头正反向压接图

(7)单芯铝导线压接后,在缠绕绝缘带之前,应对其进行检查。压接接头应当到位,铝套管没有裂纹,三道压坑间距应一致,抽动单根导线没有松动的现象。

(8)根据压坑数目及深度判断铝导线压接合格后,恢复裸露部分绝缘,包缠绝缘带两层,绝缘带包缠应均匀、紧密,不露裸线及铝套管。

(9)在绝缘层外面再包缠黑胶布(或聚乙烯薄膜粘带等)两层,采取半叠包法,并应将绝缘层完全遮盖,黑胶布的缠绕方向与绝缘带缠绕方向一致。

整个绝缘层的耐压强度不得低于绝缘导线本身绝缘层的耐压强度。

(10)将压接接头用塑料接线盒封盖。

### 四、工程交接验收

完工验收时,应符合下列要求。

(1)各种规定距离符合要求。

(2)各种支持件的固定符合要求。

(3)盒箱、木台设置符合要求。

(4)明配线路的允许偏差值符合要求。

(5)导线的连接和绝缘符合要求。

(6)非带电金属部分的接地或接零良好。

(7)防腐良好、油漆均匀、无遗漏。

## 第六节　钢索布线

### 一、钢索安装

钢索的安装应在土建工程基本结束,对施工有影响的模板、脚手架拆除完毕,杂物清理干净后进行。钢索可以安装在梁上、柱上,也可以安装在建筑物的墙上。

1. 安装要求

(1)固定电气线路的钢索,其端部固定是否可靠是影响安全的关键,所以钢索的终端拉环埋件应牢固可靠,钢索与终端拉环套接处应采用心形环,固定钢索的线卡不应少于2个,钢索端头应用镀锌铁线绑扎紧密。

(2)钢索中间固定点的间距不应大于 12 m,中间吊钩应使用圆钢,其直径不应小于 8 mm。吊钩的深度不应小于 20 mm。

(3)钢索的终端拉环应固定牢固,并能承受钢索在全部负载下的拉力。

(4)钢索必须安装牢固,并作可靠的明显接地。中间加有花篮螺栓时,应做跨接地线。

钢索是电气装置的可接近的裸露导体,为了防止由于配线而造成钢索漏电,为防止触电危险,钢索端头必须与 PE 或 PEN 线连接可靠。

(5)钢索装有中间吊架,可改善钢索受力状态。为防止钢索受振动而跳出破坏整条线路,所以在吊架上要有锁定装置,锁定装置既可打开放入钢索,又可闭合防止钢索跳出。锁定装置和吊架一样,与钢索间无强制性固定。

2. 构件预加工与预埋

(1)按需要加工好吊卡、吊钩、抱箍等铁件(铁件应除锈、刷漆),如钢索采用圆钢时,必须先伸直。

钢索如为钢绞线,其直径由设计决定,但不得小于 4.5 mm;如为圆钢,其直径不得小于 8 mm;钢绞线不得有背扣、松股、断股、抽筋等现象;如采用镀锌圆钢,捭直时不得损坏镀锌层。

(2)如未预埋耳环,则按选好的线路位置,将耳环固定。耳环穿墙时,靠墙侧垫上不小于 150 mm×150 mm×8 mm 的方垫圈,并用双螺母拧紧。耳环钢材直径应不小于 10 mm,耳环接口处必须焊死,如图 5-59 所示。

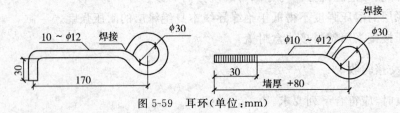

图 5-59 耳环(单位:mm)

(3)按需要长度将钢索剪断,擦去油污,预捭直后,一端穿入耳环,垫上心形环。钢索为钢绞线,用钢丝绳扎头(钢线卡子)将钢绞线固定两道;如为圆钢,可搋成环形圈,并将圈口焊牢;当焊接有困难时,也可使用钢丝绳扎头固定两道,然后,将另一端用紧线器拉紧后,搋好环形圈与花篮螺栓相连,垫好心形环,再用钢丝扎头固定两道。紧线器要在花篮螺栓吃力后才能取下,花篮螺栓应紧至适当程度。最后,用钢丝将花篮螺栓绑牢,吊钩与钢索同样需要用钢丝绑牢,防止脱钩。在墙上安装好的钢索如图 5-60 所示。

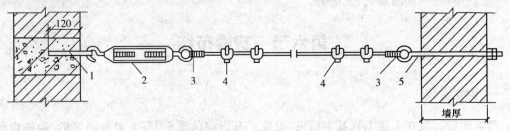

图 5-60 墙上钢索安装(单位:mm)

1—耳环;2—花篮螺栓;3—心形环;4—钢丝绳扎头;5—耳环

3. 钢索安装施工

钢索在其他结构上安装方式如图 5-61 所示。其中,H、L 值按建筑物实际尺寸确定,D 值按钢索直径确定。

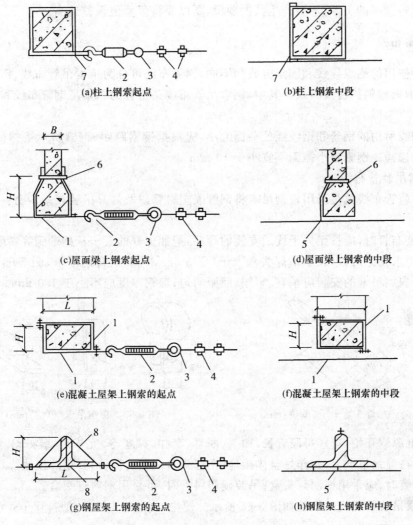

(a)柱上钢索起点  (b)柱上钢索中段

(c)屋面梁上钢索起点  (d)屋面梁上钢索的中段

(e)混凝土屋架上钢索的起点  (f)混凝土屋架上钢索的中段

(g)钢屋架上钢索的起点  (h)钢屋架上钢索的中段

图 5-61 柱和屋架上钢索的安装

1—扁钢支架；2—花篮螺栓；3—心形环；4—钢丝绳扎头；

5—吊钩；6—固定螺栓；7—角钢支架；8—扁钢抱箍

（1）在柱上安装钢索时，可用 $\phi16$ 圆钢抱箍固定终端支架和中间支架。抱箍的尺寸可根据柱子的大小现场制作。

（2）在工字形或 T 形屋面梁上安装钢索时，梁上应留有预留孔，使用螺栓穿过预留孔固定终端支架和中间吊钩。

（3）在混凝土屋架上安装钢索时，应根据屋架大小由现场决定制作钢索支架的尺寸，支架上悬挂的花篮螺栓吊环的孔眼尺寸应与花篮螺栓配合。

（4）在钢屋架上安装钢索，钢索抱箍和吊钩的尺寸应由钢屋架决定，抱箍的尺寸应由花篮螺栓配合。但钢屋架能否承受设计荷载，须征得土建专业的许可。

**4．钢索弧垂调整**

钢索配线的弧垂的大小应按设计要求调整，装设花篮螺栓的目的是便于调整弧垂值。弧垂值的大小在某些场所是个敏感的事，太小会使钢索超过允许受力值；太大钢索摆动幅度大，不利于在其上固定的线路和灯具等正常运行。还要考虑其自由振荡频率与同一场所的其他建筑设备的运转频率的关系,不要产生共振现象,所以要将弧垂值调整适当。

### 二、钢索布线

根据所使用的绝缘导线和固定方式的不同,钢索布线可分为钢索吊管布线、钢索吊鼓形绝缘子布线、钢索塑料护套线布线。其中,钢索吊管布线又可分为钢索吊钢管布线和钢索吊塑料管布线。

钢索布线所用的钢丝和钢绞线的截面大小,应根据钢索跨距、钢索所承受的荷重、钢索的机械强度来选择。钢索最小截面不宜小于 10 mm²。

#### 1. 钢索吊装管布线

钢索吊装管布线就是采用扁钢吊卡将钢管或塑料管以及灯具吊装在钢索上。其具体安装方法如下:

(1)吊装布管时,应按照先干线后支线的顺序,把加工好的管子从始端到终端顺序连接。

(2)按要求找好灯位,装上吊灯头盒卡子(图 5-62),再装上扁钢吊卡(图 5-63),然后开始敷设配管。扁钢吊卡的安装应垂直、牢固、间距均匀;扁钢厚度应不小于 1.0 mm。

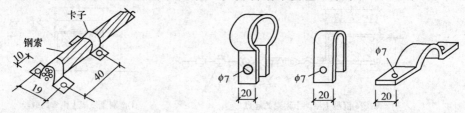

图 5-62 吊灯头盒卡子(单位:mm)        图 5-63 扁钢吊卡(单位:mm)

(3)从电源侧开始,量好每段管长,加工(断管、套扣、撖弯等)完毕后,装好灯头盒,再将配管逐段固定在扁钢吊卡上,并作好整体接地(在灯头盒两端的钢管,要用跨接地线焊牢)。

吊装钢管时,应采用铁制灯头盒;吊装硬塑料管时,可采用塑料灯头盒。

(4)钢索吊装管配线的组装如图 5-64 所示。图中 L:钢管 1.5 m,塑料管 1.0 m。

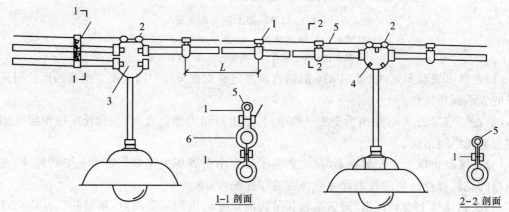

图 5-64 钢索吊装管配线组装图

1—扁钢吊卡;2—吊灯头盒卡子;3—五通灯头;

4—三通灯头盒;5—钢索;6—钢管或塑料管

对于钢管配线,吊卡距灯头盒距离应不大于 200 mm,吊卡之间距离不大于 1.5 m;对塑料管配线,吊卡距灯头盒不大于 150 mm,吊卡之间距离不大于 1 m。线间最小距离 1 mm。

### 2. 钢索吊装绝缘子布线

钢索吊装绝缘子布线就是采用扁钢吊架将绝缘子和灯具吊装在钢索上。其具体步骤如下。

(1)按设计要求找好灯位及吊架的位置。把绝缘子用螺栓组装在扁钢吊架上,如图 5-65 所示。扁钢厚度不应小于 1.0 mm,吊架间距应不大于 1.5 m,吊架与灯头盒的最大间距为 100 mm,导线间距应不小于 35 mm。

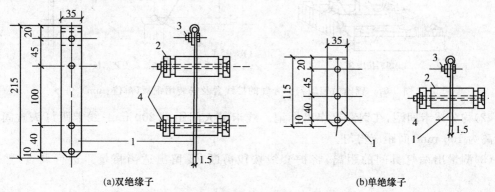

(a)双绝缘子                          (b)单绝缘子

图 5-65　扁钢吊架(单位:mm)

1—扁钢支架;2—绝缘子;3—固定螺栓(M5);4—绝缘子螺栓

(2)为防止始端和终端吊架承受不平衡拉力,可在始、终端吊架外侧适当位置上安装固定卡子。扁钢吊架与固定卡子之间应用镀锌钢丝拉紧。扁钢吊架必须安装垂直、牢固、间距均匀。

(3)布线时,应将导线放开抻直,准备好绑线后,由一端开始将导线绑牢,另一端拉紧绑扎后,再绑扎中间各支持点。

(4)钢索吊装绝缘子配线组装后如图 5-66 所示。

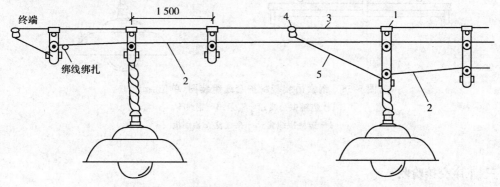

图 5-66　钢索吊装绝缘子配线组装图(单位:mm)

1—扁钢吊架;2—绝缘导线;3—钢索;4—固定卡子;5—φ3.2 镀锌钢丝

### 3. 钢索吊装塑料护套线布线

钢索吊装塑料护套线布线就是采用铝线卡将塑料护套线固定在钢索上,使用塑料接线盒和接线盒安装钢板把照明灯具吊装在钢索上。其安装步骤如下。

(1)按要求找好灯位,将塑料接线盒(图 5-67)及接线盒的安装钢板吊装到钢索上。

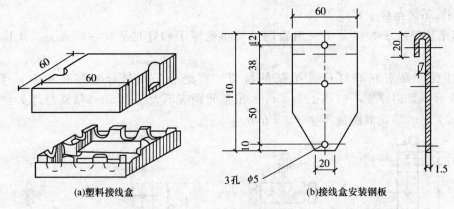

(a)塑料接线盒　　　　3孔 φ5　　　(b)接线盒安装钢板

图 5-67　钢索吊装塑料护套线的接线盒及安装用钢板(单位:mm)

(2)均分线卡间距,在钢索上作出标记。线卡最大间距为 200 mm;线卡距灯头盒间的最大距离为 100 mm,间距应均匀。

(3)测量出两灯具间的距离,将护套线按段剪断(要留出适当裕量),进行调查,然后盘成盘。

(4)敷线从一端开始,一只手托线,另一只手用线卡将护套线平行卡吊于钢索上。

护套线应紧贴钢索,无垂度、缝隙、扭劲、弯曲、损伤。安装好的钢索吊装塑料护套线,如图 5-68 所示。

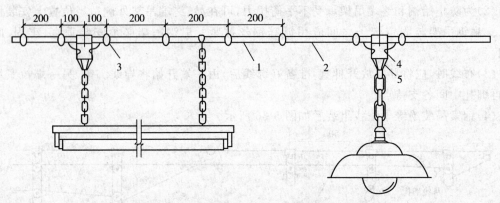

图 5-68　钢索吊装塑料护套线组装图(单位:mm)

1—塑料护套线;2—钢索;3—铝线卡;

4—塑料接线盒;5—接线盒安装钢板

### 三、工序交接验收

完工验收时,应符合下列要求。

(1)各种规定的距离符合要求。

(2)各种支持件的固定符合要求。

(3)配管的弯曲半径、盒箱设置的位置符合要求。

(4)导线的连接和绝缘包扎符合要求。

(5)非带电金属部分的接地或接零良好。

(6)铁件防腐良好、油漆均匀、无遗漏。

# 第七节　普利卡金属套管布线

普利卡金属套管也称可挠金属电线保护管,是一种新兴的电工器材。它的种类很多,其基本结构是由镀锌钢带卷绕成螺纹状,属于可挠性金属套管,具有搬运方便、施工容易等特点。

## 一、管子的切断

可挠金属电线保护管不需预先切断,在管子敷设过程中,需要切断时,应根据每段敷设长度,使用可挠金属电线保护管切割刀进行切断。

切管时用手握住管子或放在工作台上用手压住,将可挠金属电线保护管切割刀刀刃,轴向垂直对准可挠金属电线保护管螺纹沟,尽量成直角切断。如放在工作台上切割时要用力边压边切。

可挠金属电线保护管也可用钢锯进行切割。

可挠金属电线保护管切断后,应清除管口处毛刺,使切断面光滑。在切断面内侧用刀柄绞动一下。

## 二、管子的弯曲

可挠金属电线保护管在管子敷设时,可根据弯曲方向的要求,不需任何工具用手自由弯曲。

可挠金属电线保护管的弯曲角度不宜小于90°。明配管管子的弯曲半径不应小于管外径的3倍。在不能拆卸、不能检查的场所使用时,管的弯曲半径不应小于管外径的6倍。

可挠金属电线保护管在敷设时应尽量避免弯曲。明配管直线段长度超过30 m时,暗配管直线长度超过15 m或直角弯超过3个时,均应装设中间拉线盒或放大管径。

若管路敷设中出现有4处弯曲时,且弯曲角度总和不超过270°时,可按3个弯曲处计算。

## 三、管子的连接

由于普利卡金属套管管身就是由螺纹制成的,因此无论在哪个部位切断,都无需套扣,可用附件直接连接。

1. 管与管的连接

可挠金属电线保护管敷设如中间需要连接时,应使用带有螺纹的KS型直接头连接器(直接头)进行互接。

连接时,应先检查直接头的质量。如管端无毛刺,质量合格,可用手将直接头拧入金属套管端,再将另一金属套管拧入直接头的另一端。连接管对口处应在直接头的中心,且连接牢固紧密。

2. 与钢管的连接

可挠金属电线保护管的长度在电力工程中不大于0.8 m,在照明工程中不大于1.2 m。在吊顶内敷设中,有时需要与钢管直接连接,普利卡金属套管与钢管之间的连接有无螺纹和有螺纹连接两种。

可挠金属电线保护管与钢管(管口无螺纹)进行连接时,应使用VKC型无螺纹连接器进行连接。VKC型无螺纹连接器共有两种型号:VKC-J型和VKC-C型,分别用于可挠金电线保护管与厚壁钢管和薄壁钢管(电线管)的连接。

3. 与盒(箱)的连接

管与盒(箱)连接时,应使用专用的线箱连接器或组合线箱连接器。在需要防水场合,应使用防水角型线箱连接器进行连接。

连接时,应确认管口无毛刺,将连接管按管子绕纹方向旋入连接器的套管螺纹一端,连接器另一端插入盒(箱)敲落孔内拧紧连接器紧固螺母或盖形螺母。如敲落孔孔径与连接器的螺纹不适合时,可用异径接头环安装,使其无间隙。

## 四、管子的敷设

管子敷设的相关内容见表 5-15。

表 5-15　管子的敷设

| 项　目 | 内　容 |
|---|---|
| 敷设条件 | (1)明敷设时,对施工有影响的模板、脚手架应拆除,杂物清理干净。<br>(2)会使管路发生损坏或严重污染的建筑物装饰工程应全部结束。<br>(3)埋入建筑物内的支架、螺栓、及其他部件,应在土建施工时做好预埋工作。<br>(4)预埋件、预留孔的位置和尺寸应符合设计要求,预埋件应埋设牢固。<br>(5)为了达到标高一致的要求,在土建主体工程施工时,应及时给出建筑标高线 |
| 室内明敷设 | 套管在室内沿建筑物明敷设时,应用金属套管卡子(图 5-69)将套管固定在建筑物表面上,其固定方法与钢管相同。<br><br>图 5-69　金属套管管卡子<br><br>金属套管的固定点间距应均匀,管卡子与终端、转弯中点、电气器具或设备边缘的距离为 150～300 mm,管路中间的固定管卡子最大距离应保持在 0.5～1 mm,管卡固定点应均匀,允许偏差不应大于 30 mm |
| 在现浇<br>混凝土内敷设 | (1)管子敷设时应用铁绑线绑扎在钢筋上,绑扎间隔不应大于 50 cm,在管入盒(箱)处,绑扎点应适当缩短,距盒(箱)处不宜大于 30 cm,绑扎应牢固,防止金属套管松弛。<br>(2)在现浇混凝土的梁柱、墙内敷设普利卡金属套管,水平与垂直方向应采取不同的方法敷设。<br>　垂直方向敷设时,管路宜放在钢筋的侧面;水平方向敷设时,管子宜放在钢筋的下侧,以防止承受过大的混凝土的冲击。<br>(3)管子在穿过梁、柱时,应与土建专业联系,选择梁、柱受力较小的部位通过,并应防止减损梁、柱的有效截面,适当考虑增设补强钢筋。<br>(4)在现浇混凝土的平台板上敷设普利卡金属套管,管路应敷设在钢筋网中间,且宜与上层钢筋绑扎在一起。采用机械化程度高的现浇混凝土灌注施工时,应有保护管路不被直接冲击的措施 |

| 项 目 | 内 容 |
|---|---|
| 在砌体墙内敷设 | (1)套管在空心砖及加气混凝土隔墙内暗敷设时,其方法与钢管敷设相同,保护管距砌体墙面不应小于 15 mm。<br>(2)套管在普通砖砌体墙内敷设与硬质塑料管施工方法相同,但管入盒处应在盒四周侧面与盒连接。管子在垂直敷设时,应具有把管子沿墙体高度及敷设方向挑起的措施,方便瓦工进行墙体的砌筑 |
| 在轻质空心石膏板隔墙内敷设 | 套管在轻质空心石膏板隔墙内敷设时,其施工方法与半硬质塑料管暗敷设基本相同,如楼(屋)面板内配出的管子为钢管时,金属套管与钢管的连接应使用直接头、无螺纹接头或用混合组合接头进行连接,并做好接地跨接线跨接 |
| 在吊顶内敷设 | 套管在吊顶内敷设时,不受材料的限制。无论吊顶是易燃材料,还是难燃材料,均可应用普利卡金属套管敷设。<br>(1)当吊顶内主干管为钢管且为明配时,由干管引至吊顶灯位盒的配管应使用普利卡金属套管。干管可在吊顶灯位集中处,设置分线盒(箱),由盒(箱)内引出分支管,分支管至吊顶灯位(或盒位)一段使用普利卡金属套管。当主干管敷设量较多时,应专设吊杆和吊板,利用管卡固定敷设普利卡金属套管,中间固定间距不应大于 2 m。<br>(2)吊顶内主干线使用普利卡金属管敷设时,管子规格在 24 号及其以下时,可直接固定在吊顶的主龙骨上,并应使用卡具安装固定;管子规格在 50 号及其以下时,管子允许利用吊顶的吊杆或在吊杆上另行附加龙骨敷设。<br>(3)吊顶内普利卡金属管敷设,也可采用钢索吊管安装,钢索一端用花篮螺栓收紧。吊卡为1 mm厚钢板制成,吊卡中间距离不宜大于 1 m,吊卡距离盒(箱)处应为 0.3 m。<br>(4)当楼(屋)面板内有暗配钢管时,金属套管的敷设有以下两种情况:<br>1)如楼(屋)面板内设有盒(即八角盒)体时,可用套管将此盒与吊顶内灯位处的配管连接起来。盒口应用金属盖板密封,并在盖板中心处钻孔。与盒连接套管的下端应引至吊顶灯位处,如图 5-70(a)所示;<br>2)当楼(屋)面板内无盒体埋设而只有配管管头引至楼(屋)面板下墙体上时,吊顶内灯盒至配管管口应用套管进行连接。而连接金属套管与原配管时,应采用混合接头或无螺接头进行连接,如图 5-70(b)所示<br><br>图 5-70 吊顶内金属套管做法图<br>1—钢管;2—普利卡金属套管;3—吊杆;4—灯具;5—混合接头 |

### 五、管子的接地与保护

(1)可挠金属电线保护管必须与 PE 或 PEN 线有可靠的电气连接,可挠金属电线保护管不能做 PE 或 PEN 线的接续导体。

（2）可挠金属电线保护管，不得熔焊跨接接地线，以专用接地卡跨接的网卡间连线为铜芯软导线，其截面面积不小于 4 $mm^2$。

（3）当可挠金属电线保护管及其附件穿越金属网或金属板敷设时，应采用经阻燃处理绝缘材料将其包扎，且应超出金属网（板）10 mm 以上。

（4）可挠金属电线保护管，不宜穿过设备或建筑物、构筑物的基础，当必须穿过时，应取保护措施。

## 第八节 接地体及接地线安装

### 一、接地体安装

接地体是埋入土壤或混凝土基础中作散流用的导体，可分为自然接地体和人工接地体。人工接地体有两种安装方式，即水平安装和垂直安装。对于交流电力设备应充分利用自然接地体接地。

1. 接地体加工

接地体安装前，应按设计所提供的数量和规格进行加工。一般接地体多采用镀锌角钢或镀锌钢管制作。

（1）当接地体采用钢管时，应选用直径为 38～50 mm，壁厚不小于 3.5 mm 的钢管。然后按设计的长度切割（一般为 2.5 m）。钢管打入地下的一端加工成一定的形状，如为一般松软土壤时，可切成斜面形。为了避免打入时受力不均使管子歪斜，也可以加工成扁尖形；如土质很硬，可将尖端加工成锥形，如图 5-71 所示。

（2）采用角钢时，一般选用 50 mm×50 mm×5 mm 的角钢，切割长度一般也是 2.3 m。角钢的一端加工成尖头形状如图 5-72 所示。

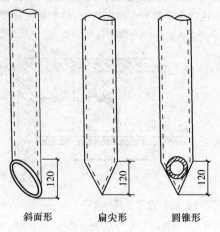

图 5-71 接地钢管加工图（单位：mm）

斜面形　扁尖形　圆锥形

图 5-72 接地角钢加工图（单位：mm）

（3）为了防止将接地钢管或角钢产生裂口，可用圆钢加工一种护管帽，套入接地管端，用一块短角钢（约 10 cm）焊在接地角钢的一端，如图 5-73 所示。

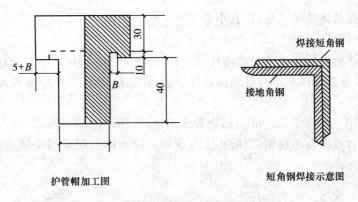

护管帽加工图                  短角钢焊接示意图

图 5-73　接地钢管和角钢的加固方法(单位:mm)

$\phi$—钢管内径;$B$—钢管管壁厚度

**2. 挖沟**

装设接地体前,需要沿着接地体的线路先挖沟,以便打入接地体和敷设连接这些接地体的扁钢。由于地的表面层易于冰冻,冻土层使接地电阻增大,并且地表层易于被挖动,可能损坏接地装置,因此接地装置需埋于地表层以下。

按设计规定测出接地网的路线,在此路线上挖掘深为 0.8～1 m、宽为 0.5 m 的沟。沟上部稍宽,底部渐窄。沟底如有石子应清除。

挖沟时如附近有建筑物或构筑物,沟的中心线与建筑物或构筑物的基础距离不得小于 2 m。

**3. 安装施工**

(1)安装要求。

1)接地体打入地中,一般采用锤打入。打入时,可按设计位置将接地体打在沟的中心线上。

当接地体露在地面上的长度约为 150～20 mm(沟深 0.8～1 m)时,可停止打入,使接地体最高点离施工完毕后的地面有 600 mm 的距离。

2)敷设的管子或角钢及连接扁钢应避开其他地下管路、电缆等设施。一般与电缆及管道等交叉时,相距不小于 100 mm,与电缆及管道平行时不小于 300～350 mm。

3)敷设接地时,接地体应与地面保持垂直。如果泥土很干很硬,可浇上一些水使其疏松,以便于打入。

4)利用自然接地体和外引接地装置时,应用不少于两根导体在不同地点与人工接地体相连接,但对电力线路除外。

5)直流电力回路中,不应利用自然接地体作为电流回路的零线、接地线或接地体。直流电力回路专用的中性线、接地体以及接地线不应与自然接地体连接。

自然接地体的接地电阻值符合要求时,一般不敷设人工接地体,但发电厂、变电所和有爆炸危险场所除外。当自然接地体在运行时连接不可靠以及阻抗较大不能满足接地要求时,应采用人工接地体。

当利用自然、人工两种接地体时,应设置将自然接地体与人工接地体分开的测量点。

6)电力线路杆塔的接地引出线,其截面面积不应小于 50 mm², 并应热镀锌。敷设在腐蚀性较强的场所或 $\rho \leqslant 100$ Ω·m 的潮湿土壤中的接地装置,应适当加大截面或热镀锌。

7)为了减少相邻接地体的屏蔽作用,垂直接地体的间距不宜小于其长度的 2 倍,水平接地体的相互距可根据具体情况确定,但宜小于 5 m。

(2)垂直接地体。

1)垂直接地体的间距在垂直接地体长度为2.5 m时,一般不小于 5 m。直流电力回路专用的中线、接地体以及接地线不得与自然接地体有金属连接;如无绝缘隔离装置时,相互间的距离不应小于 1 m。

2)垂直接地体一般使用2.5 m 长的钢管或角钢,其端部按图5-74加工。埋设沟挖好后应立即安装接地体和敷设接地扁钢,以防止土方侧坍。接地体一般采用手锤将接地体垂直打入土中,如图 5-75 所示。

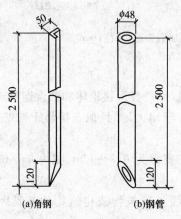

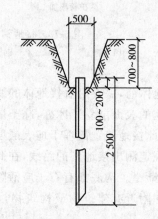

图 5-74　垂直接地体端部(单位:mm)　　图 5-75　接地体的埋设(单位:mm)

接地体顶面埋设深度不应小于 0.6 m。角钢及钢管接地体应垂直配置。接地体与建筑物的距离不宜小于 1.5 m。

3)接地体一般使用扁钢或圆钢。接地体的连接应采用焊接(搭接焊),其焊接长度规定如下:

①扁钢宽度的 2 倍(且至少有三个棱边焊接);

②圆钢直径的 6 倍;

③圆钢与扁钢连接时,为了达到连接可靠,除应在其接触部位两侧进行焊接外,并应焊以由钢带弯成的弧形或直角形卡子,或直接由钢带本身弯成弧形(或直角形)与钢管(或角钢)焊接,如图 5-76 所示。

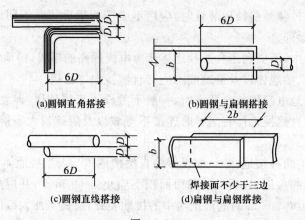

图　5-76

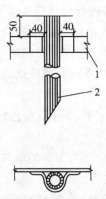
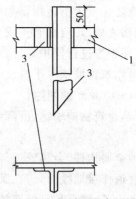

(e)垂直接地体为钢管与水平接地体扁钢连接　　　　(f)垂直接地体为角钢与水平接地体扁钢连接(D为直径)

图 5-76　接地体连接(单位:mm)

1—扁钢;2—钢管;3—角钢

(3)水平接地体。水平接地体多用于环绕建筑四周的联合接地,常用—40 mm×40 mm 镀锌扁钢,要求最小截面不应小于 100 mm²,厚度不应小于 4 mm 由于接地体垂直放置时,散流电阻较小。因此,当接地体沟挖好后,应垂直敷设在地沟内(不应平放)。顶部埋设深度距地面不小于 0.6 m,如图 5-77 所示。水平接地体多根平行敷设时水平间距不小于 5 m。

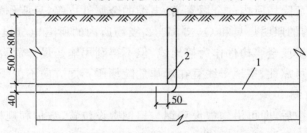

图 5-77　水平接地体安装(单位:mm)

1—接地体;2—接地线

对于沿建筑物外面四周敷设成闭合环状的水平接地体,可埋设在建筑物散水及灰土基础以外的基础槽边。

**二、接地线安装**

1. 接地线安装要求

(1)接地干线至少应在不同的两点处与接地网相连接,自然接地体至少应在不同的两点与接地干线相连接。电气装置的每个接地部分应以单独的接地线与接地干线相连接,不得在一个接地线中串接几个需要接地部分。

(2)接零保护回路中不得串装熔断器、开关等设备,并应有重复(至少二点)的接地,车间周长超过 400 m 时,每 200 m 处应有一点接地;架空线终端,分支线长度超过 200 m 的分支线处以及沿线每 1 000 m 处应加设重复接地装置。

(3)接地线明敷时,应按水平或垂直敷设,但亦与建筑物倾斜结构平行。在直线段不应有高低起伏及弯曲等情况,在直线段水平距离支持件间距一般为 1~1.5 m,垂直部分支持件间距一般为 1.5~2 m,转弯之处支持件间距一般为 0.5 m。

(4)同一供电系统中,不允许部分电气设备保护接零,另一部分电气设备保护接地。

(5)接地线应防止发生机械损伤和化学腐蚀。在公路、铁路或管道等交叉及其他可能使接地线遭受机械损伤之处,均应用管子或角钢等加以保护;接地线在穿过墙壁时应通过明孔、钢管或其他坚固的保护管进行保护。

(6)接地线沿建筑物墙壁水平敷设时,离地面宜保持 250～300 mm 的距离,接地线与建筑物墙壁间应有 10～15 mm 的间隙。

在接地线跨越建筑物伸缩缝、沉降缝处时,应加设补偿器,补偿器可用接地线本身弯成弧状代替。

(7)利用各种金属构件、金属管道等作接地线时,应保证其全长为完好的电气通路;利用串联的金属构件、管道作接地线时,应在其串联部位焊接金属跨接线。

(8)接至电气设备、器具和可拆卸的其他非带电金属部件接地(接零)的分支线,必须直接与接地干线相连,严禁串联连接。

接至电气设备上的接地线应用螺栓连接,有色金属接地线不能采用焊接时,也可用螺栓连接。

(9)爆炸危险场所内电气设备的金属外壳应可靠接地。

1)在 Q-1、G-1 级场所内的所有电气设备,以及 Q-2 级场所内除照明灯具以外的其他电气设备,应使用专门的接地线。该接地线若与相线敷设在同一保护管内时,应具有与相线相等的绝缘。此时爆炸危险场所内的金属管道,电缆的金属外皮等,只应作辅助接地线。

2)Q-2 级场所内的照明灯具和 Q-3、G-2 级场所内的所有电气设备,可利用有可靠电气连接的金属管道系统或金属构件作为接地线,但不得利用输送爆炸危险物质的管道。

为了提高接地的可靠性,接地干线宜在爆炸危险场所不同方向不少于两处与接地体相连。

2. 接地扁钢的敷设

当接地体打入地中后,即可沿沟敷设扁钢。扁钢敷设位置、数量和规格应符合设计规定。

扁钢敷设前应检查和调查,然后将扁钢放置于沟内,依次将扁钢与接地体用焊接的方法连接。扁钢应侧放而不可平放,因侧放时散流电阻较小。扁钢与钢管连接的位置距接地体最高点约 100 mm(图 5-78)。焊接时应将扁钢拉直。

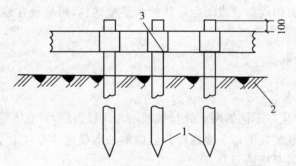

图 5-78 接地体的安装(单位:mm)
1—接地体;2—地沟面;3—接地卡子焊接处

扁钢与钢管焊好后,经过检查认为接地体埋设深度、焊接质量等均符合要求时,即可将沟填平。

3. 接地干线与支线的敷设

接地干线与支线的作用是将接地体与电气设备连接起来。它不起接地散流作用,因此,埋设时不一定要侧放。

（1）敷设要求。

1）室外接地干线与支线一般敷设在沟内。敷设前应按设计规定的位置先挖沟,沟的深度不得小于 0.5 m,宽约为 0.5 m,然后将扁钢埋入。回填土应压实,但不需要打夯。

2）接地干线和接地体的连接,接地支线与接地干线的连接应采用焊接。

3）接地干线支线末端露出地面应大于 0.5 m,以便接引地线。

4）室内的接地线多为明设,但一部分设备连接的支线需经过地面,也可以埋设在混凝土内。明敷设的接地线大多数是纵横敷设在墙壁上,或敷设在母线架和电缆架的构架上。

（2）预留孔与埋设保护套。接地扁钢沿墙壁敷设时,有时要穿过墙壁和楼板,为了保护接地线和易于检查,可在穿墙的一段加装保护套和预留孔。

1）预留孔。当土建浇制板或砌墙时,按设计的位置预留出穿接地线的孔,预留孔的大小应比敷设接地线的厚度、宽度各大出 6 mm 以上。施工时按此尺寸截一段扁钢预埋在墙壁内,当混凝土还没有凝固时抽动扁钢,以便将来完全凝固后易于抽出。也可以在扁钢上包一层油毛毡或几层牛皮纸埋设在墙壁内。预留孔距墙壁表面应为 15～20 mm,以便敷设接地线时整齐美观(图 5-79)。

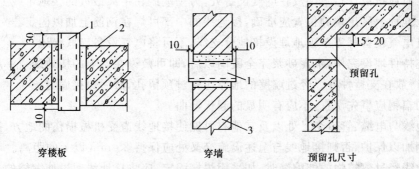

穿楼板　　　　　　　　穿墙　　　　　　　　预留孔尺寸

图 5-79　保护套安装和预留尺寸图(单位:mm)
1—保护套;2—楼板;3—砖墙

2）保护套。如用保护套时,应将保护套埋设好。保护套可用厚 1 mm 以上铁皮做成方形或圆形,大小应使接地线穿入时,每边有 6 mm 以上的空隙,其安装方式如图 6-79 所示。

（3）埋设支持件。明敷设在墙上的接地线应分段固定,固定方法是在墙上埋设支持件,将接地扁钢固定在支持件上。图 5-80 为常用的一种支持件(支持件形式一般由设计提出)。

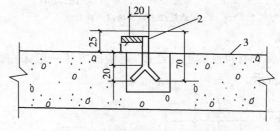

图 5-80　接地线支持件(单位:mm)
1—接地线;2—支持件;3—墙壁

1）施工前,用 40 mm×4 mm 的扁钢按图所示的尺寸将件作好。

2）为了使支持件埋设整齐,在墙壁浇捣前先埋入一块方木预留小孔,砖墙可在砌砖时直接埋入。

3)埋设方木时应拉线或画线,孔的深度和宽度各为 50 mm,孔之间的距离(即支持件的距离)一般为 1~1.5 m,转弯部分为 1 mm。

4)明敷设的接地线应垂直或水平敷设,当建筑物的表面为倾斜时,也可沿建筑物表面平行敷设。与地面平行的接地干线一般距地面为 200~300 mm。

5)墙壁抹灰后,即可埋设支持件。为了保证接地线全长与墙壁保持相同的距离和加快埋设速度,埋设支持件时,可用一方木制成的样板,其施工如图 5-81所示。先将支持件放入孔内,然后用水泥砂浆将孔填满。

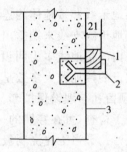

图 5-81　接地线支持件埋设(单位:mm)

1—方木样板;2—支持件;3—墙壁

其他形式支持件埋设的施工方法也基本相同。

(4)接地线的敷设。敷设在混凝土内的接地线,大多数是到电气设备的分支线,在土建施工时就应敷设好。

1)敷设时应按设计将一端放在电气设备处,另一端放在距离最近的接地干线上,两端都应露出混凝土地面。露出端的位置应准确,接地线的中部可焊在钢筋上加以固定。

2)所有电气设备都需单独地埋设接地分支线,不可将电气设备串联接地。

3)当支持件埋设完毕,水泥砂浆完全凝固以后,即可敷设在墙上的接地线。将扁钢放在支持件内,不得放在支持件外。经过墙壁的地方应穿过预留孔,然后焊接固定。

敷设的扁钢应事先调直,不应有明显的起伏弯曲。

4)接地线与电缆、管道交叉处以及其他有可能使接地线遭受机械损伤的地方,接地线应用钢管或角钢加以保护,否则接地线与上述设施交叉处应保持 25 mm 以上的距离。

5)接地线经过建筑物的伸缩缝时,如采用焊接固定,应将接地线通过伸缩缝的一段作为弧形,如图 5-82 所示。

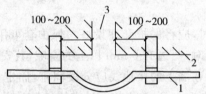

图 5-82　接地线经过伸缩缝(单位:mm)

1—接地线;2—建筑物;3—伸缩缝

4. 接地导体的焊接

接地导体互相间应保证有可靠的电气连接,连接的方法一般采用焊接。常用的接地导体的连接方式,如图 5-83 所示。

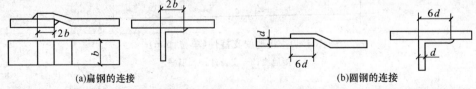

(a)扁钢的连接　　　　(b)圆钢的连接

图　5-83

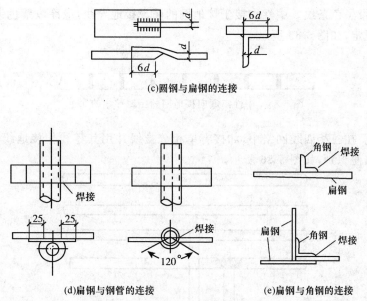

(c)圆钢与扁钢的连接

(d)扁钢与钢管的连接　　　(e)扁钢与角钢的连接

图 5-83　接地导体的连接(单位:mm)

(1)接地线互相间的连接及接地线与电气装置的连接,应采用搭焊。搭焊的长度:扁钢或角钢应不小于其宽度的两倍;圆钢应不小于其直径的 6 倍,而且应有三边以上的焊接。

(2)扁钢与钢管(或角钢)焊接时,为了连接可靠,除应在其接触两侧进行焊接外,并应焊上由钢带弯成的弧形(或直角形)与钢管(或角钢)焊接;钢带距钢管(或角钢)顶部应有 100 mm 的距离。

(3)当利用建筑物内的钢管、钢筋及吊车轨道等自然导体作为接地导体时,连接处应保证有可靠的接触,全长不能中断。金属结构的连接处应以截面面积不大于 100 mm² 的钢带焊连接起来。金属结构物之间的接头及其焊口,焊接完毕后应涂樟丹。

(4)采用钢管作接地线时应有可靠的接头。在暗敷情况下或中性点接地的电网中的明敷情况下,应在钢管管接头的两侧点焊两点。

(5)如接地线和伸长接地(例如管道)相连接时,应在靠近建筑物的进口处焊接。若接地线与管道之间的连接不能焊接时,应用卡箍连接,卡箍的接触面应镀锡,并将管子连接擦干净。管道上的水表、法兰、阀门等处应用裸铜线将其跨接。

5. 接地装置(接地线)涂漆

明敷接地线一为标志,二为防腐,应按下列规定涂漆:

(1)涂黑漆。明敷的接地线表面应涂黑漆。如因建筑物的设计要求,需涂其他颜色,则应在连接处及分支处涂以各宽为 15 mm 的两条黑带,其间距为 150 mm,如图 5-84 所示。

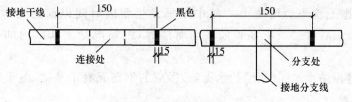

图 5-84　室内明敷接地线的涂色(单位:mm)

（2）涂紫色带黑色条纹。中性点接于接地网的明设接地导线,应涂以紫色带黑色条纹。条纹的间距未作规定,如图 5-85 所示。

图 5-85　中性点通向接地网的接地导线的涂色

（3）涂黑带。在三相四线网络中,如接有单相分支线并用其零线作接地线时,零线在分支点应涂黑色带以便识别,如图 5-86 所示。

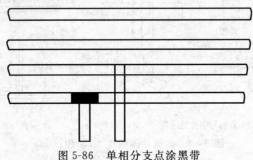

图 5-86　单相分支点涂黑带

（4）标黑色接地记号。在接地线引向建筑物内的入口处,一般应标以黑色接地记号"◉",标在建筑物的外墙上。

（5）刷白底漆后标黑色接地记号。室内干线专门备有检修用临时接地点处,应刷白色底漆后标以黑色接地记号"◉"。

（6）涂樟丹两道再涂黑漆。接地引下线垂直地面的上、下侧各 300～500 mm 段,应涂刷樟丹两道,然后再涂黑漆。涂刷前要将引线表面的锈污等擦刷干净。

# 第九节　接地装置安装

## 一、建筑物基础接地装置

高层建筑大多以建筑物的深基础作为接地装置。利用建、构筑物基础中的金属结构作为接地体,就称为基础接地体。它可以节省金属,减少开挖土方及回填土的工作量,而且由于其中的金属结构受混凝土保护,使用寿命较长,故其维护工作量也较小。

1. 对基础接地装置的要求

（1）在土壤较好的地区,当建筑物基础采用以硅酸盐为基料的水泥（如矿渣水泥、波特兰水泥）和周围土壤当地历史上一年中最早发生雷闪时间以前的含水量不低于 4％以及基础的外表面无防腐层或有沥青质的防腐层时,钢筋混凝土基础内的钢筋都可以作为接地装置。

（2）对于一些用防水水泥（铝酸盐水泥等）做成的钢筋混凝土基础,由于导电性能差,不宜独立作为接地装置。

（3）当利用钢筋混凝土构件和基础内钢筋作为接地装置时,构件或基础内钢筋的接点应绑扎或焊接,各构件或基础之间必须连接成电气通路;进出钢筋混凝土构件的导体与其内部的钢筋体的第一个连接点必须焊接,且还需与其主筋焊接。

2. 接地装置的连接

(1)当建筑物用金属柱子、桁架、梁等建造时,对防雷和电气装置需要建立连续电气通路,可采用螺栓、铆钉和焊接等方法连接:

在金属结构单元彼此不用螺栓、铆钉或焊接法连接的地方,对电气装置应采用截面面积不小于 $100\text{ mm}^2$ 的钢材跨接焊接;而对防雷装置应采用不小于 $\phi 8$ 圆钢或 $4\text{ mm} \times 12\text{ mm}$ 扁钢跨接焊接。

(2)当利用钢筋混凝土构件内的钢筋网作为防雷装置时,连续电气通路应满足以下条件:

1)构件内主钢筋在长度方向上的连接采用焊接或用钢丝绑扎法搭接。

2)在水平构件与垂直构件的交叉处,有一根主钢筋彼此焊接或用跨接线焊接,或有不少于两根主筋彼此用通常采用的钢丝绑扎法连接。

3)构架内的钢筋网用钢丝绑扎或点焊。

4)预制构件之间的连接或者按上述 1)、2)款要求处理,或者从钢筋焊接出预埋板再作焊接连接。

5)构件钢筋网与其他的连接(如防雷装置、电气装置等等的连接)是从主筋焊接出预埋板或预留圆钢或扁钢再作连接。

(3)当利用钢筋混凝土构件的钢筋网做电气装置的保护接地线(PE线)时,从供接地用的预埋连接板起,沿钢筋直到与接地体连接止的这一串联线上的所有连接点均采用焊接,如图 5-87 所示。

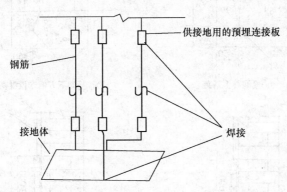

图 5-87　利用钢筋混凝土构件的钢筋网做电气装置的保护接地

3. 接地装置的安装

(1)条形基础接地体安装。

1)条形基础接地体敷设时,如图 5-88 所示。接地体的规格可由工程设计决定,但不应小于 $\phi 12$ 圆钢或 $-40\text{ mm} \times 4$ 扁钢。

如接地体安装在建筑物条形基础内,根据基础材料可分为:

①接地体在无钢筋混凝土基础内敷设;

②接地体在砖基础下方的专设混凝土层内安装;

③接地体在毛石混凝土基础安装;

④接地体在钢筋混凝土条形基础内敷设。

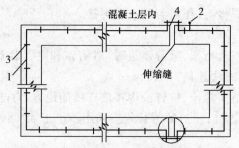

图 5-88　条形基础接地体安装平面示意图

1—接地体；2—引下线；3—支持器；4—变形缝处跨接板

2）接地体与引下线之间的连接采用焊接，搭接长度为扁钢宽度的 2 倍或圆钢直径的 6 倍，圆钢应在两面焊接，扁钢至少在三面焊接，如图 5-89 所示。

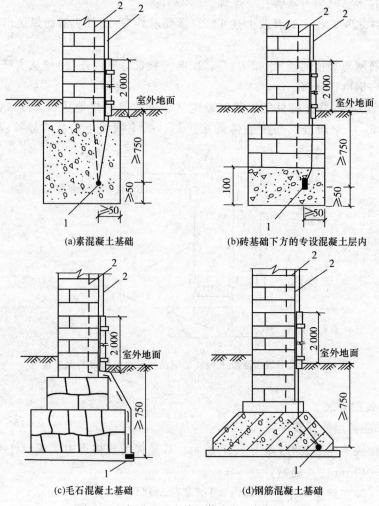

(a)素混凝土基础　　　　　　　(b)砖基础下方的专设混凝土层内

(c)毛石混凝土基础　　　　　　(d)钢筋混凝土基础

图 5-89　条形基础内接地体安装（单位：mm）

1—接地体；2—引下线

3）接地体在基础内敷设，使用支持器固定，支持器有圆钢支持器、扁钢支持器和混凝土支持器，如图 5-90 所示。支持器的间距，可由工程设计在现场确定，以能使接地体定好位置为准。

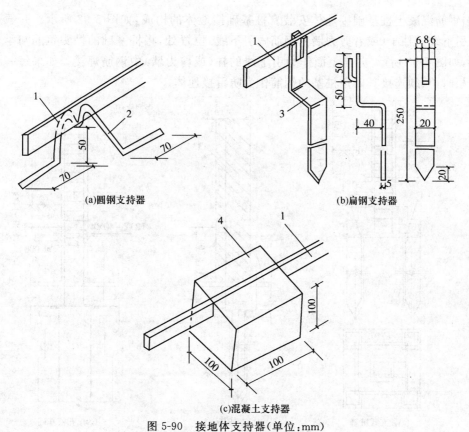

(a)圆钢支持器　　　　　　　　　　　　(b)扁钢支持器

(c)混凝土支持器

图 5-90　接地体支持器(单位:mm)

1—接地体;2—$\phi$4 mm 圆钢支持器;

3——20 mm×5 mm 扁钢支持器;4—C20 混凝土支持器

4)条形基础内的接地体,在通过建筑物变形缝处,应在室外或室内装设弓形跨接板,做法如图 5-91 所示。

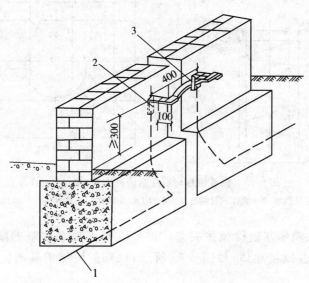

图 5-91　基础内人工接地体变形缝处做法(单位:mm)

1—圆钢人工接地体;2——25×4 换接件;3——25×4,$L$=500 mm 弓形跨接板

（2）钢筋混凝土桩基础接地体安装。桩基础接地体的构成，如图 5-92 所示。一般是在作为防雷引下线的柱子（或者剪力墙内钢筋做引下线）位置处，将桩基础的抛头钢筋与承台梁主筋焊接，如图 5-93 所示，并与上面作为引下线的柱（或剪力墙）中钢筋焊接。如果每一组桩基多于 4 根时，只须连接其四角桩基的钢筋作为防雷接地体。

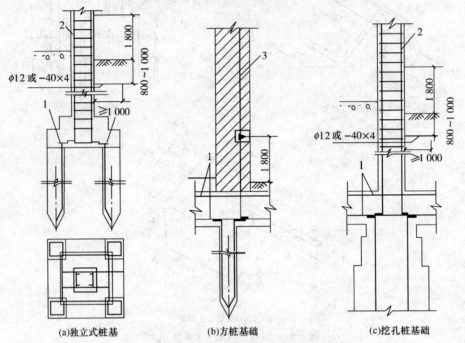

图 5-92　钢筋混凝土桩基础接地体安装（单位：mm）

1—承台梁钢筋；2—柱主筋；3—独立引下线

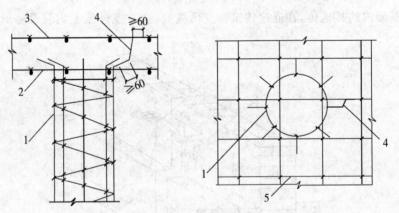

图 5-93　桩基钢筋与承台钢筋的连接（单位：mm）

1—桩基钢筋；2—承台下层钢筋；3—承台上层钢筋；4—连接导体；5—承台钢筋

（3）独立柱基础、箱形基础接地体安装。钢筋混凝土独立柱基础接地体，如图 5-94 所示；钢筋混凝土箱形基础接地体，如图 5-95 所示；设有防潮层的基础接地体安装如图 5-96 所示。

（4）钢筋混凝土板式基础接地体安装。当利用无防水层底板的钢筋混凝土板式基础做接地体时，应将柱主筋与底板的钢筋进行焊接连接，如图 5-97 所示。

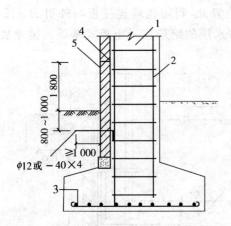

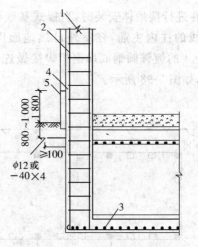

图 5-94　独立基础接地体安装(单位:mm)

1—现浇混凝土柱;2—柱主筋;3—基础底层钢筋网;

4—预埋连接板;5—引出连接板

图 5-95　箱形基础接地体安装(单位:mm)

1—现浇混凝土柱;2—柱主筋;3—基础底层钢筋网;

4—预埋连接板;5—引出连接板

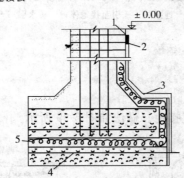

图 5-96　设有防潮层的基础接地体安装

1—柱主筋;2—连接柱筋与引下线的预埋铁件;3—$\phi$12 圆钢引下线;

4—混凝土垫层内钢筋;5—油毡防潮层

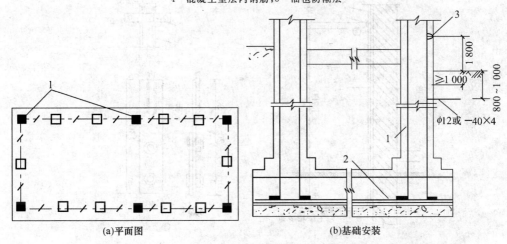

(a)平面图　　　　　　　(b)基础安装

图 5-97　钢筋混凝土板式(无防水底板)基础接地体安装(单位:mm)

1—柱主筋;2—底板钢筋;3—预埋连接板

第五章　室内布线和接地装置

261

在进行接地体安装时,当板式基础设有防水层时,应将符合规格和数量的可以用来做防雷引下线的柱内主筋,在室外自然地面以下的适当位置处,利用预埋连接板与外引的 $\phi12$ 或－40×4 的镀锌圆钢或扁钢相焊接做连接线,同有防水层的钢筋混凝土板式基础的接地装置连接,如图 5-98 所示。

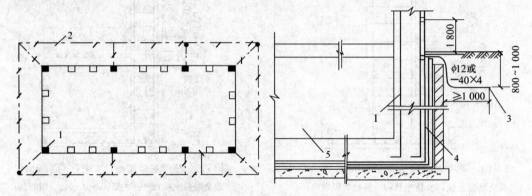

图 5-98　钢筋混凝土板式(有防水层)基础接地体安装图(单位:mm)

1—柱主筋;2—连接线;3—引至接地体;4—防水层;5—基础底板

## 二、电气装置接地安装

### 1. 架空线路接地

(1)架空线路重复接地。

1)接零系统在接户线处重复接地。做法如图 5-99 所示。

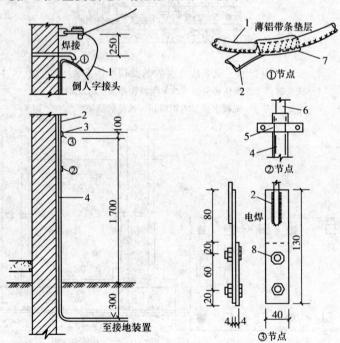

图 5-99　接零系统在接户线处重复接地(单位:mm)

1—接户线;2—接地引下线;3—断线卡;4—保护管;

5—管卡子;6—接地线;7—接地卡子;8—镀锌螺栓(M10)

2)低压架空线路零线重复接地。做法如图 5-100 所示。

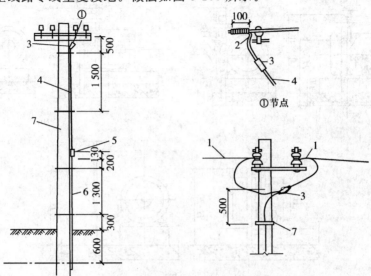

图 5-100　低压架空线路零线重复接地做法(单位：mm)
1—零线；2—铝绞线(LJ—25)；3—并沟线夹；
4—接地引下线；5—断线卡；6—保护管；7—引下线抱箍

3)在架空线干线和分支线终端，长度超过 200 m 的架空线分支处应重复接地。

4)在干线没有分支的直线段中，每隔 1 km 的零线应重复接地。

5)高、低压线路共杆架设时，在共杆架设段的两终端杆上，低压线路的零线应重复接地。

(2)架空线路杆塔接地。架空输电线路的接地，杆塔的接地应符合下列规定：

1)3～35 kV 线路，有避雷线的铁塔或钢筋混凝土杆均应接地；如土壤电阻率较高，接地电阻不小于 30 Ω。

2)3～10 kV 线路，在居民区无避雷线的铁塔和钢筋混凝土杆的应接地。

3)接地杆塔上的避雷线，金属横担、绝缘子底座均应接地。

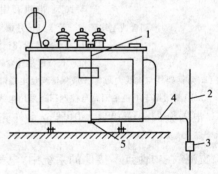

图 5-101　变压器中性点与外壳接地示意图
1—接地连线(LJ—25)；2—接地干线；3—并沟线夹；
4—接地线(LJ—25)；5—接地螺栓

2. 电气设备接地

(1)变压器中性点和外壳接地。

1)总容量为 100 kV·A 以上的变压器，其低压侧零线、外壳应接地，电阻值不应大于 4 Ω，每个重复接地装置的接地电阻值不应大于 10 Ω。

2)总容量为 100 kV·A 以下的变压器，其低压侧零线、外壳的接地电阻不应大于 10 Ω，重复接地不少于三处，每个重复接地装置的接地电阻不应大于 30 Ω。

变压器的接地做法，如图 5-101 所示。

(2)电机外壳接地。利用钢管作接地线时，其做法如图 5-102 所示，其接地线连接在机壳的螺栓上。

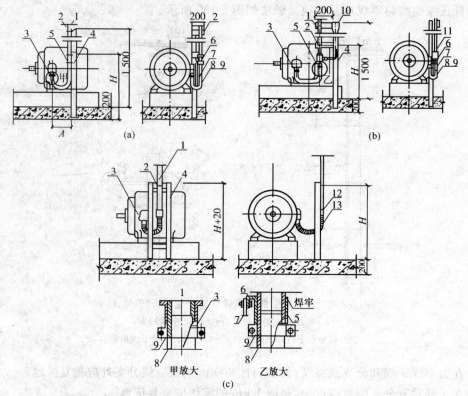

图 5-102 电机利用穿线钢管做接地（单位：mm）

1—钢管或电线管；2—管卡；3—外螺纹软管接头；4—角钢架柱；5—内螺纹软管接头；

6—接地环；7—接地线；8—塑料管；9—塑料管衬管；10—按钮盒；

11—长方形接线盒；12—过渡接头；13—金属软管

注：1. 角钢架柱与接线盒距离 A 应保证满足电缆陆率半径；H 根据电机尺寸确定。

   2.（b）图适用于电机主回路与控制回路采用电线共管敷设。

（3）电器金属外壳接地。电器金属外壳接地的做法如图 5-103 所示，同时，还应符合下列规定：

1）交流、在中性点不接地的系统中，电气设备金属外壳应与接地装置作金属连接。

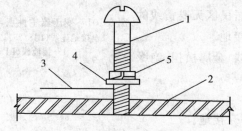

图 5-103 电器金属外壳接地做法

1—连接螺栓；2—电器金属外壳；

3—接地线；4—镀锌垫圈；5—弹簧垫图

2）交、直流电力电缆接线盒、终端盒的外壳、电力电缆、控制电缆的金属护套、非铠装和金属护套电缆的 1～2 根屏蔽芯线、敷设的钢管和电缆支架等均应接地。穿过零序电流互感器的电缆，其电缆头接地线应穿过互感器后接地；并应将接地点前的电缆头金属外壳、电缆金属包皮及接地线与地绝缘。

3)井下电气装置的电气设备金属外壳的接触电压不应大于 40 V。接地网对地和接地线的电阻值,当任一组主接地极断开时,接地网上任一点测得的对地电阻值不应大于 2 Ω。

(4)装有电器的金属构架接地。交流电气设备的接地线可利用金属结构,包括起重机的钢轨、走廊、平台、电梯竖井、起重机与升降机的构架、运输皮带的钢梁等。接地做法如图 5-104 所示。

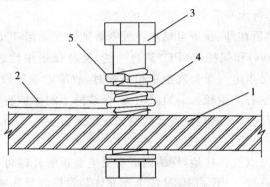

图 5-104 金属构架接地做法

1—金属构架;2—接地线;3—M8 螺栓;

4—镀锌垫圈;5—弹簧垫圈

(5)多台设备接地。当多台设备安装在一起时,电气装置的每个接地部分应以单独的接地线与接地干线相连接,不得在一个接地线上串接几个需要接地部分。

(6)携带式电力设备接地。

1)携带式电力设备如手电钻、手提照明灯等,应选用截面面积不小于 1.5 mm² 的多股铜芯线作专用接地线,单独与接地网相连接,且不可利用其他用电设备的零线接地,也不允许用此芯线通过工作电流。

2)由固定的电源或由移动式发电设备供电的移动式机械,应和这些供电源的接地装置有金属的连接。在中性点不接地的电网中,可在移动式机械附近装设若干接地体,以代替敷设接地线,并应首先利用附近所有的自然接地体。

3)携带式用电设备严禁利用其他用电设备的零线接地,零线和接地线应分别与接地网相连接。

4)移动式电力设备和机械的接地应符合固定式电气设备的要求,但下列情况一般可不接地:

①移动式机械自用的发电设备直接放在机械的同一金属框架上,又不供给其他设备用电;

②当机械由专用的移动式发电设备供电,机械数量不超过两台,机械距移动式发电设备不超过 50 m,且发电设备和机械的外壳之间有可靠的金属连接。

3. 屏蔽接地

(1)屏蔽电缆在屏蔽体入口处,其屏蔽层应接地。

(2)若用屏蔽线或屏蔽电缆接地仪器时,则屏蔽层应有一点接地或同一接地点附近多点接地;屏蔽的双绞线、同轴电缆在工作频率小于 1 MHz 时,屏蔽层应采用单端接地(两端接地,可能造成感应电压短路环流,烧坏屏蔽层)。

(3)接地电阻不应大于 4 Ω。

### 三、山区低压网接地方式的选择

山区地形复杂,土壤电阻率高,又是雷电活动频繁地带。在农村电网改造中,如对低压电力网接地方式选择不合理,每逢雷雨季节,电力设备及线路将会频繁遭受雷害,严重威胁设备和人身安全,也将加重维护人员的劳动强度。因此,正确地选用低压电力网接地方式,对提高低压配电网安全、可靠运行水平有着十分重要的意义。

(1)县城、城郊、乡镇所在地、靠近乡镇居民较密集地区宜采用 TN－C 系统。TN－C 系统(三相四线制)的中性线(N)和保护线(PE)是合一的,又称保护中性线(PEN)线,即我国常用的保护系统。这种系统是当电气设备发生单相碰壳时,故障电流经设备的金属外壳形成相线对保护线的单相短路。这将产生较大的短路电流,令线路上的保护装置立即动作,将故障部分迅速切除,从而保证人身安全和其他设备或线路的正常运行。

选用 TN－C 系统应注意以下问题:

1)变压器低压侧中性点直接接地,网络内所有受电设备的外露可导电部分用保护线(PE)与保护中性线(PEN)相连接。PE 和 PEN 线上不允许装设熔断器和断路器;

2)保护中性线接法应正确,即从电源点的保护中性线上分别引出中性线和保护线,其保护线与采用设备外露可导电部分相连,严禁与中性线串接;

3)必须重复接地,低压主干线中间和末端必须重复接地;低压支线不超过 1 km 的,T 接点和末端必须重复接地,超过 1 km 的,除 T 接点和末端接地外,中间再重复接地;每一大用户的接户线处都必须重复接地;

4)采用此系统的低压电力网如实施中性线重复接地,则不宜装设剩余电流动作总保护和中级保护,但末端保护应装设剩余电流动作保护装置;

5)应特别注意相线、中性线不能接错。

(2)农村居民较分散的地区宜采用 TT 系统。TT 系统(三相四线制),其电源中性点直接接地;用电设备的金属外壳亦直接接地,与电源中性点的接地在电气上无关联,我国称之为保护接地系统。这种接地系统是当发生单相碰壳故障时,接地电流经保护接地装置和电源的工作接地装置所构成的回路流过。此时如有人接触带电的外壳,则由于保护接地装置的电阻小于人体电阻,大部分的接地电流被接地装置分流,从而对人身起保护作用。

选用 TT 系统应注意以下问题:

1)变压器低压侧中性点直接接地,网路内所有受电设备的外露可导电部分用保护接地线(PEN)接至电气上与电力系统接地点无直接关联的接地极上;

2)中性线不得重复接地,且应保持与相线同等绝缘水平;

3)中性线应与相线采用相同截面的导线;

4)中性线不得装设熔断器或单独的断路器装置;

5)必须实施剩余电流动作总保护和剩余电流动做末级保护。

# 第六章 电气照明装置安装

## 第一节 普通灯具安装

### 一、施工准备

**1. 进场验收**

(1)检查合格证。各类灯具应具有产品合格证,设备应有铭牌表明制造厂、型号和规格。型号、规格必须符合设计要求,附件、备件应齐全完好,无机械损伤,变形、灯罩破裂、灯箱歪翘等现象。

(2)外观检查。灯具涂层完整,无损伤,附件齐全。普通灯具有安全认证标志。

(3)对成套灯具的绝缘电阻、内部接线等性能进行现场抽样检测。灯具的绝缘电阻值不小于 $2 M\Omega$,内部接线为铜芯绝缘电线,芯线截面积不小于 $0.5 mm^2$,橡胶或聚氯乙烯(PVC)绝缘电阻的绝缘层厚度不小于 $0.6 mm$。

**2. 工序交接确认**

(1)安装灯具的预埋螺栓、吊杆和吊顶上嵌入式灯具安装专用骨架等完成,大型花灯按设计要求做过载试验合格,才能安装灯具。安装灯具的预埋件和嵌入式灯具安装专用骨架通常由施工设计出图,要注意的是有的可能在土建施工图上,也有的可能在电气安装工图上,这就要求做好协调分工,特别是应在图纸会审时给以明确。

(2)影响灯具安装的模板、脚手架拆除;室内装修和地面清理工作基本完成后,电线绝缘测试合格,才能安装灯具和灯具接线。

(3)高空安装的灯具,在地面通、断电试验合格,才能安装。

**3. 施工作业条件**

(1)照明装置的安装应按已批准的设计进行施工。

(2)与照明装置安装有关的建筑物和构筑物的土建工程质量,应符合现行建筑工程工的有关规定。

(3)土建工程应具备下列条件:

1)对灯具安装有妨碍的模板、脚手架应拆除;

2)顶棚、墙面等的抹灰工作及表面装饰工程已完成,并结束场地清理工作。

### 二、灯具安装

照明器具的安装,应在室内土建装饰工作全面完成,并且房门可以关锁的情况下安装;下班时要及时关锁。

**1. 安装要求**

(1)每一接线盒应供应一个灯具。门口第一个开关应开门口的第一只灯具,灯具与开关应相对应。事故照明灯具应有特殊标志,并有专用供电电源。每个照明回路均应通电校正,做到灯亮,开启自如。

（2）一般灯具的安装高度应高于 2.5 m。当设计无要求时，对于一般敞开式灯具，灯头对地面距离不小于下列数值（采用安全电压时除外）。室外（室外墙上安装）2.5 m；室内 2 m；软吊线带升降器的灯具在吊线展开后为 0.8 m。

也可根据表 6-1 确定照明灯具距地面的最低悬挂高度。

表 6-1　照明灯具距地面最低悬挂高度的规定

| 光源种类 | 灯具形式 | 光源功率（W） | 最低悬挂高度（m） |
|---|---|---|---|
| 白炽灯 | 有反射罩 | ≤60 | 2.0 |
| | | 100～150 | 2.5 |
| | | 200～300 | 3.5 |
| | | ≥500 | 4.0 |
| | 有乳白玻璃漫反射罩 | ≤100 | 2.0 |
| | | 150～200 | 2.5 |
| | | 300～500 | 3.0 |
| 卤钨灯 | 有反射罩 | ≤500 | 6.0 |
| | | 1 000～2 000 | 7.0 |
| 荧光灯 | 无反射罩 | <40 | 2.0 |
| | | ≥40 | 3.0 |
| | 有反射罩 | ≥40 | 2.0 |
| 荧光高压汞灯 | 有反射罩 | ≤125 | 3.5 |
| | | 250 | 5.0 |
| | | ≥400 | 6.0 |
| 高压汞灯 | 有反射罩 | ≤125 | 4.0 |
| | | 250 | 5.5 |
| | | ≥400 | 6.5 |
| 金属卤化物灯 | 搪瓷反射罩 | 400 | 6 |
| | 铝抛光反射罩 | 1 000 | 4.0 |
| 高压钠灯 | 搪瓷反射罩 | 250 | 6.0 |
| | 铝抛光反射罩 | 400 | 7.0 |

注：1. 表中规定的灯具最低悬挂高度在下列情况可降低 0.5 m，但不应低于 2 m。

（1）一般照明的照度小于 30 lx 时；

（2）房间的长度不超过灯具悬挂高度的 2 倍；

（3）人员短暂停留的房间。

2. 金属卤化物灯为铝抛光反射罩时，当有紫外线防护措施的情况下，悬挂高度可以适当地降低。

（3）当灯具距地面高度小于 2.4 m 时，灯具的可接近裸露导体必须接地（PE）或接零（PEN）可靠，并应有专用接地螺栓，且有标识。

在危险性较大及特殊危险场所，当灯具距地面高度小于 2.4 m 时，使用额定电压为 36 V 及以下的照明灯具，或有专用保护措施。

（4）变电所内高、低压盘及母线的正上方，不得安装灯具（不包括采用封闭母线、封闭式盘柜的变电所）。

（5）灯的接线盒、木台及电扇的吊钩等承重结构，一定要按要求安装，确保器具的牢固性。安装过程中，要注意保护顶棚、墙壁、地面不污染、不损伤。

（6）灯具的固定应符合下列规定：

1)灯具重量大于 3 kg 时,固定在螺栓或预埋吊钩上。

2)软线吊灯,灯具重量在 0.5 kg 及以下时,采用软电线自身吊装;大于 0.5 kg 的灯具采用吊链,且软电线编叉在吊链内,使电线不受力。

3)灯具固定牢固可靠,不使用木楔,每个灯具固定用螺钉或螺栓不少于 2 个;当绝缘台直径在 75 mm 及以下时,采用 1 个螺钉或螺栓固定。

4)固定灯具带电部件的绝缘材料以及提供防触电保护的绝缘材料,应耐燃烧和防明火。

5)灯具通过木台与墙面或楼面固定时,可采用木螺钉,但螺钉进木榫长度不应少于 20～25 mm。如楼板为现浇混凝土楼板,则应采用尼龙膨胀栓,灯具应装在木台中心,偏差不超过 1.5 mm。

(7)各种转、接线箱、盒的口边最好用水泥砂浆抹口。如盒、箱口离墙面较深时,可在箱口和贴脸(门头线)之间嵌上木条,或抹水泥砂浆补齐,使贴脸与墙面平齐。对于暗开关、插座盒子沉入墙面较深时,常用的办法是垫上弓子(即以 $\phi 1.2～1.6$ 的钢丝绕一长弹簧),然后根据盒子的不同深度,随用随剪。

(8)花灯吊钩圆钢直径不应小于灯具挂销直径,且不应小于 6 mm。大型花灯的固定及悬吊装置,应按灯具重的 2 倍做过载试验。

(9)装有白炽灯泡的吸顶灯具,灯泡不应紧贴灯罩;当灯泡与绝缘台间距离小于 5 mm 时,灯泡与绝缘台间应采取隔热措施。

(10)大型灯具安装时,应先以 5 倍以上的灯具重量进行过载起吊试验,如果需要人站在灯具上,还要另外加上 200 kg,做好记录进入竣工验收资料归档。

1)大型灯具的挂钩不应小于悬挂销钉的直径,且不得小于 10 mm。

2)预埋在混凝土中的挂钩应与主筋相焊接。如无条件焊接时,也需将挂钩末端部分弯曲后与主筋绑扎。

3)固定牢固。吊钩的弯曲直径为 $\phi 50$,预埋长度离平顶为 80～90 mm,其安装高度离地坪不得低于 2.5 m。

4)吊杆上的悬挂销钉必须装设防振橡胶垫及防松装置。

(11)投光灯的底座及支架应固定牢固,枢轴应沿需要的光轴方向拧紧固定。

(12)安装在室外的壁灯应有泄水孔,绝缘台与墙面之间应有防水措施。

在危险性较大及特殊危险场所,当灯具距地面高度小于 2.4 m 时,使用额定电压为 36 V 及以下的照明灯具,或有专用保护措施。

2. 灯具配线

灯具配线应符合施工验收规范的规定。照明灯具使用的导线应能保证灯具能承受一定的机械应力和可靠的安全运行,其工作电压等级一般不应低于交流 250 V。根据不同的安装场所及用途,照明灯具使用的导线最小线芯截面面积应符合表 6-2 的规定。

表 6-2 线芯最小允许截面

| 安装场所及用途 | | 线芯最小截面面积($mm^2$) | | |
| --- | --- | --- | --- | --- |
| | | 铜芯敷线 | 铜线 | 铝线 |
| 照明用灯头线 | (1)民用建筑室内。 | 0.5 | 0.5 | 2.5 |
| | (2)工业建筑室内。 | 0.5 | 0.8 | 2.5 |
| | (3)室外 | 1.0 | 1.0 | 2.5 |

| 安装场所及用途 | | 线芯最小截面面积（mm²） | | |
|---|---|---|---|---|
| | | 铜芯敷线 | 铜线 | 铝线 |
| 移动式用电设备 | (1)生活用。 | 0.4 | — | — |
| | (2)生产用 | 1.0 | — | — |

灯具由导线应绝缘良好，无漏电现象。灯具内配线应采用不小于 0.4 mm² 的导线。并严禁外露。灯具软线的两端在接入灯口之前，均应压扁并涮锡，使软线端与螺钉接触良好。穿入灯箱内的导线在分支连接处不得承受额外应力和磨损，不应过于靠近热源，并应采取措施；多股软线的端头需盘圈、挂锡。

软线吊灯的吊灯线应选用双股编织花线，若采用 0.5 mm 软塑料线时，应穿软塑料管，并将该线双股并列挽保险扣。吊灯软线与灯头压线螺钉连接应将软线裸铜芯线挽成圈，再涮锡后进行安装。吊链灯的软线则应编叉在链环内。

3. 木台安装

(1)安装木台前先检查导线回路是否正确及选择木台是否合适。木台的厚度一般不小于 12 mm，木质不腐朽。槽板配线的木台厚 32 mm。安装木台时应先将木台的出线孔钻好，锯好进线槽，然后将电线从木孔中穿出后再固定木台。

(2)普通软线吊灯及座灯头的木台直径 75 mm，可用一个螺钉固定；直敷球灯等较重灯具的木台至少用两个螺钉固定；安装在铁制灯头盒上的木台要用机械螺钉固定。

(3)在潮湿及有腐蚀性气体的地方安装木台，应加设橡胶垫圈。木台四周应先刷一道防水漆，再刷两道白漆，以保持木质干燥。

(4)木槽板布线中用 32 mm 厚的高桩木台，并应按木槽板的宽度、厚度，将木台边挖一个豁口，然后将木槽板压入木台豁口下面，压入部分不少于 10 mm。

(5)瓷夹板及瓷瓶布线中的木台不能压线装设，导线应从木台上面引入。

(6)铅皮线和塑料护套线配线中的木台应按护套线外径挖槽，将护套线压在槽下，压入部分护套不要剥掉。

(7)在砖或混凝土结构上安装木台应预埋吊钩、螺栓(或螺钉)或采用膨胀螺栓、尼龙塞。

4. 白炽灯安装

白炽灯主要由封闭的球形玻璃壳和灯头组成。当电流通过钨制灯丝时，把灯丝加热到白炽程度而发光。白炽灯泡分为真空泡和充气泡(氩气和氮气)两种，40 W 以下一般为真空泡，40 W 以上的为充气泡。灯泡充气后能提高发光效率和增快散热速度。白炽灯的功率一般以输入功率的瓦(W)数来表示。它的寿命与使用电压有关。

白炽灯的安装方法，常用于吊灯、壁灯、吸顶灯等灯具，并安装成许多花型的灯(组)。

(1)吊灯安装。安装吊灯需使用木台和吊线盒两种配件，具体内容见表 6-3。

表 6-3  吊灯安装

| 项 目 | 内 容 |
|---|---|
| 安装要求 | (1)当吊灯灯具的重量超过 3 kg 时，应预埋吊钩或螺栓；软线吊灯仅限于 1 kg 以下，超过者应加吊链或用钢管来悬吊灯具。<br>(2)在振动场所的灯具应有防震措施，并应符合设计要求。 |

| 项　目 | 内　容 |
|---|---|
| 安装要求 | （3）当采用钢管作灯具吊杆时，钢管内径一般不小于 10 mm。<br>（4）吊链灯的灯具不应受拉力，灯线宜与吊链编叉在一起 |
| 木台安装 | 　　木台一般为圆形，其规格大小按吊线盒或灯具的法兰选取。电线套上保护用塑料软管从木台出线孔穿出，再将木台固定好，最后将吊线盒固定在木台上。<br>　　木台的固定，要因地制宜，如果吊灯在木梁上或木结构楼板上，则可用木螺钉直接固定。如果为混凝土楼板，则应根据楼板结构形式预埋木砖或钢丝桦。空心楼板则可用弓形板固定木台，如图 6-1 所示 |
| 吊线盒安装 | 　　吊线盒要安装在木台中心，要用不少于两个螺钉固定，线吊灯一般采用胶质或塑料吊线盒，在潮湿处应采用瓷质吊线盒。由于吊线盒的接线螺钉不能承受灯具的重量，因此从接线螺钉引出的电线两端应打好结扣，使结扣处在吊线盒和灯座的出线孔处。如图 6-2 所示 |

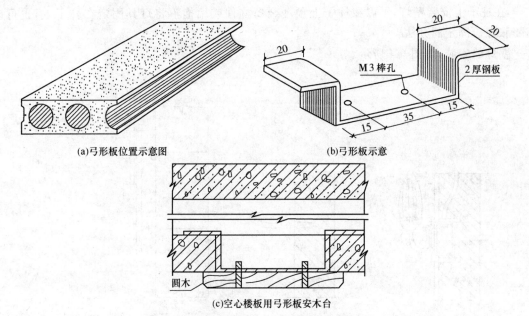

(a)弓形板位置示意图　　　　　　(b)弓形板示意

(c)空心楼板用弓形板安木台

图 6-1　空心钢筋混凝土楼板木台安装(单位:mm)

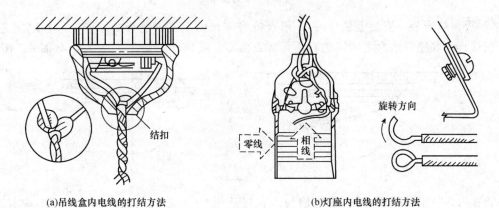

(a)吊线盒内电线的打结方法　　　　　　(b)灯座内电线的打结方法

图 6-2　电线在吊灯两头打结方法

（2）壁灯安装。壁灯一般安装在墙上或柱子上。当装在砖墙上，一般在砌墙时应预埋木砖，但是禁止用木楔代替木砖。当然也可用预埋金属件或打膨胀螺栓的办法来解决。当采用梯形木砖固定壁灯灯具时，木砖须随墙砌入。木砖的尺寸如图 6-3 所示。

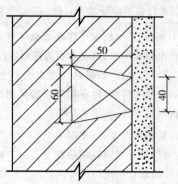

图 6-3  木砖尺寸示意图（单位：mm）

在柱子上安装壁灯，可以在柱子上预埋金属构件或用抱箍将灯具固定在柱子上，也可以用膨胀螺栓固定的办法。

壁灯的安装，如图 6-4 所示。

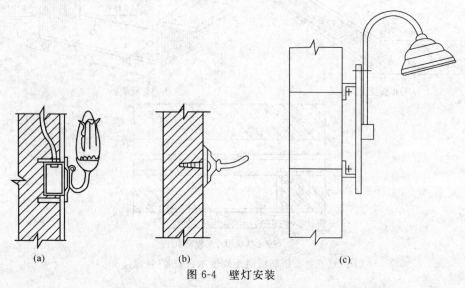

（a）　　　　　　　　（b）　　　　　　　　（c）

图 6-4  壁灯安装

（3）吸顶灯安装。安装吸顶灯时，一般直接将木台固定在天花板的木砖上。在固定之前，还需在灯具的底座与木台之间铺垫石棉板或石棉布。吸顶灯安装常见的形式，如图 6-5 所示。

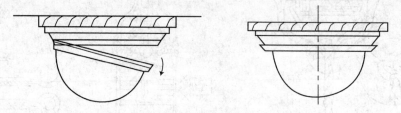

图 6-5  吸顶灯

装有白炽灯泡及吸顶灯具，若灯泡与木台过近（如半扁罩灯），在灯泡与木台间应有隔热措施。

(4)灯头安装。在电气安装工程中,100 W 及以下的灯泡应采用胶质灯头;100 W 以上的灯泡和封闭式灯具应采用瓷质灯头;安全行灯禁止采用带开关的灯头。安装螺口灯头时,应把相线接在灯头的中心柱上,即螺口要接零线。

灯头线应无接头,其绝缘强度应不低于 500 V 交流电压。除普通吊灯外,灯头线均不应承受灯具重量,在潮湿场所可直接通过吊线盒接防水灯头。杆吊灯的灯头线应穿在吊管内,链吊灯的灯头线应围着铁链编花穿入;软线棉纱上带花纹的线头应接相线,单色的线头接零线。

5. 荧光灯安装

荧光灯也叫日光灯,是由灯管、启辉器、镇流器和电容器组成。

(1)荧光灯电气原理。荧光灯的电气原理如图 6-6 所示,其工作步骤如下:

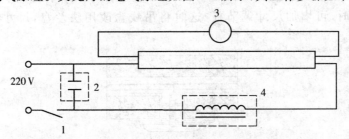

图 6-6    日光灯电气原理图
1—开关;2—电容器;3—启辉器;4—镇流器

1)在开关接通的瞬间,电路中并没有电流。此时,线路上的电压全部加在启辉器的两端,使启辉器辉光放电,产生的热量使启辉器中的双金属片变形,与静片接触,接通电路,电流通过镇流器与灯丝,使灯丝加热发射电子;

2)由于启辉器内双金属片与静触片接触,启辉器便停止放电,此时,温度逐渐下降,双金属片恢复原来的断开状态;

3)在启辉器断开的瞬间,镇流器两端产生一个自感电势,与线路电压叠加在一起,形成很高的脉冲电压,使水银蒸气放电。放电时,射出紫外线,激励管壁荧光粉,使它发出像日光一样的光线。

(2)镇流器的选用。不同规格的镇流器与不同规格的日光灯不能混用。因为不同规格的镇流器的电气参数是根据灯管要求设计的,因此,可根据灯管的功率来选择镇流器。在额定电压和额定功率的情况下,应选择相同功率的灯管和镇流器,见表 6-4。

表 6-4    镇流器与灯管的功率配套情况

| 电流值(mA)　　灯管功率（W）<br><br>镇流器功率（W） | 15 | 20 | 30 | 40 |
|---|---|---|---|---|
| 15 | 320 | 280 | 240 | 200 以下<br>（启动困难） |
| 20 | 385 | 350 | 290 | 215 |
| 30 | 460 | 420 | 350 | 265 |
| 40 | 590 | 555 | 500 | 410 |

由表 6-4 可知,功率相同的灯管和镇流器配套使用时,灯管的工作电流值正好符合灯管的

要求,因此,应选择相同功率的灯管和镇流器配套使用,才能达到最理想的效果。

(3)荧光灯安装。荧光灯一般采用吸顶式安装、链吊式安装、钢管式安装、嵌入式安装等方法。

1)吸顶式安装时镇流器不能放在日光灯的架子上,否则,散热困难;安装时日光灯的架子与天花板之间要留 15 mm 的空隙,以便通风。

2)在采用钢管或吊链安装时,镇流器可放在灯架上。如为木制灯架,在镇流器下应放置耐火绝缘物,通常垫以瓷夹板隔热。

3)为防止灯管掉下,应选用带弹簧的灯座,或在灯管的两端,加管卡或尼龙绳扎牢。

4)对于吊式日光灯安装,在三盏以上时,安装以前应弹好十字中线,按中心线定位。如果日光灯超过十盏时,可增加尺寸调节板,这时将吊线盒改用法兰盘,尺寸调节板,如图 6-7 所示。

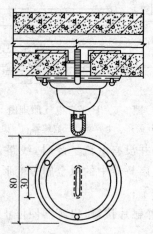

图 6-7　灯位调节板(单位:mm)

5)在装接镇流器时,要按镇流器的接线图施工,特别是带有附加线圈的镇流器,不能接错,否则要损坏灯管。选用的镇流器、启辉器与灯管要匹配,不能随便代用。由于镇流器是一个电感元件,功率因数很低,为了改善功率因数,一般还需加装电容器。

6. 高压汞灯安装

(1)高压汞灯的构造。高压汞灯有两个玻壳。内玻壳是一个管状石英管,管内充有水银和氩气。管的两端有两个主电极 $E_1$ 和 $E_2$,如图 6-8 所示,这两个电极都是用钍钨丝制成的。在电极 $E_1$ 的旁边有一个 4 000 Ω 电阻串联的辅助电极 $E_3$,它的作用是帮助启辉放电。外玻壳的内壁涂有荧光粉,它能将水银蒸气放电时所辐射的紫外线转变为可见光。在内外玻壳之间充有二氧化碳气体,以防止电极与荧光粉氧化。

自镇流式高压汞灯的结构与普通的高压汞灯类似,只是在石英管的外面绕上一根钨丝,这根钨丝与放电管串联,利用它起镇流作用。

(2)高压汞灯的工作原理。高压汞灯的发光原理类似于荧光灯。开关接通后,在辅助电极 $E_3$ 与主电极 $E_1$ 之间辉光放电,接着在主电极 $E_1$ 与 $E_2$ 间弧光放电,由于弧光放电电压,故辉光放电停止。随着主电极的弧光放电,水银逐渐气化,灯管就稳定地工作,紫外线激励荧光粉,就发出可见光。

高压汞灯的光效高,使用寿命长,但功率因数较低,适用于道路、广场等不需要仔细辨别颜色的场所。目前已逐渐被高压钠灯和钪钠灯所取代。

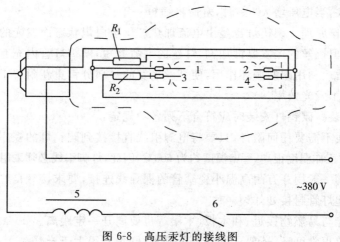

图 6-8　高压汞灯的接线图
1—主电极 $E_1$；2—主电极 $E_2$；3—辅助电极 $E_3$；4—电阻；5—镇流器；6—开关

（3）高压汞灯的安装。高压汞灯有两种，一种需要镇流器，一种不需要镇流器，所以安装时一定要看清楚。需配镇流器的高压汞灯一定要使镇流器功率与灯泡的功率相匹配，否则，灯泡会损坏或者启动困难。高压汞灯可在任意位置使用，但水平点燃时，会影响光通量的输出，而且容易自灭。高压汞灯工作时，外玻壳温度很高，必须配备散热好的灯具。外玻壳破碎后的高压汞灯应立即换下，因为大量的紫外线会伤害人的眼睛。高压汞灯的线路电压应尽量保持稳定，当电压降低 5% 时，灯泡可能会自行熄灭，所以，必要时，应考虑调压措施。

7. 高压钠灯安装

高压钠灯的光效比高压汞灯高，寿命长达 2 500～5 000 h，紫外线辐射少，光线透过雾和水蒸气的能力强，但显色指数都比较低，适用于道路、车站、码头、广场等大面积的照明。

（1）高压钠灯的构造。高压钠灯是一种气体放电光源。放电管细长，管壁温度达 700℃ 以上，因钠对石英玻璃具有较强的腐蚀作用，所以放电管管体采用多晶氧化铝陶瓷制成。用化学性能稳定而膨胀系数与陶瓷相接近的铌做成端帽，使得电极与管体之间具有良好的密封。电极间连接着双金属片，用来产生启动脉冲。灯泡外壳由硬玻璃制成，灯头与高压汞灯一样，制成螺口形。

（2）高压钠灯的工作原理。高压钠灯是利用高压钠蒸气放电的原理进行工作的。由于它的发光管（放电管）既细又长，不能采用类似高压汞灯通过辅助电极启辉发光的办法，而采用荧光灯的启动原理，但是启辉器被组合在灯泡内部（即双金属片），其启动原理如图 6-9 所示。接通电源后，电流通过双金属片 $b$ 和加热线圈 $H$，$b$ 受热后发生变形使触头打开，镇流器 $L$ 产生脉冲高压使灯泡点燃。

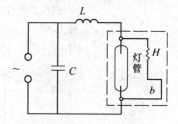

图 6-9　高压钠灯启动原理

（3）高压钠灯安装。灯的型号规格有 NC—110、NG—215、NG—250、NG—360 和 NG—400 等多种，型号后面的数字表示功率大小的瓦数。例如 NG—400 型，其功率为 400 W。灯泡的工作电压为 100 V 左右，因此安装时要配用瓷质螺口灯座和带有反射罩的灯具。最低悬挂高度 NG—400 型为 7 m，NG—250 型为 6 m。

8. 碘钨灯安装

碘钨灯的抗震性差，不宜用作移动光线或用于振动较大的场合。电源电压的变化对灯管的寿命影响也很大,当电压增大5%时,寿命将缩短一年。

(1)碘钨灯工作原理。碘钨灯也是由电流加热灯丝至白炽状态而发光的。工作温度越高,发光效率也越高,但钨丝的蒸发腐蚀加剧,灯丝的寿命缩短,碘钨灯管内充有适量的碘,其作用就是解决这一矛盾。利用碘的循环作用,使灯丝蒸发的一部分钨重新附着于灯丝上,延长了灯丝的寿命,又提高了发光效率。

(2)碘钨灯安装。碘钨灯安装时应符合下列各项规定:

1)碘钨灯接线不需要任何附件,只要将电源引线直接接到碘钨灯的瓷座上。

2)碘钨灯正常工作温度很高,管壁温度约为600℃,因此,灯脚引线必须采用耐高温的导线。

3)灯座与灯脚一般用穿有耐高温小瓷套管的裸导线连接,要求接触良好,以免灯脚在高温下严重氧化并引起灯管封接处炸裂。

4)碘钨灯不能与易燃物接近,和木板、木梁等也要离开一定距离。

5)为保证碘钨正常循环,还要求灯管水平安装,倾角不得大于±4°。

6)使用前应用酒精除去灯管表面的油污,以免高温下烧结成污点影响透明度。使用时应装好散热罩以便散热,但不允许采取任何人工冷却措施(如吹风、雨淋等),保证碘钨正常循环。

9. 金属卤化灯安装

金属卤化灯是在高压汞灯的基础上为改善光色而发展起来的一种新型电光源。它不仅光色好,而且发光效率高。在高压汞灯内添加某些金属卤化物,靠金属卤化物的不断循环,向电弧提供相应的金属蒸气,于是就发出表征该金属特征的光谱线。

目前我国生产的金属卤化灯有钠铊铟灯、镝灯、镝钍灯、钪钠灯等,其优点是光色好,光效高。

(1)金属卤化灯的工作原理。目前,常用的金属卤化物灯有钠铊铟灯和管形镝灯,其工作原理见表6-5。

表6-5　钠铊铟灯、管形镝灯的接线及原理

| 项　目 | 内　容 |
|---|---|
| 钠铊铟灯 | 400 W钠铊铟灯的接线和工作原理,如图6-10所示,电源接通后,电流流经加热线圈1和双金属片2受热弯曲而断开,产生高压脉冲,使灯管放电点燃;点燃后,放电的热量使双金属片一直保持断开状态,钠灯进入稳定的工作状态。1 000 W钠铊铟灯工作线路比较复杂,必须加专门的触发器<br><br><br><br>图6-10　钠铊铟灯原理图<br>1—加热线圈;2—双金属片;3—主电极;4—主电极;5—开关;6—镇流器 |

| 项　目 | 内　容 |
|---|---|
| 管形镝灯 | 管形镝灯因在管内加了碘化镝,所以启动电压和工作电压均升高。这种镝灯必须接在 380 V 线路中,而且要增加两个辅助电极(引燃极)3 和 4,如图 6-11 所示,使得接通电源后,首先在 1、3 与 2、4 之间放电,再过渡到主电极 1、2 间的放电<br>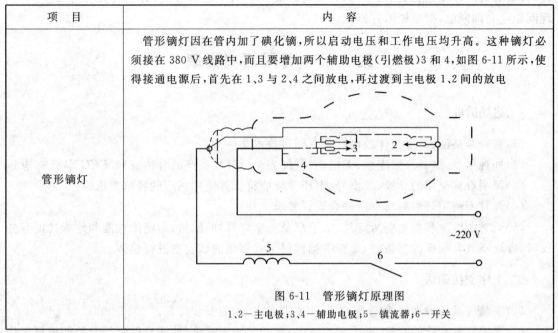<br>图 6-11　管形镝灯原理图<br>1、2—主电极;3、4—辅助电极;5—镇流器;6—开关 |

(2)金属卤化物灯安装。金属卤化物灯安装时,要求电源电压比较稳定,电源电压的变化不宜大于±5%。电压的降低不仅影响发光效率及管压的变化,而且会造成光色的变化,以致熄灭。

金属卤化物灯安装应符合下列要求:

1)电源线应经接线柱连接,并不得使电源线靠近灯具表面。

2)灯管必须与触发器和限流器配套使用。

3)灯具安装高度宜在 5 m 以上。无外玻璃壳的金属卤化物灯紫外线辐射较强,灯具应加玻璃罩,或悬挂在高度 14 m 以上,以保护眼睛和皮肤。

4)管形镝灯的结构有水平点燃、灯头在上的垂直点燃和灯头在下的垂直点燃三种,安装时,必须认清方向标记,正确使用。垂直点燃的灯安装成水平方向时,灯管有爆裂的危险。灯头上、下方向调错,光色会偏绿。

5)由于温度较高,配用灯具必须考虑散热,而且镇流器必须与灯管匹配使用。否则会影响灯管的寿命或造成启动困难。

10. 嵌入顶棚内灯具安装

嵌入顶棚内的装饰灯具安装,应符合下列要求:

(1)灯具应固定在专设的框架上,电源线不应贴近灯具外壳,灯线应留有余量,固定灯罩的边框边缘应紧贴在顶棚面上。

(2)矩形灯具的边缘应与顶棚面的装修直线平行。如灯具对称安装时,其纵横中心轴线应在同一直线上,偏斜不应大于 5 mm。

(3)日光灯管组合的开启式灯具,灯管排列应整齐;其金属间隔片不应有弯曲扭斜等缺陷。

**三、通电试运行**

灯具安装完毕后,经绝缘测试检查合格后,方允许通电试运行。通电后应仔细检查和巡视,检查灯具的控制是否灵活、准确;开关与灯具控制顺序是否对应,灯具有无异常噪声,如发现问题应立即断电,查出原因并修复。

# 第二节　专用灯具安装

## 一、进场验收

(1)查验合格证、新型气体放电灯具有随带技术文件。

(2)外观检查:灯具涂层完整、无损伤,附件齐全。灯具有产品合格证和"CCC"认证标志。

(3)照明灯具使用的导线,其型号、电压等级应符合其使用场所的特殊要求。

(4)灯具所使用灯泡的功率应符合设计要求。

(5)当对游泳池和类似场所灯具(水下灯及防水灯具)的质量,即密闭性能和绝缘性能有异议时,现场不具备抽样检测条件,要按批抽样送至有资质的试验室进行检测。

## 二、工序交接确认

(1)安装灯具的预埋螺栓完成,按设计要求合格,才能安装灯具。

(2)影响灯具安装的模板、脚手架应拆除;顶棚和墙面喷浆、油漆或壁纸等及地面清理工作基本完成后,才能安装灯具。

(3)导线绝缘测试合格,才能灯具接线。

(4)高空安装的灯具,地面通断电试验合格,才能安装。

## 三、施工作业条件

(1)施工图纸及技术资料齐全。

(2)屋顶、楼板施工完毕,无渗漏;顶棚、墙面的抹灰、室内装饰涂刷及地面清理工作已完成;门窗齐全。

(3)有关预埋件及预留孔符合设计要求;用于安装舞台专用灯具的吊件构架已安装完毕,牢固可靠。

(4)有可能损坏已安装灯具或灯具安装后不能再进行施工的装饰工作全部结束。

(5)相关回路管线敷设到位、穿线检查完毕。

## 四、专用灯具的安装

1. 一般规定

(1)根据设计要求,比照灯具底座画好安装孔的位置,打出膨胀螺栓孔,装入膨胀螺栓。固定手术无影灯底座的螺栓应预先根据产品提供的尺寸预埋,其螺栓应与楼板结构主筋焊接。

(2)安装在专用吊件构架上的舞台灯具应根据灯具安装孔的尺寸制作卡具,以固定灯具。

(3)防爆灯具的安装位置应离开释放源,且不在各种管道的泄压口及排放口上下方安装灯具。

(4)对于温度大于 60℃的灯具,当靠近可燃物时应采取隔热、散热等防火措施。当采用白炽灯、卤钨灯等光源时,不得直接安装在可燃装修材料或可燃物件上。

(5)重要灯具如手术台无影灯、大型舞台灯具等的固定螺栓应采用双螺母锁固。分置式灯具变压器的安装应避开易燃物品,通风散热良好。

2. 灯具接线

专用灯具安装接线应符合下列要求:

(1)多股芯线接头应搪锡,与接线端子连接应可靠牢固。

(2)行灯变压器外壳、铁心和低压侧的任意一端或中性点接地(PE)或接零(PEN)应可靠。

(3)水下灯具电源进线应采用绝缘导管与灯具连接,严禁采用金属或有金属护层的导管,电源线、绝缘导管与灯具连接处应密封良好,如有可能应涂抹防水密封胶,以确保防水效果。

(4)水下灯及防水灯具应进行等电位联结,连接应可靠。

(5)防爆灯具开关与接线盒螺纹啮合扣数不少于5扣,并应在螺纹上涂以电力复合脂。

(6)灯具内接线完毕后,应用尼龙扎带整理固定,以避开有可能的热源等危险位置。

3. 低压照明灯安装

在触电危险性较大及工作条件恶劣的场所,局部照明应采用电压不高于24 V的低压安全灯。

低压照明灯的电源必须用专用的照明变压器供给,并且必须是双绕组变压器,不能使用自耦变压器进行降压。变压器的高压侧必须接近变压器的额定电流。低压侧也应有熔丝保护,并且低压一端需接地或接零。

对于钳工、电工及其他工种用的手提照明灯也应采用24 V以下的低压照明灯具。在工作地点狭窄、行动不便、接触有良好接地的大块金属面上工作时(如在锅炉内或金属容器内工作),则触电的危险增大,手提照明灯的电压不应高于12 V。

手提式低压安全灯安装时,必须符合下列要求:

(1)灯体及手柄必须用坚固的耐热及耐湿绝缘材料制成。

(2)灯座应牢固地装在灯体上,不能让灯座转动。灯泡的金属部分不应外露。

(3)为防止机械损伤,灯泡应有可靠的机械保护。当采用保护网时,其上端应固定在灯具的绝缘部分上,保护网不应有小门或开口,保护网应只能使用专用工具方可取下。

(4)不许使用带开关灯头。

(5)安装灯体引入线时,不应过于拉紧,同时应避免导线在引出处被磨伤。

(6)金属保护网、反光罩及悬吊用的挂钩应固定于灯具的绝缘部。

(7)电源导线应采用软线,并应使用插销控制。

**五、接地与安全防护**

危险性场所、照明设备布线中的钢铁件、支架、配件等材料均应镀锌,或涂上一道防锈漆、两道颜色适合环境的油漆。涂防锈漆前应作防锈处理。在安装配件中,应配合主件的要求,装卸灵活,安装牢固,严禁凑合使用。

1. 照明设备的接地

危险性场所内安装照明设备等金属外壳,必须有可靠的接地装置,除按电力设备有关要求安装外,尚应符合下列要求:

(1)该接地可与电力设备专用接地装置共用。

(2)采用电力设备的接地装置时,严禁与电力设备串联,应直接与专用接地干线连接。灯具安装于电气设备上且同时使用同一电源者除外。

(3)不得采用单相二线式中的零线作为保护接地线。

（4）如以上要求达不到，应另设专用接地装置。

2. 照明灯具的安全防护

（1）灯具安装前，检查和试验布线的连接和绝缘状况。当确认接线正确和绝缘良好时，方可安装灯具等设备，并做书面记录，作为移交资料。

（2）管盒的缩口盖板，应只留通过绝缘导线孔和固定盖板的螺孔，其他无用孔均应用铁、铅或铅铆钉铆固严密。

（3）为保持管盒密封，缩口盖或接线盒与管盒间，应加石棉垫。

（4）绝缘导线穿过盖板时，应套软绝缘管保护，该绝缘管进入盒内 10～15 mm，露出盒外至照明设备或灯具光源口内为止。

（5）直接安装于顶棚或墙、柱上的灯具设备等，应在建筑物与照明设备之间，加垫厚度不小于 2 mm 的石棉垫或橡胶板垫。

（6）灯具组装完后应作通电亮灯试验。

# 第三节  照明开关及插座安装

## 一、照明开关安装

照明的电气控制方式有两种：一种是单灯或数灯控制；另一种是回路控制。单灯控制或数灯控制采用室内照明开关，即通常的灯开关。灯开关的品种、型号很多。为方便实用，同一建筑物、构筑物的开关采用同一系列的产品，也可利于维修和管理。

1. 质量要求

（1）开关通过 1.25 倍额定电流时，其导电部分的温升不应超过 40℃。

（2）开关的绝缘能承受 2 000 V（50 Hz）历时 1 min 的耐压试验，而不发生击穿和闪络现象。

（3）开关在通以试验电压 220 V、试验 1 倍额定电流、功率因数 $\cos\varphi$ 为 0.8，操作 10 000 次（开关额定电流为 1～4 A）、15 000 次（开关额定电流为 6～10 A）后，零件不应出现妨碍正常使用的损伤（紧固零件松动、弹性零件失效、绝缘零件碎裂等），以 1 500 V（50 Hz）的电压试验 1 min 不发生击穿或闪络，通以额定电流时其导电部分的温升不超过 50℃。

（4）开关的操作机构应灵活轻巧，触头的接通与断开动作应由瞬时转换机构来完成。

（5）开关的接线端子应能可靠地连接一根与两根 1～2.5 mm² 截面的导线。

（6）开关的塑料零件表面应无气泡、裂纹、铁粉、肿胀、明显的擦伤和毛刺等缺陷，并应具有良好的光泽等。

2. 安装位置

开关的安装位置应便于操作，还应考虑门的开启方向，开关不应设在门后，否则很不方便使用。对住宅楼的进户门开关位置不但要考虑外开门的开启方向，还要考虑用户在装修时，后安装的内开门的开启方向，以防开关被挡在内开门的门后。

《建筑电气工程施工质量验收规范》（GB 50303—2002）规定：开关边缘距门框边缘的距离 0.15～0.2 m，开关距地面高度 1.3 m。

开关的安装位置，应区别不同的使用场所，选择恰当的安装地点，以利美观协调和方便操作。

## 3. 接线盒检查清理

用錾子轻轻地将盒子内部残留的水泥、灰块等杂物剔除，用小号油漆刷将接线盒内杂物清理干净。清理时注意检查有无接线盒预埋安装位置错位（即螺钉安装孔错位 90°）、螺钉安装孔耳缺失、相邻接线盒高差超标等现象，如果有应及时修整。如接线盒埋入较深，超过 1.5 cm 时，应加装套盒。

## 4. 开关接线

(1)先将盒内导线留出维修长度后剪除余线，用剥线钳剥出适宜长度，以刚好能完全插入接线孔的长度为宜。

(2)对于多联开关需分支连接的应采用安全型压接帽压接分支。

(3)应注意区分相线、零线及保护地线，不得混乱。

(4)开关的相线应经开关关断。

## 5. 明开关安装

明开关的安装方法如图 6-12 所示。一般适用于拉线开关的同样配线条件，安装位置应距地面 1.3 m，距门框 0.15～0.2 m。拉线开关相邻间距一般不小于 20 mm，室外需用防水拉线开关。

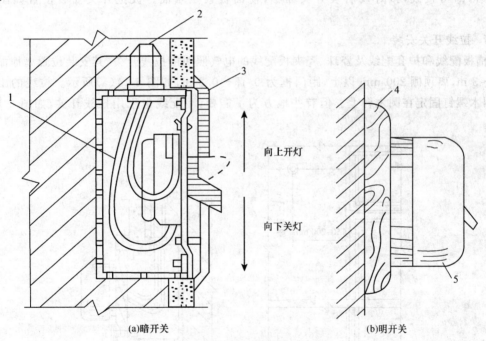

(a)暗开关　　　　　　　　　　　　　(b)明开关

图 6-12　单极明开关安装

1—开关盒；2—电线管；3—开关面板；4—木台；5—开关

## 6. 暗开关安装

暗开关有扳把开关（图 6-13）、跷板开关、卧式开关、延时开关等等。与暗开关相同安装方法还有拉线式暗开关。根据不同布置需要有单联、双联、三联、四联等形式。

照明开关要安装在相线（火线）上，使开关断开时电灯不带电。扳把开关位置应为上合（开灯）下分（关灯）。安装位置一般离地面为 1.3 m，距门框为 0.15～0.2 m。单极开关安装方法如图 6-12 所示，二极、三极等多极暗开关安装方法按图 6-12(a)的断面形式，只在水平方向增加安装长度（按所设计开关极数增加而延长）。

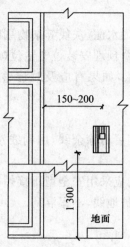

图 6-13　扳把开关安装位置（单位：mm）

　　安装时，先将开关盒预埋在墙内，但要注意平正，不能偏斜；盒口面要与墙面一致。待穿完导线后，即可接线，接好线后装开关面板，使面板紧贴墙面。扳把开关安装位置如图 6-13 所示。

　　**7. 拉线开关安装**

　　槽板配线和护套配线及瓷珠、瓷夹板配线的电气照明用拉线开关，其安装位置离地面一般在 2～3 m，离顶棚 200 mm 以上，距门框为 0.15～0.2 m，如图 6-14(a)所示。拉线的出口朝下，用木螺钉固定在圆木台上。但有些地方为了需要，暗配线也采用拉线开关，如图 6-14(b)所示。

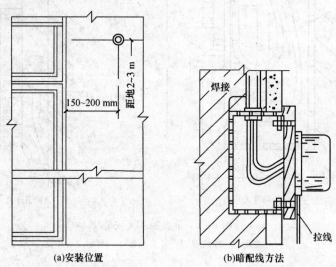

(a)安装位置　　　　　　　　　(b)暗配线方法

图 6-14　拉线开关安装

## 二、插座的安装

　　插座是长期带电的电器，是各种移动电器的电源接取口，如台灯、电视机、计算机、洗衣机和壁扇等，也是线路中最容易发生故障的地方。插座的接线孔都有一定的排列位置，不能接错,尤其是单相带保护接地插孔的三孔插座,一旦接错,就容易发生触电伤亡事故。插座接线时,应仔细地辨认识别盒内分色导线,正确地与插座进行连接。

在电气工程中,插座宜由单独的回路配电,并且一个房间内的插座宜由同一回路配电。当灯具和插座混为一回路时,其中插座数量不宜超过 5 个(组);当插座为单独回路时,数量不宜超过 10 个(组)。但住宅可不受上述规定限制。

1. 技术要求

插座的形式、基本参数与尺寸应符合设计的规定。其技术要求为:

(1)插座的绝缘应能承受 2 000 V(50 Hz)历时 1 min 的耐压试验,而不发生击穿或闪络现象。

(2)插头从插座中拔出时,6 A 插座每一极的拔出力不应小于 3 N(二、三极的总拔出力不大于 30 N);10 A 插座每一极的拔出力不应小于 5 N(二、三、四极的总拔出力分别不大于 40 N、50 N、70 N);15 A 插座每一极的拔出力不应小于 6 N(三、四极的总拔出力分别不大于 70 N、90 N);25 A 插座每一极的拔出力不应小于 10 N(四极总拔出力不小于 120 N)。

(3)插座通过 1.25 倍额定电流时,其导电部分的温升不应超过 40℃。

(4)插座的塑料零件表面应无气泡、裂纹、铁粉、肿胀、明显的擦伤和毛刺等缺陷,并应具有良好的光泽。

(5)插座的接线端子应能可靠地连接一根与两根 1~2.5 mm²(插座额定电流 6、10 A)、1.5~4 mm²(插座额定电流 15 A)、2.5~6 mm²(插座额定电流 25 A)的导线。

(6)带接地的三极插座从其顶面看时,以接地极为起点,按顺时针方向依次为"相"、"中"线极。

2. 安装要求

(1)当交流、直流或不同电压等级的插座安装在同一场所时,应有明显的区别,且必须选择不同结构、不同规格和不能互换的插座;配套的插头应按交流、直流或不同电压等级区别使用。

(2)住宅内插座的安装数量,不应少于《住宅设计规范》(GB 50096—2011)电源插座的设置数量,见表 6-6。

表 6-6　住宅插座设置数量表

| 空间 | 设置数量和内容 |
| --- | --- |
| 卧室 | 一个单相三线和一个单相二线的插座两组 |
| 兼起居的卧室 | 一个单相三线和一个单相二线的插座三组 |
| 起居室(厅) | 一个单相三线和一个单相二线的插座三组 |
| 厨房 | 防溅水型一个单相三线和一个单相二线的插座两组 |
| 卫生间 | 防溅水型一个单相三线和一个单相二线的插座一组 |
| 布置洗衣机、冰箱、排油烟机、排风机及预留家用空调器处 | 专用单相三线插座各一个 |

(3)暗装的插座面板紧贴墙面,四周无缝隙,安装牢固,表面光滑整洁,无碎裂、划伤,装饰帽齐全。

(4)舞台上的落地插座应有保护盖板。

(5)接地(PE)或接零(PEN)线在插座间不串联连接。

(6)地插座面板与地面齐平或紧贴地面,盖板固定牢固,密封良好。

3．安装位置

(1)一般距地高度为1.3 m,在托儿所、幼儿园、住宅及小学校等不低于1.8 m,同一场所安装的插座高度应尽量一致。

(2)车间及试验室的明、暗插座一般距地不低于0.3 m,特殊场所暗装插座,如图6-15所示,一般不低于0.15 m;同一室内安装的插座不应大于5 mm;并列安装不大于0.5 mm。暗设的插座应有专用盒,盖板应紧贴墙面。

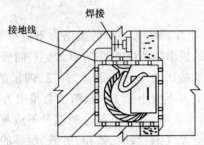

图6-15　暗插座安装

(3)特殊情况下,当接插座有触电危险家用电器的电源时,采用能断开电源的带开关插座,开关断开相线;潮湿场所采用密封型并带保护地线触头的保护型插座,安装高度不低于1.5 m。

(4)为安全使用,插座盒(箱)不应设在水池、水槽(盆)及散热器的上方,更不能被挡在散热器的背后。

(5)插座如设在窗口两侧时,应对照采暖图,插座盒应设在与采暖立管相对应的窗口另一侧墙垛上。

(6)插座盒不应设在室内墙裙或踢脚板的上皮线上,也不应设在室内最上皮瓷砖的上口线上。

(7)插座盒也不宜设在小于370 mm墙垛(或混凝土柱)上。如墙垛或柱为370 mm时,应设在中心处,以求美观大方。

(8)住宅厨房内设置供排油烟机使用的插座,应设在煤气台板的侧上方。

(9)插座的设置还应考虑躲开煤气管、表的位置,插座边缘距煤气管、表边缘不应小于0.15 m。

(10)插座与给、排水管的距离不应小于0.2 m;插座与热水管的距离不应小于0.3 m。

4．插座接线

插座接线时可参照图6-16进行,同时,还应符合下列各项规定:

(1)插座接线的线色应正确,盒内出线除末端外应做并接头,分支接至插座,不允许拱头(不断线)连接。

(2)单相两孔插座,面对插座的右孔(或上孔)与相线(L)连接,左孔(或下孔)与中性线(N)连接。

(3)单相三孔插座,面对插座的右孔与相线(L)连接,左孔与中性线(N)连接,PE或PEN线接在上孔。

(4)三相四孔及三相五孔插座的PE或PEN线接在上孔,同一场所的三相插座,接线相序应一致。

(5)插座的接地端子(E)不与中性线(N)端子连接;PE 或 PEN 线在插座间不串联连接,插座的 L 线和 N 线在插座间也不应串接,插座的 N 线不与 PE 线混同。

(6)照明与插座分回路敷设时,插座与照明或插座与插座各回路之间,均不能混同。

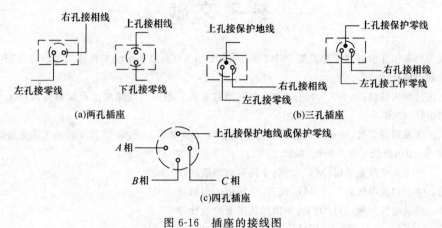

(a)两孔插座                        (b)三孔插座

(c)四孔插座

图 6-16 插座的接线图

# 参 考 文 献

[1] 中华人民共和国住房和城乡建设部. GB 50575—2010 1 kV 及以下配线工程施工与验收规范[S]. 北京：中国计划出版社，2010.

[2] 中华人民共和国建设部. GB 50168—2006 电气装置安装工程电缆线路施工及验收规范[S]. 北京：中国计划出版社，2006.

[3] 中华人民共和国建设部，国家质量监督检验检疫总局. GB 50300—2001 建筑工程施工质量验收统一标准[S]. 北京：中国建筑工业出版社，2002.

[4] 王广仁. 电工安全作业手册[M]. 北京：中国电力出版社，2003.

[5] 乐嘉龙. 学看建筑电气施工图[M]. 北京：中国电力出版社，2005.

[6] 王林根. 建筑电气工程[M]. 北京：中国建筑工业出版社，2002.

[7] 林向淮，安志强. 电工识图入门[M]. 北京：机械工业出版社，2005.

[8] 成军. 建筑施工现场临时用电[M]. 北京：中国建筑工业出版社，2005.